# 完全自学一本通中文版Photoshop CS6 500例 精彩案例

**包装设计作品**

**影像后期制作**

**翻转画布**

**删除图像素材**

**水平翻转图像素材**

**扭曲图像素材**

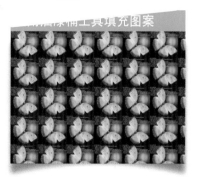

**使用吸管工具选取颜色**

**使用油漆桶工具填充颜色**

使用油漆桶工具填充图案

**运用快速选择工具创建选区**

**运用"选取相似"命令创建选区**

**拷贝选区图像**

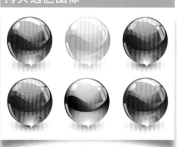

边界选区

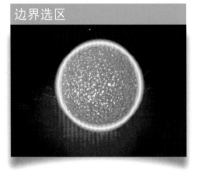

使用选区定义图案

运用"自然饱和度"命令

020 设置背景颜色

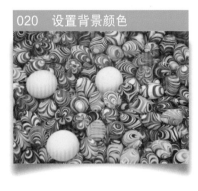

运用"替换颜色"命令

运用"可选颜色"命令

运用加深工具

运用仿制图章工具

更改文字的字体类型

"外发光"样式

"内阴影"样式

制作放射图像

# 完全自学一本通中文版Photoshop CS6 500例

**创建剪贴蒙版**

**通过选区创建图层蒙版**

**创建智能滤镜**

**停用/启用智能滤镜**

**删除智能滤镜**

**消失点效果**

**切变效果**

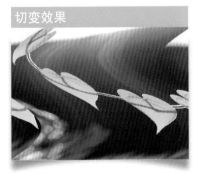

**极坐标效果**

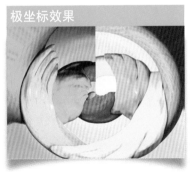

**球面化效果**

**添加杂色效果**

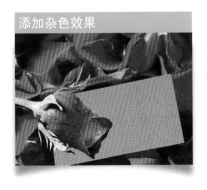

**径向模糊效果**

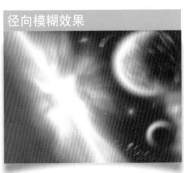

**成角的线条效果**

精彩案例

泰精笔效果

从图层新建3D图像

婚纱照片处理

银行卡设计

餐厅美食画册

珠宝首饰画册

化妆品蓝梦露广告

春天百货海报

梦缘呓语咖啡厅海报

CD光盘包装盒设计

喜糖包装袋设计

中秋月饼包装盒

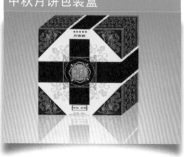

# Photo shopCS6

## 中文版

## 500例

海 天　编著

飞思数字创意出版中心　监制

可以触摸的真实，
不可以复制的稀有

完全自学
一本通

电子工业出版社

**Publishing House of Electronics Industry**

北京·BEIJING

# 内容简介

本书共分为六大篇：入门篇、进阶篇、提高篇、晋级篇、精通篇和实战篇。

全书共分为29章，具体内容包括：Photoshop CS6自学入门、Photoshop CS6软件操作、Photoshop CS6窗口管理、图像素材的显示与编辑、辅助工具的应用与更改、图像素材的选取与填充、图像选区的创建与编辑、调整图像的色彩与色调、运用画笔工具绘制图像、运用修饰工具修复图像、图像路径的绘制与编辑、文字对象的编辑与管理、图层对象的创建与编辑、图层混合模式应用技巧、通道的管理与应用技巧、蒙版的创建与应用技巧、智能滤镜的创建与编辑、应用滤镜制作艺术效果、3D图像的创建与编辑、动作对象的创建与编辑、网页动画的编辑与制作、图像文件的打印与输出、新功能体验案例、卡片设计案例、画册设计案例、广告设计案例、海报设计案例、包装设计案例和网页设计案例，读者学后可以融会贯通、举一反三，制作出更多更加精彩、处理效果更加完美的照片。

本书结构清晰、语言简洁，适合于Photoshop CS6的初、中级读者，包括图像处理、卡片设计、画册设计、广告设计、海报设计、包装设计、网页设计人员等，同时也可作为各类计算机培训中心、中职中专、高职高专等院校及相关专业的辅导教材。

**未经许可，不得以任何方式复制或抄袭本书之部分或全部内容。**
**版权所有，侵权必究。**

**图书在版编目（CIP）数据**

完全自学一本通中文版Photoshop CS6 500例 / 海天编著. —北京：电子工业出版社，2013.11

ISBN 978-7-121-21274-1

Ⅰ.①中… Ⅱ.①海… Ⅲ.①图像处理软件 Ⅳ.①TP391.41

中国版本图书馆CIP数据核字（2013）第195983号

责任编辑：田　蕾

文字编辑：陈晓婕

特约编辑：赵海红

印　　刷：中国电影出版社印刷厂

装　　订：河北省三河市路通装订厂

出版发行：电子工业出版社
　　　　　北京市海淀区万寿路 173 信箱　邮编 100036

开　　本：787×1092　1/16　印张：26　字数：665.6千字　彩插：2

印　　次：2013 年 11 月第 1 次印刷

定　　价：89.00 元（含光盘 1 张）

前言
PREFACE

Photoshop CS6 是 Adobe 公司最新推出的一款图形图像处理软件，它是目前世界上最优秀的平面设计软件之一，广泛应用于广告设计、图像处理、数码摄影、图形制作、影像编辑及建筑效果图设计等诸多领域，深受广大设计人员的青睐。

## 本书的主要特色

最齐全的技术讲解：主要包括选区、色彩、路径、文字、图层、通道、蒙版、滤镜、3D、网页、动作、图像处理、卡片设计、画册设计、广告设计、海报设计、包装设计等，内容全面、详细。

最丰富的案例实战：主要包括 9 大专业领域，7 个大型综合案例，并且书中安排了500 个精典范例，以实例加理论的方式，进行了实战的演绎，读者可以边学边用。

最完备的功能查询：主要包括工具、按钮、菜单、命令、快捷键、理论、范例等，内容非常详细、具体。它不仅是一本自学教材，更是一本即查、即学、即用的手册。

最细致的选项讲解：主要包括 140 多个专家提醒，280 多个图解标注，内容通俗易懂，使读者阅读起来如庖丁解牛，可以快速领会。

最超值的资源赠送：主要包括 380 多分钟书中所有实例操作重现的演示视频，850 多款与书中同步的素材与效果源文件，3200 款超值素材赠送，可以随调随用。

## 本书的细节特色

六大篇幅内容安排：本书结构清晰，全书共分为六大篇幅，入门篇、进阶篇、提高篇、晋级篇、精通篇、实战篇，让读者可以学习到本书中精美实例的设计与制作方法，掌握软件的核心技巧，提高实战水平。

29 章软件技术精解：本书体系完整，由多个使用方向对 Photoshop CS6 进行了 29章专题的软件技术讲解，内容包括 Photoshop CS6 自学入门、Photoshop CS6 软件操作、Photoshop CS6 窗口管理、图像素材的显示与编辑等。

140 多个专家指点放送：作者在编写本书时，将工作中 140 多个各方面的实战技巧、设计经验毫无保留地奉献给读者，不仅大大地丰富和提高了本书的含金量，另一方面也更方便读者提升实战技巧与实战经验。

380 多分钟视频播放：书中的所有技能实例的操作，全部录制了带语音讲解的演示视频，时间长达 380 多分钟。读者在学习 Photoshop CS6 精选实例时，可以结合本书，也可以独立观看视频演示，使学习变得既轻松方便，又能够提高效率。

**500 个精辟实例演练**：全书将软件各项内容细分，通过 500 个精辟范例的设计与制作方法，帮助读者在掌握 Photoshop CS6 基础知识的同时，灵活运用各选项进行相应实例的制作，从而提高读者在学习与工作中的效率。

**850 多个素材效果奉献**：全书使用的素材与制作的效果，共达 850 多个文件，其中包含 440 多个素材文件，410 多个效果文件，涉及新功能体验、卡片设计、画册设计、广告设计、海报设计、包装设计和网页设计等。

**1230 多张图片全程图解**：本书采用了 1230 多张图片，对 Photoshop CS6 的技术、经典实例进行了全程式的图解，通过大量辅助的图片，让实例的内容变得更加通俗易懂，便于读者在学习的过程中一目了然，快速领会。

**3200 款超值素材赠送**：本书的随书光盘为读者赠送了 3200 款超值素材效果文件，其中包括 50 个动作库、50 款婚纱模板、100 款纹样模板、450 个自定形状、1250 个高清画笔、500 个经典样式及 800 款超炫渐变。

## 本书的主要内容

**入门篇**：第 1~6 章，介绍了 Photoshop CS6 自学入门、Photoshop CS6 软件操作、Photoshop CS6 窗口管理、图像素材的显示与编辑、辅助工具的应用与更改及图像素材的选取与填充。

**进阶篇**：第 7~11 章，介绍了图像选区的创建与编辑、调整图像的色彩与色调、运用画笔工具绘制图像、运用修饰工具修复图像及图像路径的绘制与编辑。

**提高篇**：第 12~15 章，介绍了文字对象的编辑与管理、图层对象的创建与编辑、图层混合模式应用技巧及通道的管理与应用技巧。

**晋级篇**：第 16~19 章，介绍了蒙版的创建与应用技巧、智能滤镜的创建与编辑、应用滤镜制作艺术效果及 3D 图像的创建与编辑。

**精通篇**：第 20~22 章，介绍了动作对象的创建与编辑、网页动画的编辑与制作及图像文件的打印与输出。

**实战篇**：第 23~29 章，介绍了新功能体验、卡片设计、画册设计、广告设计、海报设计、包装设计和网页设计。

## 本书的作者信息

本书由海天编著，参加编写的人员还有柏松、谭贤、罗权、刘嫔、杨闰艳、苏高、曾杰、宋金梅、罗林、周旭阳、袁淑敏、谭中阳、杨端阳、谭俊杰、徐茜等。由于时间仓促，书中难免存在疏漏与不妥之处，欢迎广大读者批评指正，联系邮箱：itsir@qq.com。

## 本书的版权声明

本书及光盘所采用的图片、动画、模板、音频、视频和创意等素材，均为所属公司、网站或个人所有。本书引用仅为说明（教学）之用，绝无侵权之意，特此声明。

编 者

# 目录

## CONTENTS

入门篇　第 1～6 章

进阶篇　第 7～11 章

提高篇　第 12～15 章

晋级篇　第 16～19 章

精通篇　第 20～22 章

实战篇　第 23～29 章

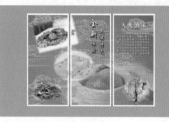

# 入门篇

# 第1章 Photoshop CS6自学入门

## 学习提示

　　Photoshop CS6作为一款非常优秀的图像处理软件，绘图和图像处理是其最大的亮点和特色，在掌握这些技能之前，读者有必要学习一下Photoshop CS6的图像处理环境，如Photoshop CS6的应用领域、新增功能和工作界面等。

## 主要内容

　　↓ 初识位图与矢量图　　　　　　↓ 了解Photoshop的应用领域

　　↓ 初识像素与分辨率　　　　　　↓ 了解Photoshop CS6的新增功能

　　↓ 了解颜色模式与文件格式　　　↓ 熟悉Photoshop CS6的工作界面

## 重点与难点

　　↓ 了解颜色模式与文件格式

　　↓ 了解Photoshop CS6的新增功能

　　↓ 熟悉Photoshop CS6的工作界面

## 学完本章后你会做什么

　　↓ 掌握了位图与矢量图的概念，了解了像素与分辨率的概念

　　↓ 掌握了Photoshop的应用领域，包括VI设计、广告设计和包装设计等

　　↓ 掌握了Photoshop CS6界面的全新认识，如菜单栏、状态栏和工具箱等

## 视频文件

# 1.1　初识位图与矢量图

在计算机领域中，图形图像分为两种类型，即位图图像和矢量图形。这两种类型的图形图像都有各自的特点。

## 001

### 位图

**实例解析:** 位图由最小单位的像素构成，当位图放大后，像素数目不变，因此图像会失真。

**知识点睛:** 了解位图的概念。

位图又称为点阵图，是由许多点组成的，这些点称为像素（pixel），当许多不同颜色的点（即像素）组合在一起后，便构成一幅完整的图像。

像素是组成图像的最小单位，其形态是一个有颜色的小方点。图像由以行和列的方式进行排列的像素组合而成，像素越高文件越大，图像的品质越好。位图可以展现色彩丰富、过渡自然的图像效果，使用数码相机所拍摄的照片和使用扫描仪扫描的图像都以位图形式保存。位图可以记录每一点的数据信息，因而可以精确地制作出色彩和色调变化多样的图像，逼真地表现自然界的景象，达到照片般的品质。但是，由于它所包含的图像像素数目是一定的，因此若将图像放大到一定程度后，图像就会失真，边缘会出现锯齿，如图 1-1 所示。

图1-1　位图的原效果与放大后的效果

# 002

## 矢量图

实例解析：矢量图主要是一些比较简单的图像，放大后图像不会失真。

知识点睛：了解矢量图的概念。

矢量图也称为向量式图形，它用数学的矢量方式来记录图像内容，以线条和色块为主，这类对象的线条非常光滑、流畅，可以无限地进行放大、缩小或旋转等操作，并且不会失真，如图1-2所示。

矢量图不宜制作色调丰富或色彩变化太多的图形，而且绘制出来的图形无法像位图那样精确地描绘各种绚丽的景象。

图1-2　矢量图的原效果与放大后的效果

## 1.2　初识像素与分辨率

在 Photoshop 中，图像的像素与分辨率决定了文件的大小和图像输出的质量，合理设置像素和分辨率是创作出高品质作品的前提。本节主要向读者介绍像素与分辨率的含义。

# 003

## 像素

实例解析：一幅完整的图像是由许多像素组成的，不同颜色的像素会构成不同色彩的图像。

知识点睛：了解像素的概念。

像素是构成图像的最小单位，它的形态是一个小方点，很多个像素组合在一起就构成了一幅图像，构成图像的每一个像素只显示一种颜色。由于图像能记录下每一个像素的数据信息，因而可以精确地记录色调丰富的图像，逼真地表现自然界的景观，如图1-3所示。

图1-3　自然界的景观

**004**

分辨率

实例解析：在Photoshop CS6中，可以对图像的分辨率进行调整，但是将图像的分辨率调高，会影响图像的清晰度。

知识点睛：了解分辨率的概念。

分辨率是图像处理中一个非常重要的概念，它是指位图图像在每英寸上所包含的像素数量，单位是 dpi（pixel/inch）。图像分辨率的高低直接影响图像的质量，分辨率越高文件越大，图像也会越清晰，如图 1-4 所示，处理速度也会变慢；反之，分辨率越低，文件也会越小，图像越模糊，如图 1-5 所示。

图1-4　分辨率高的图像　　　　　图1-5　分辨率低的图像

# 1.3　了解颜色模式与文件格式

颜色模式决定了图像显示颜色的数量，也影响了图像的通道和图像文件的大小，最常用的模式是 RGB、CMYK、位图和灰度 4 种模式。图像文件格式是指在计算机中表示存储图像信息的格式，面对不同的工作时，选择不同的文件格式就显得非常重要。例如，在彩色印刷领域，图像的文件格式要求为 TIFF 格式，而 GIF 和 JPEG 格式因其独特的图像压缩方式而被广泛应用于互联网中。

## 图像的颜色模式

实例解析：介绍Photoshop最常用的4种图像颜色模式及各图像模式的优点、缺点和适用范围。

知识点睛：了解4种常用的图像颜色模式。

　　Photoshop 为用户提供的颜色模式有十余种，常用的模式包括 RGB 模式、CMYK 模式、位图模式和灰度模式等。每一种模式都有其优缺点及适用范围，并且各模式之间可以根据处理图像工作的需要进行转换。

### 1. RGB 模式

　　RGB 模式是 Photoshop 默认的颜色模式，是图形图像设计中最常用的色彩模式，它代表了可视光线的 3 种基本色，即红、绿、蓝，也称之为 "光学三原色"。每一种颜色有 256 个等级的强度变化，当三原色重叠时，不同的混色比例和强度会产生其他的间色，三原色相加会产生白色，如图 1-6 所示。

　　RGB 模式在屏幕表现下色彩丰富，所有滤镜都可以使用，各软件之间文件兼容性高，但在印刷输出时，偏色情况较重。

### 2. CMYK 模式

　　CMYK 模式即由 C（青色）、M（洋红）、Y（黄色）和 K（黑色）来合成颜色的模式，这是印刷上主要使用的颜色模式，这 4 种油墨可合成千变万化的颜色，因此被称为四色印刷。

　　由青色、洋红、黄色叠加即生成红色、绿色、蓝色及黑色，如图 1-7 所示。黑色用来增加对比度，以补偿 CMY 产生的黑度不足。由于印刷使用的油墨均包含一些杂质，单纯由 CMY 这 3 种油墨混合不能产生真正的黑色，因此需要加一种黑色。

　　CMYK 模式是一种减色模式，每一种颜色所占有的百分比范围为 0% ～ 100%，百分比越大，颜色越深。

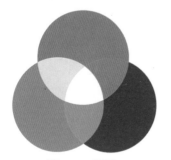

图1-6　三原色

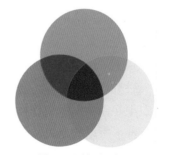

图1-7　四色印刷

### 3. 灰度模式

　　灰度模式可以将图片转变成黑白相片的效果，如图 1-8 所示。灰度模式是图像处理中被广泛运用的模式，采用 256 级不同浓度的灰度来描述图像，每一个像素都有 0 ～ 255 范围的亮度值。

将彩色图像转换为灰度模式时，所有的颜色信息都将被删除，虽然 Photoshop 允许将灰度模式的图像再转换为彩色模式，但是原来已丢失的颜色信息不能再返回。

#### 4．位图模式

位图模式也称黑白模式，使用黑、白双色来描述图像中的像素，如图 1-9 所示，黑白之间没有灰度过渡色，该类图像占用的内存空间非常少。当一幅彩色图像要转换成位图模式时，不能直接转换，必须先将图像转换成灰度模式。

图1-8　灰度模式图像　　　　　　　　图1-9　位图模式图像

# 图像的文件格式

**实例解析：**介绍Photoshop的7种图像文件格式及各图像文件格式的优点和缺点。

**知识点睛：**了解图像文件的7种文件格式。

在 Photoshop 中，文件的保存格式有很多种，每一种都有其优点和缺点，用户可以根据需要进行相应选择。

#### 1．PSD/PSB 文件格式

PSD 格式是 Photoshop 软件的默认格式，也是唯一支持所有图像模式的文件格式，可以分别保存图像中的图层、通道、辅助线和路径等信息。

PSB 格式是 Photoshop 中新增的一种文件格式，多用于大型文件，除了具有 PSD 文件格式的所有属性外，最大的特点就是支持宽度和高度最大为 30 万像素的文件。PSB 文件格式的缺点在于存储的图像文件特别大，占用磁盘空间较多，由于在一些图形程序中没有得到很好的支持，所以其通用性不强。

#### 2．BMP 格式

BMP 格式是 DOS 和 Windows 兼容的计算机上标准的 Windows 图像格式，是英文 Bitmap（位图）的简写。BMP 格式支持 1 ～ 24 位颜色深度，使用的颜色模式有 RGB、索引颜色、灰度和位图等，但不能保存 Alpha 通道。BMP 格式的特点是包含图像信息较丰富，几乎不对图像进行压缩，因此占用磁盘空间大。

### 3．JPEG 格式

JPEG 是一种高压缩比、有损压缩真彩色的图像文件格式，其最大的特点是文件比较小，可以进行高倍率的压缩，因而在注重文件大小的领域中应用广泛，比如网络中绝大部分要求高颜色深度的图像都使用 JPEG 格式。JPEG 格式支持 RGB、CMYK 和灰度颜色模式，但不支持 Alpha 通道，它主要用于图像预览和制作 HTML 网页。

JPEG 格式是压缩率最高的图像格式之一，这是由于 JPEG 格式在压缩保存的过程中会以失真最小的方式丢掉一些肉眼不易察觉的数据，因此保存后的图像与原图会有所差别。此格式的图像没有原图像的质量好，所以不宜在印刷、出版等高要求的场合下使用。

### 4．AI 格式

AI 格式是 Illustrator 软件所特有的矢量图形存储格式。在 Photoshop 软件中，将保存了路径的图像文件输出为 AI 格式，可以在 Illustrator 和 CorelDRAW 等矢量图形软件中直接打开并进行任意修改和处理。

### 5．TIFF 格式

TIFF 格式用于在不同的应用程序和不同的计算机平台之间交换文件。TIFF 格式是一种通用的位图文件格式，几乎所有的绘画、图像编辑和页面版式应用程序均支持该文件格式。

TIFF 格式能够保存通道、图层和路径信息，由此看来它与 PSD 格式没有什么区别，但实际上如果在其他应用程序中打开该文件格式所保存的图像，则所有图层将被合并，因此只有使用 Photoshop 打开保存了图层的 TIFF 文件，才能修改其中的图层。

### 6．GIF 格式

GIF 格式也是一种非常通用的图像格式，由于最多只能保存 256 种颜色，且使用 LZW 压缩方式压缩文件，因此 GIF 文件不会占用太多的磁盘空间，非常适合 Internet 中的图片传输，GIF 格式还可以保存动画。

### 7．EPS 格式

EPS 是 Encapsulated PostScript 的缩写。EPS 可以说是一种通用行业标准格式，可同时包含图像的像素信息和矢量信息，除了多通道模式的图像外，其他模式的图像都可存储为 EPS 格式，但它不支持 Alpha 通道。EPS 格式可以支持剪贴路径，在排版软件中可以产生镂空或蒙版效果。

## 1.4　了解Photoshop的应用领域

随着 Photoshop 的升级，软件的功能也在不断完善，设计功能变得更加强大，Photoshop 被广泛应用于 VI 设计、广告设计、网页设计、包装设计、插画设计、数码后期制作和效果图后期制作等领域，并且在这些领域中起着举足轻重的作用。

# 007

## VI设计

实例解析：介绍Photoshop应用领域中VI设计领域部分，VI标识是一种特殊的语言，它具有特殊的传播功能。

知识点睛：了解VI设计领域。

　　VI（Visual Identiy，视觉识别）是 CI（Corporate Identity，企业识别）中具有传播力和感染力的部分，它将 CI 的非可视内容转化为静态的视觉识别符号，将企业的精神理念及特色更清晰地表达出来，如图 1-10 所示。

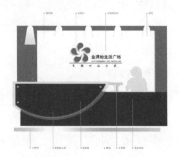

图1-10　VI设计作品

# 008

## 广告设计

实例解析：介绍Photoshop应用领域中广告设计领域部分，包括书本封面、招贴和海报等。

知识点睛：了解广告设计领域。

　　广告设计是 Photoshop 应用最为广泛的领域，无论是书籍的封面，还是大街上随处可见的招贴、海报，基本上都需要使用 Photoshop 对其中的图像进行合成、处理，如图 1-11 所示。

图1-11　广告设计作品

# 009

## 包装设计

实例解析：介绍Photoshop应用领域中包装设计领域部分，包装设计主要用于各商品信息的展示与传播。

知识点睛：了解包装设计领域。

　　包装是商品的外观或装饰，它形象鲜明、外观精美，更能吸引消费者对商品的青睐，从而提高产品的知名度，达到提升销售额的效果，如图 1-12 所示。

图1-12　包装设计作品

# 010

## 网页设计

实例解析：介绍Photoshop应用领域中网页设计领域部分，网页设计主要用于网络传播信息。

知识点睛：了解网页设计领域。

　　网页设计是一个比较成熟的行业，网页都是使用与图形处理技术密切相关的网页设计与制作软件完成的。Photoshop CS6 的图像设计功能非常强大，使用其中的绘图工具、文字工具、调色命令和图层样式等能够制作出精美、大气的网页效果，如图 1-13 所示。

图1-13　网页设计作品

## 插画绘图设计

**实例解析：**介绍Photoshop应用领域中插画绘图设计领域部分，插画也是一种艺术，在商业应用上通常分为人物、动物等商业形象。

**知识点睛：**了解插画绘图设计领域。

　　插画是近年来已经走向成熟的行业，随着出版及商业设计领域工作的逐渐细分，Photoshop 在绘画方面的功能也越来越强大。广告插画、卡通漫画插画、影视游戏插画、出版物插画等都属于商业插画，如图 1-14 所示。

图1-14　插画绘图设计作品

## 数码照片处理

**实例解析：**介绍Photoshop应用领域中数码照片处理领域部分，在照片处理功能上，Photoshop CS6变得更加强大。

**知识点睛：**了解数码照片处理领域。

　　Photoshop 作为比较专业的图形设计处理软件，在数码照片处理方面的能力比其他的软件处理的效果要更好一些，不仅可以轻松修复旧损照片，清除照片中的瑕疵，还可以模拟光学滤镜的效果，并且能借助强大的图层与通道功能合成模拟照片，所以 Photoshop 在处理照片的效果上，有"数码暗房"之称，如图 1-15 所示。

图1-15　数码照片处理作品

# 013

## 影像后期制作

实例解析：介绍Photoshop应用领域中影像后期制作领域部分，通过对不同的多张图像的组合，可拼合成一幅有创意的图像。

知识点睛：了解影像后期制作领域。

借助 Photoshop 强大的颜色处理和图像合成功能，可以将原本不相干的对象天衣无缝地拼合在一起，使图像发生巨大的变化。需要注意的是，通常这类创意图像的最低要求是看起来足够逼真，需要使用足够扎实的 Photoshop 功底，才能制作出满意的效果，如图 1-16 所示。

图1-16　影像后期制作作品

# 014

## UI设计

实例解析：介绍Photoshop应用领域中UI设计领域部分，在UI设计时，产品造型要注重科技性、时尚性和简单性。

知识点睛：了解UI设计领域。

UI 的全称是 User Interface，也就是用户与界面的关系，被认为是"图形界面的设计"。UI 设计包括交互设计、用户研究及界面设计 3 部分，如图 1-17 所示。

图1-17　UI设计作品

# 015

## 室内外装饰后期处理

实例解析：介绍Photoshop应用领域中室内外装饰后期处理领域部分，优化3D图像视觉效果的细节。

知识点睛：了解室内外装饰后期处理领域。

在 3ds Max 中完成建筑模型的效果图制作后，一般在 Photoshop 中对输出的装修设计图像进行视觉效果和内容细节的优化，如改善室内灯光、场景及添加适当的饰物等，更逼真地模拟装修设计的实际效果，给用户更全面的设计方案，如图 1-18 所示。

图1-18　室内外装饰后期处理作品

# 1.5　了解Photoshop CS6的新增功能

全新的 Photoshop CS6 为了满足广大用户的设计需求，不论在界面的风格上还是设计功能的操作上，都提供了更为广阔的使用平台及设计空间，通过合理、有序地分布将各种新增功能扩展并融合于工具箱和菜单命令中，大大提高了软件本身的图像处理能力，也使得图像的处理与编辑更加便捷。

# 016

## 全新的启动界面

实例解析：Photoshop CS6的启动界面有了很大的变化，变得更加美观、精致了，功能也变得更加强大了。

知识点睛：了解Photoshop CS6全新的启动界面。

Photoshop CS6 软件的启动界面相对于 Photoshop CS5 的启动界面有了很大的变化，其启动界面变得更加晶莹剔透，更加精致，图 1-19 所示为 Photoshop CS6 的启动界面。

图1-19　Photoshop CS6的启动界面

**017**

## 修补工具

**实例解析：** 在修补工具组中，Photoshop CS6新增了一个内容感知移动工具，进一步完善了修补功能。

**知识点睛：** 了解新增内容感知移动工具的功能。

Photoshop CS6 的修补工具箱里新增加了一个内容感知移动工具，如图 1-20 所示。内容感知移动工具的运用是指用其他区域中的像素或图案来修补或替换选中的图像区域，在修复的同时仍保留了原来的纹理、亮度和层次，只对图像的某一块区域进行整体修复，如图 1-21 所示。

图1-20　内容感知移动工具

图1-21　进行整体修复

**018**

## 裁剪工具

**实例解析：** 在裁剪工具组中，Photoshop CS6新增了一个透视裁剪工具，进一步完善了裁剪功能。

**知识点睛：** 了解新增透视裁剪工具的功能。

　　与以往版本相比，Photoshop CS6 裁剪工具有着极其人性化的变化。在之前的版本中，对图片进行裁剪以后，用户如果对其不满意，需要撤销之前的操作才能恢复原来的图片，但在 Photoshop CS6 版本中，只需再次选择裁剪工具，然后随意操作即可看到原文档，同时裁剪部分还增加了一项透视裁剪工具，如图 1-22 所示。

图1-22　透视裁剪工具

# 019

## 增强的3D功能

**实例解析**：Photoshop CS6的3D功能相对于Photoshop CS5变得更加强大，工具箱中增加了几个3D功能的工具。

**知识点睛**：了解Photoshop CS6增强的3D功能。

　　Photoshop CS6 3D 功能的增强，是 Photoshop 的最大看点，也是该功能自 Photoshop CS5 引入以来的又一次变动。工具箱中增加的 3D 功能有：颜料桶中新增 3D 材质拖放工具，如图 1-23 所示；吸管中新增 3D 材质吸管工具，如图 1-24 所示。

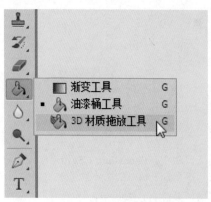

图1-23　3D材质拖放工具

图1-24　3D材质吸管工具

# 020 参数设置列表

**实例解析：** 在Photoshop CS6中，"首选项"对话框内增加了新的参数设置列表。

**知识点睛：** 了解新增的参数设置列表。

在 Photoshop CS6 的参数设置面板中，新增了许多参数列表设置，例如"首选项"对话框的"常规"选项卡中新增的"根据 HUD 垂直移动来改变圆形画笔硬度"和"将矢量工具与变换与像素网格对齐"参数设置列表，如图 1-25 所示。"界面"选项卡中新增的"显示工具提示"和"启用文本投影"参数设置列表，如图 1-26 所示。"文件处理"选项卡中新增的"后台存储"、"忽略旋转元数据"等参数列表设置，如图 1-27 所示。与之前的 Photoshop CS5 版本相比，Photoshop CS6 的"文字"选项卡中删除了两个项目："显示亚洲字体"选项和"字体预览大小"，如图 1-28 所示。

图1-25　"常规"选项卡

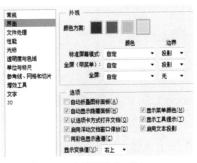

图1-26　"界面"选项卡

图1-27　"文件处理"选项卡

图1-28　"文字"选项卡

## 1.6　熟悉Photoshop CS6的工作界面

运用 Photoshop 对照片进行各种处理，就需要认识并了解该软件的工作界面。Photoshop CS6 的工作界面主要由菜单栏、状态栏、工具箱、工具属性栏、图像编辑窗口和浮动面板 6 个部分组成，如图 1-29 所示。

图1-29　Photoshop CS6工作界面

# 021

## 菜单栏

**实例解析：** 菜单栏包含可以执行的各种命令，单击菜单名称即可打开
相应的菜单。

**知识点睛：** 了解菜单栏的功能。

　　Photoshop CS6 把标题栏和菜单栏进行了合并，位于整个窗口的顶端，显示了当前应
用程序的名称、菜单命令及用于控制文件窗口显示大小的最小化、最大化（还原窗口）、
关闭窗口等几个按钮，如图 1-30 所示。菜单部分由"文件"、"编辑"、"图像"、"图层"、"文字"、
"选择"、"滤镜"、"3D"、"视图"、"窗口"和"帮助"11 个菜单组成，单击任意一个菜单
项都会弹出其包含的命令，Photoshop CS6 中的绝大部分功能都可以利用菜单命令来实现。
在菜单栏左侧的程序图标上单击，在弹出的下拉菜单中可以执行最小化窗口、最大化窗口、
还原窗口和关闭窗口等操作。如果菜单中的命令呈灰色，则表示该命令在当前编辑状态下
不可用；如果菜单命令右侧有一个三角符号，则表示此菜单包含有子菜单。

图1-30　菜单栏

- 文件：单击"文件"菜单命令，在弹出的下级菜单中可以执行新建、打开、存储、关闭、
  置入及打印等一系列针对文件操作的命令。
- 编辑："编辑"菜单是对图像进行编辑的命令，包括还原、剪切、复制、粘贴、填充、
  变换及定义图案等命令。
- 图像："图像"菜单命令主要针对图像模式、颜色和大小等进行调整及设置。
- 图层："图层"菜单中的命令主要针对图层进行相应的操作，这些命令便于对图层
  进行运用和管理，如新建图层、复制图层、蒙版图层和文字图层等。
- 文字："文字"菜单主要用于对文字对象进行创建和设置，包括创建工作路径、复
  制图层、创建变形文字及字体预览大小等。

- 选择:"选择"菜单中的命令主要是针对选区进行操作,可以对选区进行反向、修改、变换、扩大和载入选区等操作,这些命令结合选区工具,更便于对选区进行操作。
- 滤镜:"滤镜"菜单中的命令可以为图像设置各种不同的特效,在制作特效方面更是功不可没。
- 3D:3D菜单针对3D图像执行操作,通过这些命令可以打开3D文件、将2D图像转换为3D图形和进行3D渲染等操作。
- 视图:"视图"菜单中的命令可对整个视图进行调整及设置,包括缩放视图、改变屏幕模式、显示标尺和设置参考线等。
- 窗口:"窗口"菜单主要用于控制Photoshop CS6工作界面中的工具箱和各个面板的显示和隐藏。
- 帮助:"帮助"菜单中提供了使用Photoshop CS6的各种版本信息,在使用Photoshop CS6的过程中,若遇到问题,可以查看该菜单,及时了解各种命令、工具和功能的使用。
- 最小化:"最小化"按钮可以将Photoshop工作界面最小化显示。
- 最大化:"最大化"按钮可以将Photoshop工作界面最大化显示。
- 关闭:"关闭"按钮是用来退出Photoshop应用软件的操作。

# 022 状态栏

实例解析:状态栏主要显示打开文档的大小、尺寸、当前工具和窗口缩放比例等信息。

知识点睛:了解状态栏的功能。

状态栏位于图像编辑窗口的底部,主要用于显示当前所编辑图像的各种参数信息。状态栏主要由显示比例、文件信息和提示信息3部分组成。

状态栏右侧显示的是图像文件信息,单击文件信息右侧的小三角形按钮,即可弹出快捷菜单,其中显示了当前图像文件信息的各种显示方式选项,如图1-31所示。

图1-31    状态栏

- Adobe Drive:显示文档的VersionCue工作组状态。Adobe Drive可以帮助链接到VersionCue CS6服务器,链接成功后,可以在Window资源管理器或Mac OS Finder中查看服务器的项目文件。

➢ 文档大小：显示有关图像中数据量的信息。选择该选项后，状态栏中会出现两组数字，左边的数字显示了拼合图层并存储文件后的大小，右边的数字显示了包图层和通道的近似大小。

➢ 文档配置文件：显示图像所有使用的颜色配置文件的名称。

➢ 文档尺寸：查看图像的尺寸。

➢ 测量比例：查看文档的比例。

➢ 暂存盘大小：查看关于处理图像的内存和 Photoshop 暂存盘的信息，选择该选项后，状态栏中会出现两组数字，左边的数字用来显示所有打开图像的内存量，右边的数字用于处理图像的总内存量。

➢ 效率：查看执行操作实际花费的时间百分比。当效率为 100 时，表示当前处理的图像在内存中生成；如果低于 100，则表示 Photoshop 正在使用暂存盘，操作速度也会变慢。

➢ 计时：查看完成上一次操作所用的时间。

➢ 当前工具：查看当前使用的工具名称。

➢ 32 位曝光：调整预览图像，以便在计算机显示器上查看 32 位 / 通道高动态范围图像的选项。只有文档窗口显示 HDR 图像时，该选项才可以使用。

➢ 存储进度：读取当前文档的保存进度。

# 023 工具箱

实例解析：工具箱内包含用于执行各种操作的工具，如创建选区、移动图像绘画等。

知识点睛：了解工具箱的功能。

工具箱位于工作界面的左侧，如图 1-32 所示。要使用工具箱中的工具，只要单击工具按钮便可在图像编辑窗口中使用。若在工具按钮的右下角有一个小三角形，表示该工具按钮还有其他工具，在工具按钮上单击，可弹出所隐藏的工具选项，如图 1-33 所示。

图1-32 工具箱

图1-33 显示隐藏的工具

# 024

## 工具属性栏

**实例解析：** 工具属性栏用来设置工具的各种选项，它会随着所选工具的不同而变换内容。

**知识点睛：** 了解工具属性栏的功能。

工具属性栏一般位于菜单栏的下方，主要用于对所选取工具的属性进行设置，它提供了控制工具属性的选项，其显示的内容会根据所选工具的不同而发生改变。在工具箱中选取相应的工具后，工具属性栏将显示该工具可使用的功能，例如选取工具箱中的快速选择工具，相应的工具属性栏如图 1-34 所示。

图1-34　快速选择工具的工具属性栏

# 025

## 图像编辑窗口

**实例解析：** 在Photoshop CS6中，文档窗口是编辑图像的窗口，用户对图像进行的操作都是在图像编辑窗口中进行的。

**知识点睛：** 了解图像编辑窗口的功能。

在 Photoshop CS6 工作界面的中间，灰色区域即为图像编辑工作区。当打开一个文档时，工作区中将显示该文档的图像编辑窗口。图像编辑窗口是编辑图像的主要工作区域，图形的绘制或图像的编辑都在此区域中进行。在图像编辑窗口中可以实现所有 Photoshop CS6 中的功能，也可以对图像编辑窗口进行多种操作，如改变窗口大小和位置等。当新建或打开多个文件时，图像标题栏呈灰白色时，即为当前编辑窗口，如图 1-35 所示，此时所有操作将仅针对当前图像编辑窗口；若想对其他图像窗口进行编辑，移动鼠标指针至相应的图像标题栏上，单击即可。

图1-35　打开多个文档的图像编辑窗口

# 026

## 浮动面板

**实例解析:** 浮动面板是为了帮助用户更好地编辑图像,可以设置编辑内容和各属性。

**知识点睛:** 了解浮动面板的功能。

浮动面板主要用于对当前图像的颜色、图层、样式及相关的操作进行设置。

默认情况下,浮动面板是以面板组的形式出现的,它们位于工作界面的右侧,用户可以根据需要进行分离、移动和组合等操作。

用户若要选择某个浮动面板,可单击浮动面板窗口中相应的标签;若要隐藏某个浮动面板,可单击"窗口"菜单中带 标记的命令,或单击浮动面板窗口右上角的"关闭"按钮;若要打开被隐藏的面板,可单击"窗口"菜单中不带 标记的命令。图 1-36 所示为"窗口"菜单与"通道"面板。

图1-36 "窗口"菜单与"通道"面板

**专家提醒**

默认情况下,浮动面板分为6种,可以根据需要将它们进行任意分离、移动和组合。例如,将"颜色"浮动面板脱离原来的组合面板窗口,使其成为独立的面板,可在"颜色"标签上按下鼠标左键并将其拖动到其他位置即可;若要使面板复位,只需将其拖回至原来的面板控制窗口内即可。

另外,按【Tab】键,可以隐藏工具箱和所有的浮动面板;按【Shift+Tab】组合键,可以隐藏所有的浮动面板,并保留工具箱的显示。

# 第2章 Photoshop CS6软件操作

## 学习提示

　　Photoshop CS6是Adobe公司在2012年推出的Photoshop的最新版本，它是目前世界上最优秀的平面设计软件之一，并被广泛用于图像处理、图形制作、平面设计、影像编辑、建筑效果图设计等行业，它简洁的工作界面及强大的设计功能深受广大用户的青睐。

## 主要内容

- 启动Photoshop CS6
- 退出Photoshop CS6
- 图像文件基本操作
- 置入与导出文件
- 应用文件浏览器
- 撤销和还原图像操作

## 重点与难点

- 导出图像文件
- Mini Bridge浏览图像
- 快照还原操作

## 学完本章后你会做什么

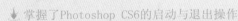
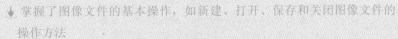

- 掌握了Photoshop CS6的启动与退出操作
- 掌握了图像文件的基本操作，如新建、打开、保存和关闭图像文件的操作方法
- 掌握了撤销和还原图像的操作，如菜单撤销、面板撤销和快照还原等操作方法

## 视频文件

# 2.1 启动与退出Photoshop CS6

启动和退出 Photoshop CS6 是学习该软件的第一步，也是最基本的操作。本节主要介绍启动和退出 Photoshop CS6 的方法。

## 027

难度级别：★★☆☆☆

### 启动Photoshop CS6

| | |
|---|---|
| 实例解析： | 以在Windows 7系统中启动Photoshop CS6为例，介绍启动Photoshop CS6的操作方法。 |
| 素材文件： | 无 |
| 效果文件： | 无 |
| 视频文件： | 027 启动Photoshop CS6.mp4 |

**STEP 01** 安装好Photoshop CS6软件后，单击"开始"|"所有程序"|Adobe Photoshop CS6命令，系统开始加载程序，如图2-1所示。

**STEP 02** 应用程序加载完毕后，即可启动Photoshop CS6应用程序，进入Photoshop CS6工作界面，如图2-2所示。

图2-1 系统开始加载程序

图2-2 进入Photoshop CS6工作界面

**专家提醒**

除了运用上述启动Photoshop CS6软件的方法外，还有以下两种常用的方法。

➤ 双击桌面上的Adobe Photoshop CS6快捷方式图标。

➤ 双击已经存在的任意一个PSD格式的Photoshop文件。

## 028

难度级别：★★☆☆☆

### 退出Photoshop CS6

| | |
|---|---|
| 实例解析： | 当用户完成图像文件的编辑后，若不再使用Photoshop CS6软件，则可以退出该程序，以提高系统的运行速度。 |
| 素材文件： | 三教母像.jpg |
| 效果文件： | 无 |
| 视频文件： | 028 退出Photoshop CS6.mp4 |

STEP 01　将鼠标指针移至图像编辑窗口的"关闭"按钮上，如图2-3所示，单击鼠标左键，即可关闭所打开的图像文件。

STEP 02　将鼠标指针移至菜单栏右侧的"关闭"按钮上，如图2-4所示，单击鼠标左键，即可退出Photoshop CS6应用程序。

图2-3　图像编辑窗口的"关闭"按钮

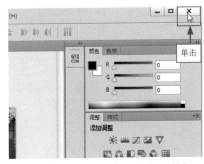

图2-4　菜单栏右侧的"关闭"按钮

**专家提醒**

除了运用上述退出Photoshop CS6软件的方法外，还有以下4种常用的方法。

➢ 单击"文件"｜"退出"命令。
➢ 单击标题栏左侧的程序图标，在弹出的下拉菜单中选择"关闭"选项。
➢ 按【Ctrl＋Q】组合键。
➢ 按【Alt＋F4】组合键。

## 2.2　图像文件基本操作

Photoshop CS6 作为一款图像处理软件，绘图和图像处理是它的看家本领，因此用户在使用 Photoshop CS6 开始创作之前，需要先了解此软件的一些常用操作。本节主要介绍新建图像文件、打开图像文件、保存图像文件和关闭图像文件。

# 029

难度级别：★★☆☆☆

## 新建图像文件

| | |
|---|---|
| 实例解析： | 启动Photoshop CS6程序后，首先需要创建一个图像文件（此时图像编辑窗口内没有任何图像），才能进行绘图和编辑操作。 |
| 素材文件： | 无 |
| 效果文件： | 无 |
| 视频文件： | 029　新建图像文件.mp4 |

STEP 01　单击"文件"｜"新建"命令，弹出"新建"对话框，如图2-5所示，在对话框中设置各选项。

STEP 02　执行上述操作后，单击"确定"按钮，即可新建一幅空白的图像文件，如图2-6所示。

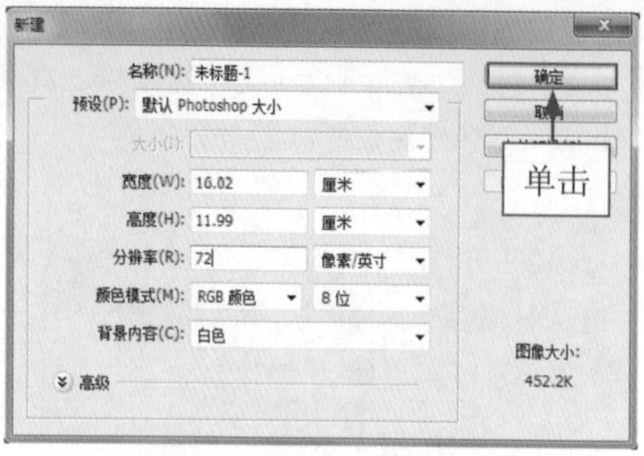

图2-5 "新建"对话框

图2-6 新建一幅空白的图像文件

**专家提醒**

除了运用命令创建图像文件外，也可以按【Ctrl+N】组合键创建图像文件。

# 030

难度级别：★★☆☆☆

# 打开图像文件

| | |
|---|---|
| 实例解析： | 在Photoshop CS6中，经常需要打开一个或多个图像文件进行编辑和修改，它可以打开多种文件格式，也可以同时打开多个文件。 |
| 素材文件： | 国家美术馆.jpg |
| 效果文件： | 无 |
| 视频文件： | 030 打开图像文件.mp4 |

STEP 01 单击"文件"｜"打开"命令，在弹出的"打开"对话框中，选择需要打开的图像文件，如图2-7所示。

STEP 02 执行上述操作后，单击"打开"按钮，即可打开选择的图像文件，效果如图2-8所示。

图2-7 选择需要打开的图像文件

图2-8 打开选择的图像文件

**专家提醒**

在Photoshop CS6中，如果要打开一组连续的文件，可以在选择第一个文件后，按住【Shift】键的同时再选择最后一个要打开的文件，即可选择一组连续的文件。如果要打开一组不连续的文件，可以在选择第一个图像文件后，按住【Ctrl】键的同时，选择其他的图像文件，即可选择一组不连续的文件，然后单击"打开"按钮，即可打开所选择的多个文件。

# 031

难度级别：★★★☆☆

## 保存图像文件

实例解析：用户可以保存当前编辑的图像文件，以便于在日后的工作中对该文件进行修改、编辑或输出操作。

素材文件：Zur Kiste.jpg

效果文件：Zur Kiste.jpg

视频文件：031 保存图像文件.mp4

STEP 01　按【Ctrl+O】组合键，打开一幅素材图像，单击"文件"｜"存储为"命令，弹出"存储为"对话框，如图2-9所示。

STEP 02　在"存储为"对话框中，设置文件名称与保存路径，单击"保存"按钮，即可保存图像文件，如图2-10所示。

图2-9　"存储为"对话框

图2-10　保存图像文件

**专家提醒**

除了运用上述方法可以弹出"存储为"对话框外，还有以下两种方法。

➢ 快捷键1：按【Ctrl+S】组合键。
➢ 快捷键2：按【Ctrl+Shift+S】组合键。

# 032

难度级别：★★★☆☆

## 关闭图像文件

实例解析：当用户对图像文件编辑完成后，为了提高电脑运行速度，可以将一些不需要使用的图像文件关闭。

素材文件：酒店.jpg

效果文件：无

视频文件：032 关闭图像文件.mp4

STEP 01　单击"文件"｜"关闭"命令，如图2-11所示。

STEP 02　执行上述操作后，即可关闭当前工作的图像文件，如图2-12所示。

图2-11　单击"关闭"命令

图2-12　关闭图像文件

# 2.3 置入与导出文件

在 Photoshop CS6 中，通过"置入"命令，可以将 AI 格式的文件置入当前编辑的文件中，通过"导出"命令可将路径导出为 AI 格式。

## 033
难度级别：★★★☆☆

### 置入图像文件

| | |
|---|---|
| 实例解析： | 在Photoshop CS6中，置入图像文件是指将所选择的文件置入到当前编辑窗口中，再进行编辑。 |
| 素材文件： | 手机.jpg、胜利女神纪念柱.jpg |
| 效果文件： | 手机.psd/jpg |
| 视频文件： | 033 置入图像文件.mp4 |

STEP 01 按【Ctrl＋O】组合键，打开一幅素材图像，如图2-13所示。

STEP 02 单击"文件"｜"置入"命令，如图2-14所示。

图2-13 素材图像

图2-14 单击"置入"命令

STEP 03 弹出"置入"对话框，选择置入文件，如图2-15所示。

STEP 04 单击"置入"按钮，即可置入图像文件，如图2-16所示。

图2-15 选择置入文件

图2-14 单击"置入"命令

STEP 05    将鼠标指针移至置入文件控制柄上，单击并拖动控制柄，如图2-17所示。

STEP 06    执行上述操作后，按【Enter】键确认缩放，得到最终效果如图2-18所示。

图2-17    拖动控制点

图2-18    最终效果

**专家提醒**

　　运用"置入"命令，可以在图像中置入EPS、AI、PDP和PDF格式的图像文件，该命令主要用于将一个矢量图像文件转换为位图图像文件，置入一个图像文件后，系统将创建一个新的图层。

　　需要注意的是，CMYK模式的图片文件只能置入与其模式相同的图片。

# 034

难度级别：★★★☆☆

## 导出图像文件

| | |
|---|---|
| 实例解析： | 对视频帧、注释和WIA等内容进行编辑时，当新建或打开图像文件后，单击"文件"｜"导入"命令，可将内容导入到图像中。 |
| 素材文件： | 德国啤酒.psd |
| 效果文件： | 无 |
| 视频文件： | 034 导出图像文件 |

STEP 01    按【Ctrl+O】组合键，打开一幅素材图像，此时图像编辑窗口中的显示效果，如图2-19所示。

STEP 02    单击"窗口"｜"路径"命令，展开"路径"面板，选择"工作路径"选项，即可显示工作路径，如图2-20所示。

图2-19    素材图像

图2-20    显示工作路径

STEP 03　单击"文件"｜"导出"｜"路径到 Illustrator"命令，弹出"导出路径到文件"对话框，在其中设置"路径"为"工作路径"，如图2-21所示。

STEP 04　单击"确定"按钮，弹出"选择存储路径的文件名"对话框，如图2-22所示，单击"保存"按钮，即可完成导出图像的操作。

图2-22　弹出相应对话框

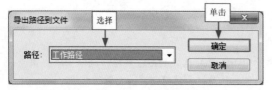

图2-21　设置"路径"为"工作路径"

# 2.4　应用文件浏览器

用户在浏览大量图片或寻找图片时，往往会为 PSD、AI、INDD 和 PDF 等格式的文件感到头疼，因为太耗时间，而使用 Adobe Bridge 则可以直接预览并操作这些文件。本节介绍使用 Bridge 浏览器查看图像、打开图像及使用 Mini Bridge 浏览图像的操作方法。

难度级别：★★★☆☆

## Bridge浏览器中查看图像

| | |
|---|---|
| 实例解析： | 在Adobe Bridge中查看、搜索、排序、管理和处理图像文件，可以对文件进行重命名、移动、删除、旋转图像及批处理等。 |
| 素材文件： | 无 |
| 效果文件： | 无 |
| 视频文件： | 035 Bridge浏览器中查看图像.mp4 |

STEP 01　单击"文件"｜"在Bridge中浏览"命令，如图2-23所示。

STEP 02　弹出相应窗口，单击窗口左侧的"文件夹"选项卡，如图2-24所示。

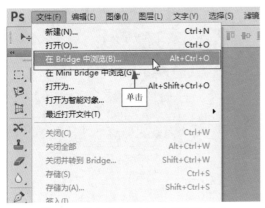

图2-23 单击"在Bridge中浏览"命令

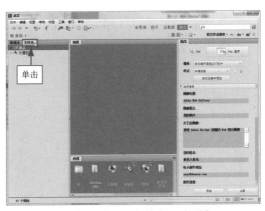

图2-24 单击"文件夹"选项卡

**STEP 03** 在"内容"选项区中，选择相应的文件夹，双击，如图2-25所示。

**STEP 04** 执行上述操作后，即可在Adobe Bridge窗口中浏览图像，如图2-26所示。

图2-25 双击鼠标左键

图2-26 在Adobe Bridge窗口中浏览图像

## Bridge浏览器中打开图像

实例解析：在Photoshop CS6中，Adobe Bridge已经进行了优化，内存占用大大降低，操作速度也得到了明显改善。

知识点睛：掌握在Bridge浏览器中打开图像的方法。

打开浏览器文件夹中的相应文件夹，如图 2-27 所示，在内容区域中的任意一幅图像上单击，即可在 Adobe Bridge 的预览区域中显示所单击的图像，如图 2-28 所示。

图2-27 打开相应文件夹

图2-28 显示所单击的图像

# 037

难度级别：★★☆☆

## Mini Bridge浏览图像

实例解析：Mini Bridge浏览器是一个简化版的Adobe Bridge，如果用户只需查找和浏览图片素材，就可以使用Mini Bridge。

素材文件：无

效果文件：无

视频文件：037 Mini Bridge浏览图像.mp4

STEP 01 单击"文件" | "在Mini Bridge中浏览"命令，如图2-29所示。

STEP 02 弹出Mini Bridge窗口，如图2-30所示。

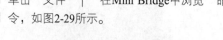

图2-29 单击"在Mini Bridge中浏览"命令

图2-30 弹出Mini Bridge窗口

STEP 03 在窗口左侧展开相应的文件夹，即可浏览图像，如图2-31所示。

STEP 04 双击Mini Bridge窗口中的任意图像，即可打开图像，如图2-32所示。

图2-31 浏览图像

图2-32 打开图像

# 2.5　撤销和还原图像操作

　　用户在编辑图像的过程中，如果操作出现了失误或对创建的效果不满意，可以撤销操作或者将图像恢复为最近保存过的状态。Photoshop 提供了很多帮助用户恢复操作的功能，有了这些功能，用户就可以大胆地创作。本节主要介绍撤销和还原图像操作的方法。

## 038　菜单撤销图像操作

难度级别：★★★☆☆

| | |
|---|---|
| 实例解析： | 用户在进行图像处理时，如果需要恢复前面进行的操作，就需要进行撤销操作。 |
| 素材文件： | 柏林墙.psd |
| 效果文件： | 无 |
| 视频文件： | 038 菜单撤销图像操作.mp4 |

**STEP 01** 按【Ctrl＋O】组合键，打开一幅素材图像，如图2-33所示。

**STEP 02** 单击"编辑"｜"变换"｜"水平翻转"命令，如图2-34所示。

图2-33　打开素材图像

图2-34　单击"水平翻转"命令

**STEP 03** 执行上述操作后，即可水平翻转图像，如图2-35所示。

**STEP 04** 单击"编辑"｜"还原水平翻转"命令，如图2-36所示，即可还原图像。

图2-35　水平翻转图像

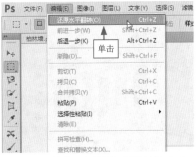

图2-36　单击"还原水平翻转"命令

**专家提醒**

若用户未对打开的图像文件进行编辑或修改，则"还原"命令呈灰色，处于不可用状态；当执行了某项操作后，即可以激活"还原"命令。

该软件还可以对图像的编辑进行前进或后退的操作，系统默认的前进或后退操作次数为20步，若用户执行20次操作后，系统将不会再对图像进行任何操作。

# 039

难度级别：★★★☆☆

## 面板撤销任意操作

实例解析：在Photoshop CS6中，用户可以使用面板撤销前面所进行的任何操作，还可以在图像处理过程中为当前处理结果创建快照。

素材文件：老国家画廊.jpg

效果文件：无

视频文件：039 面板撤销任意操作.mp4

STEP 01　按【Ctrl+O】组合键，打开一幅素材图像，如图2-37所示。

STEP 02　单击"窗口"｜"历史记录"命令，展开"历史记录"面板，如图2-38所示。

图2-37　打开素材图像

图2-38　展开"历史记录"面板

STEP 03　单击"图像"｜"模式"｜"灰度"命令，将图像转换为灰度模式，如图2-39所示，即可在"历史记录"面板中看到操作记录。

STEP 04　执行上述操作后，在"历史记录"面板中，选择"打开"选项，如图2-40所示，即可还原图像操作。

图2-39　将图像转换为灰度模式

图2-40　选择"打开"选项

# 快照还原操作

**实例解析**：使用快照功能，用户可以在编辑图像的过程中，将某一操作状态保存起来，以方便在需要时进行恢复。

**素材文件**：花抱枕.psd

**效果文件**：花抱枕.psd/jpg

**视频文件**：040 快照还原操作.mp4

难度级别：★★★☆☆

STEP 01　按【Ctrl＋O】组合键，打开一幅素材图像，如图2-41所示，在"图层"面板中，选择"图层1"图层。

STEP 02　按【Ctrl＋T】组合键，调出变换控制框，自由变换"图层1"图层中的图像，如图2-42所示。

图2-41　打开素材图像

图2-42　自由变换"图层1"图层中的图像

STEP 03　在"历史记录"面板中，选择"自由变换"选项，按住【Alt】键的同时单击"创建快照"按钮 📷，如图2-43所示。

STEP 04　弹出"新建快照"对话框，保持默认设置，单击"确定"按钮，即可创建"快照1"快照，如图2-44所示。

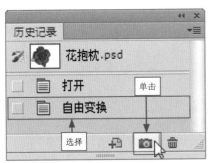

图2-43　单击"创建快照"按钮

图2-44　创建"快照1"快照

**专家提醒**

快照能够保存的当前状态包括选区、图层、通道、路径等各种信息。

# 041

难度级别：★★★☆☆

## 恢复图像初始状态

**实例解析：** 当用户对图像执行了保存操作后，又对其进行了其他处理，若想还原为当初保存时的状态，就需要将图像恢复为初始状态。

**素材文件：** 手表.jpg

**效果文件：** 无

**视频文件：** 041 恢复图像初始状态.mp4

**STEP 01** 按【Ctrl+O】组合键，打开一幅素材图像，选取工具箱中的橡皮擦工具，在图像上涂抹，如图2-45所示。

**STEP 02** 在菜单栏中，单击"文件"|"恢复"命令，即可将图像恢复为初始状态，如图2-46所示。

图2-45 涂抹图像

图2-46 将图像恢复为初始状态

**专家提醒**

除了使用命令来恢复图像外，用户还可以按【F12】键来恢复图像并清理内存。

# 第3章 Photoshop CS6窗口管理

**主要内容**

- 管理Photoshop CS6窗口
- 展开工具箱
- 选择复合工具
- 移动/隐藏工具箱
- 展开面板
- 调整面板大小

**重点与难点**

- 管理Photoshop CS6窗口
- 管理Photoshop CS6工具箱
- 管理Photoshop CS6面板

**学完本章后你会做什么**

- 掌握了Photoshop CS6窗口的最小化、最大化和还原窗口操作
- 掌握了展开工具箱、选择复合工具和移动/隐藏工具箱的操作方法
- 掌握了展开面板、移动面板、组合面板、隐藏面板和调整面板大小的操作方法

**视频文件**

# 3.1 管理Photoshop CS6窗口

在 Photoshop CS6 中，用户可以根据工作需要调整窗口的大小与位置。本节主要介绍管理 Photoshop CS6 窗口的操作方法。

## 042

### 最小化窗口

实例解析：用户在Photoshop CS6中编辑图像时，可以根据需要对Photoshop CS6的窗口进行最小化操作。

知识点睛：掌握最小化窗口操作方法。

单击 Photoshop CS6 菜单栏上的"最小化"按钮，如图 3-1 所示，也可以移动鼠标指针至系统桌面的任务栏图标上，单击鼠标左键，即可最小化工作窗口。

图3-1 "最小化"按钮

**专家提醒**

除了运用上述方法可以最小化窗口外，还可以在电脑桌面的任务栏上的Photoshop CS6图标上单击鼠标右键，在弹出的快捷菜单中选择"最小化"选项，即可最小化窗口。

## 043

### 最大化窗口

实例解析：用户在Photoshop CS6中编辑图像时，可以根据需要对Photoshop CS6的窗口进行最大化操作。

知识点睛：掌握最大化窗口操作方法。

Photoshop CS6 程序窗口在默认情况下是最大化显示的，单击 Photoshop CS6 菜单栏上的"最大化"按钮，如图 3-2 所示，即可最大化窗口。

图3-2 "最大化"按钮

**专家提醒**

在Photoshop CS6中，用户可以同时打开多个图像文件，因此程序窗口中就包含了多个图像窗口，可分别控制程序窗口和图像编辑窗口的状态，如最小化、最大化、还原窗口和关闭窗口，由于程序窗口是父窗口，因此对图像窗口的调整受限于程序窗口。

# 044

## 还原窗口

**实例解析：** 用户在Photoshop CS6中编辑图像时，可以根据需要对Photoshop CS6的窗口进行还原操作。

**知识点睛：** 掌握还原窗口操作方法。

用户编辑图像时，可以根据需要对 Photoshop CS6 窗口进行还原操作。单击 Photoshop CS6 菜单栏的"恢复"按钮 ⬓，如图 3-3 所示，即可还原窗口。窗口未还原前，菜单栏右上角的按钮呈"恢复" ⬓ 状态；当还原后，按钮则转换成"最大化"按钮 ▢ 状态。

图3-3　"恢复"按钮

## 3.2　管理Photoshop CS6工具箱

Photoshop CS6 的工具箱中包含了用于创建和编辑图像、图稿、页面元素的工具和按钮，单击工具箱顶部的双箭头，可以将工具箱切换为单排（或双排）显示，单排工具箱可以为文档窗口让出更多的空间。本节主要介绍控制 Photoshop CS6 工具箱的操作方法。

# 045

## 展开工具箱

**实例解析：** 工具箱中的大多数工具使用频率都非常高，因此掌握工具箱中的工具正确、快捷的使用方法，将有助于加快操作速度。

**知识点睛：** 掌握展开工具箱的操作方法。

单击"窗口" | "工具"命令，即可展开工具箱，默认情况下，工具箱呈单排显示，如图 3-4 所示，单击工具箱顶部的双箭头，可以将工具箱切换为双排显示，如图 3-5 所示。

图3-4　工具箱单排显示

图3-5　工具箱双排显示

**专家提醒**

　　Photoshop CS6工具箱有单列和双列两种显示模式。单击工具箱顶端的 ▶▶ 按钮，可以在单列和双列两种显示模式之间进行切换。当使用单列显示模式时，可以有效节省空间，使图像的显示区域更大，以方便用户对图像进行操作。

## 046
## 选择复合工具

实例解析：在Photoshop CS6中，复合工具组包含了一个或多个工具图标，这些工具都是根据工具的性质进行整合的。

知识点睛：掌握选择复合工具的操作方法。

　　启动 Photoshop CS6 应用程序，移动鼠标指针至工具箱中的"矩形选框工具"按钮 🔲 上，如图 3-6 所示，单击鼠标右键，展开复合工具组，即可从中选择复合工具，如图 3-7 所示。

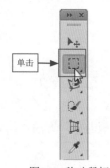

图3-6　移动鼠标指针

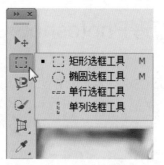

图3-7　可从中选择复合工具

**专家提醒**

　　只有按钮右下角有斜三角形 ◢ 的工具，才有复合工具组，如移动工具则没有复合工具组。

## 047
难度级别：★★★☆☆
## 移动/隐藏工具箱

实例解析：将光标移至双箭头右侧，单击鼠标左键并拖动，即可移动工具箱的位置；隐藏工具箱可以扩大图像编辑窗口，让图像显示区域更广阔。

素材文件：狗狗.jpg

效果文件：无

视频文件：047 移动、隐藏工具箱.mp4

STEP 01　按【Ctrl+O】组合键，打开一幅素材图像，此时图像编辑窗口中的图像显示效果，如图3-8所示。

STEP 02　拖动鼠标至工具箱上方的灰黑色区域，单击并拖动至合适位置，释放鼠标，即可移动工具箱，如图3-9所示。

图3-8　打开素材图像

图3-9　移动工具箱

STEP
03　单击"窗口"｜"工具"命令，如图3-10所示。

STEP
04　执行上述操作后，即可隐藏工具箱，如图3-11所示。

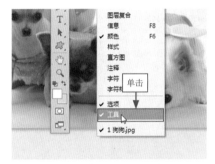

图3-10　单击"工具"命令

图3-11　隐藏工具箱

**专家提醒**

当工具箱被隐藏时，在菜单栏的"窗口"｜"工具"命令的左侧，不会显示"√"的标记；当需要显示工具箱时，再次单击"工具"命令即可。

# 3.3　管理Photoshop CS6面板

Photoshop CS6 面板汇集了图像操作中常用的选项和功能。在编辑图像时，选取工具箱中的工具或执行菜单栏中的命令后，使用面板可以进一步细致地调整各个选项，将面板上的功能应用到图像上。本节主要介绍管理 Photoshop CS6 面板的操作方法。

展开面板

实例解析：Photoshop CS6中包含了多个面板，用户在"窗口"菜单中可以单击需要的面板命令，将该面板打开，对图像进行编辑。

知识点睛：掌握展开面板的操作方法。

在 Photoshop CS6 中打开一幅素材图像，默认情况下的面板如图 3-12 所示，单击"窗口"｜"画笔"命令，即可展开"画笔"面板，如图 3-13 所示。

图3-12　默认面板

图3-13　展开"画笔"面板

**专家提醒**

除了运用上述方法可以展开面板外，还有以下5种快捷键展开面板。

➤ 快捷键1：按【F9】键可隐藏或显示"动作"面板。

➤ 快捷键2：按【F8】键可隐藏或显示"信息"面板。

➤ 快捷键3：按【F7】键可隐藏或显示"图层"面板。

➤ 快捷键4：按【F6】键可隐藏或显示"颜色"面板。

➤ 快捷键5：按【F5】键可隐藏或显示"画笔"面板。

# 049 移动面板

**实例解析**：在Photoshop CS6中，用户在编辑图像时，可以根据自己的习惯将面板放在方便使用的位置。

**知识点睛**：掌握移动面板的操作方法。

在 Photoshop CS6 中打开一幅素材图像，移动鼠标指针至控制面板上方的灰色区域，如图 3-14 所示。单击并拖动至合适位置，释放鼠标左键，即可移动面板，如图 3-15 所示。

图3-14　移动鼠标至控制面板上方位置

图3-15　移动面板

# 组合面板

实例解析：当将一个面板拖动到另一个面板的标题栏上时，会出现蓝色虚框，释放鼠标左键，即可将其与目标面板组合在一起。

知识点睛：掌握组合面板的操作方法。

将鼠标移至"通道"面板上方的灰色区域内，单击鼠标左键的同时，将"通道"面板拖动至"图层"面板的下方，此时面板呈半透明状态，当鼠标所在处出现蓝色边线，如图 3-16 所示，释放鼠标左键，即可将两个面板进行组合，如图 3-17 所示。

图3-16　单击鼠标左键并拖动

图3-17　组合面板

# 隐藏面板

实例解析：在Photoshop CS6中，为了最大限度地利用图像编辑窗口，用户可以隐藏面板。

知识点睛：掌握隐藏面板的操作方法。

将鼠标移至"色板"面板上方的灰色区域内，单击鼠标右键，在弹出的快捷菜单中选择"关闭"选项，如图 3-18 所示，即可隐藏"色板"面板，如图 3-19 所示。

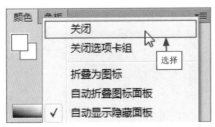

图3-18　选择"关闭"选项

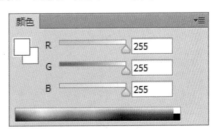

图3-19　隐藏"色板"面板

　　除了运用上述方法可以隐藏控制面板外，用户还可以按【Shift＋Tab】组合键，即可在保留工具箱的情况下，隐藏所有的控制面板。Photoshop CS6一共提供了二十多种控制面板，其中最常用的面板是"图层"、"通道"和"路径"面板，运用这些面板对当前图像的图层、通道、路径及色彩等进行相关的设置和控制，使用户在处理图像时更为方便、快捷。

# 052 调整面板大小

实例解析：在Photoshop CS6中，用户可以根据需要，任意调整控制
　　　　　面板的大小。

知识点睛：掌握调整面板大小的操作方法。

　　将鼠标指针移至"通道"面板边缘处，当鼠标指针呈双向箭头形状时，如图 3-20 所示，单击鼠标左键并拖动，即可调整面板大小，如图 3-21 所示。

图3-20　鼠标指针呈双向箭头形状　　　　　图3-21　调整面板大小

　　除了运用上述方法可以调整面板大小外，还可以将指针放在面板的四个角上拖动鼠标，可以同时调整面板的宽度和高度。

# 第4章 图像素材的显示与编辑

## 学习提示

　　Photoshop CS6作为一款图像处理软件，绘图和图像处理是它的看家本领。用户在使用之前，需要先了解此软件的一些基本操作，如调整图像窗口、控制图像显示及控制图像画布显示等，熟练掌握各种图像窗口的基本操作，可以更好、更快地设计作品。

## 主要内容

- 调整图像窗口
- 控制图像显示
- 控制图像画布显示
- 调整图像尺寸和分辨率
- 管理图像素材
- 变换和翻转图像

## 重点与难点

- 自由变换图像素材
- 操控变形图像
- 裁剪图像素材

## 学完本章后你会做什么

- 掌握了切换当前窗口、调整窗口大小、移动窗口位置和调整窗口排列的操作
- 掌握了控制图像显示的操作方法，如放大/缩小图像、按适合屏幕显示图像等
- 掌握了调整画布尺寸、调整图像尺寸和调整图像分辨率等操作

## 视频文件

# 4.1 调整图像窗口

在 Photoshop CS6 中，用户可以同时打开多个图像文件，其中当前图像编辑窗口将会显示在最前面。用户可以根据工作需要移动窗口位置、调整窗口大小、改变窗口排列方式或在各窗口之间进行切换，让工作变得更加方便。本节主要介绍调整图像窗口的操作方法。

## 053 切换当前窗口

实例解析：在处理图像时，如果界面中同时打开了多幅素材图像，用户可以根据需要在各窗口之间进行切换。

知识点睛：掌握切换当前窗口的操作方法。

在 Photoshop CS6 中，将所有图像设置在窗口中浮动，如图 4-1 所示。将鼠标移至"夜景"素材图像的编辑窗口上单击，即可将"夜景"素材图像置为当前图像编辑窗口，如图 4-2 所示。

图4-1 浮动图像编辑窗口　　　　　　图4-2 切换当前图像编辑窗口

**专家提醒**

除了运用上述方法可以切换图像编辑窗口外，还有以下3种方法。

➤ 快捷键1：按【Ctrl+Tab】组合键。

➤ 快捷键2：按【Ctrl+F6】组合键。

➤ 快捷菜单：单击"窗口"菜单，在弹出的菜单列表最下面一个工作组中，会列出当前打开的所有素材图像名称，单击某一个素材图像名称，即可将其切换为当前图像窗口。

## 054 调整窗口大小

实例解析：在处理图像的过程中，把图像编辑窗口放置在一个方便操作的位置后，可以根据需要，适当调整其图像编辑窗口的大小。

知识点睛：掌握调整窗口大小的操作方法。

将鼠标指针移至图像编辑窗口边界的右下角，鼠标呈 ◥ 状，如图 4-3 所示，单击并拖动，即可对图像编辑窗口的大小进行调整，如图 4-4 所示。

图4-3　移动鼠标指针

图4-4　调整窗口大小

**专家提醒**

在改变图像编辑窗口大小时，将鼠标指针移至不同的位置，其形状也不同，当鼠标指针呈双向箭头形状时，单击并拖动，即可改变图像编辑窗口的大小。

## 移动窗口位置

**实例解析：** 在处理图像的过程中，用户可以根据需要，移动图像编辑窗口的位置。

**知识点睛：** 掌握移动窗口位置的操作方法。

将鼠标指针移动到图像编辑窗口的标题栏上，如图 4-5 所示，单击并拖动图像编辑窗口，至合适位置后释放鼠标左键，即可改变图像编辑窗口的位置，如图 4-6 所示。

图4-5　移动鼠标指针

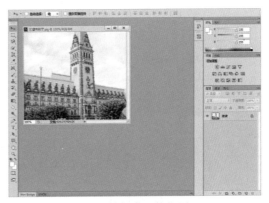

图4-6　改变图像编辑窗口的位置

**056**

调整窗口排列

实例解析：当打开多个图像文件时，每次只能显示一个图像编辑窗口内的图像，若用户需要对多个窗口中的内容进行比较，即可调整窗口排列方式。

知识点睛：掌握调整窗口排列方式的操作方法。

在 Photoshop CS6 中，窗口的排列方式包括水平平铺、浮动、层叠和选项卡等。调整窗口排列方式的方法很简单，用户只需单击菜单栏中的"窗口"｜"排列"｜"平铺"命令，即可将各个窗口平铺排列。图 4-7 所示为调整窗口排列方式的前后对比效果。

图4-7 调整窗口排列方式的前后对比效果

## 4.2 控制图像显示

在处理图像时，可以根据需要切换图像的显示模式，Photoshop CS6 为用户提供了多种屏幕显示模式。本节主要介绍控制图像显示的操作方法。

**057**

难度级别：★★★☆☆

放大/缩小显示图像

实例解析：在编辑和设计作品的过程中，用户可以根据工作需要对图像进行放大或缩小操作，以便更好地观察和处理图像，使用户工作时更加方便。

素材文件：玫瑰.jpg

效果文件：无

视频文件：057 放大、缩小显示图像.mp4

STEP 01 按【Ctrl＋O】组合键，打开一幅素材图像，如图4-8所示。

STEP 02 单击"视图"｜"放大"命令，如图4-9所示。

图4-8 打开素材图像

图4-9 单击"放大"命令

STEP 03 执行上述操作后，即可放大图像，如图4-10所示。

STEP 04 单击两次"视图"|"缩小"命令，使图像显示比例缩小至原来的1/4，如图4-11所示。

图4-10 放大图像

图4-11 缩小图像

**专家提醒**

除了运用上述方法可以缩放图像外，还有以下两种方法。

➤ 工具：选取工具箱中的缩放工具进行操作，即可放大或缩小图像。

➤ 快捷键：按【Ctrl＋＋】组合键，可以逐级放大图像；按【Ctrl＋－】组合键，可以逐级缩小图像。

## 按适合屏幕显示图像

**实例解析：** 用户可根据需要放大图像以便进行更精确的操作，单击缩放工具属性栏中的"适合屏幕"按钮，即可将图像以最合适的比例完全显示出来。

| | |
|---|---|
| 素材文件： | 彩虹桥.jpg |
| 效果文件： | 无 |
| 视频文件： | 058 按适合屏幕显示图像.mp4 |

STEP 01 按【Ctrl＋O】组合键，打开一幅素材图像，选取工具箱中的抓手工具，如图4-12所示。

STEP 02 单击"适合屏幕"按钮，执行操作后，图像即可以适合屏幕的方式显示，如图4-13所示。

图4-12 选取工具箱中的抓手工具

图4-13 以适合屏幕方式显示图像

**专家提醒**

除了运用上述方法可以将图像以最合适的比例完全显示外，还有以下两种方法。

➢ 双击：在工具箱中的抓手工具上双击鼠标左键。

➢ 快捷键：按【Ctrl+0】组合键。

## 059

难度级别：★★☆☆☆

# 按区域放大显示图像

实例解析：在Photoshop CS6中，用户可以通过区域放大显示图像，更准确地放大所需要操作的图像显示区域。

素材文件：杯中花.jpg

效果文件：无

视频文件：059 按区域放大显示图像.mp4

STEP 01 按【Ctrl+O】组合键，打开一幅素材图像，如图4-14所示。

STEP 02 选取工具箱中的缩放工具，如图4-15所示，移动鼠标至合适位置。

图4-14 打开素材图像

图4-15 选取缩放工具

STEP 03 单击并拖动，创建一个虚线矩形框，如图4-16所示。

STEP 04 释放鼠标左键，即可放大显示所需要的区域，如图4-17所示。

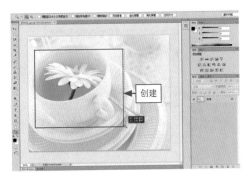

图4-16 创建一个虚线矩形框

图4-17 放大显示所需要的区域

# 切换图像显示模式

实例解析：Photoshop CS6为用户提供了3种不同的屏幕显示模式，即"标准屏幕模式"、"带有菜单栏的全屏模式"及"全屏模式"。

| 素材文件：海洋公园.jpg |
| 效果文件：无 |
| 视频文件：060 切换图像显示模式.mp4 |

难度级别：★★☆☆☆

STEP 01 按【Ctrl+O】组合键，打开一幅素材图像，此时屏幕显示为标准屏幕模式，如图4-18所示。

STEP 02 在工具箱下方的"更改屏幕模式"按钮上，单击鼠标右键，在弹出的快捷菜单中，选择"带有菜单栏的全屏模式"选项，如图4-19所示。

图4-18 标准屏幕模式

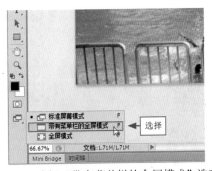

图4-19 选择"带有菜单栏的全屏模式"选项

STEP 03 执行上述操作后，屏幕即可呈带有菜单栏的全屏模式，此时图像编辑窗口中的显示如图4-20所示。

STEP 04 在"屏幕模式"快捷菜单中，选择"全屏模式"选项，单击"全屏"按钮，屏幕即可被切换成全屏模式，如图4-21所示。

图4-20 带有菜单栏的全屏模式

图4-21 全屏模式

**专家提醒**

除了运用上述方法切换图像显示外，还有以下两种方法。

➢ 快捷键：按【F】键，可以在上述3种显示模式之间进行切换。

➢ 命令：单击"视图"｜"屏幕模式"命令，在弹出的子菜单中可以选择需要的显示模式。

# 061

**难度级别：★★☆☆☆**

## 移动图像编辑窗口显示区域

| | |
|---|---|
| 实例解析： | 当所打开的图像因缩放超出当前显示窗口的范围时，图像编辑窗口的右侧和下方将分别显示垂直和水平的滚动条。 |
| 素材文件： | 花朵.jpg |
| 效果文件： | 无 |
| 视频文件： | 061 移动图像编辑窗口显示区域.mp4 |

STEP 01 按【Ctrl＋O】组合键，打开一幅素材图像，选取工具箱中的缩放工具，将素材图像放大，此时图像编辑窗口中的图像显示如图4-22所示。

STEP 02 选取工具箱中的抓手工具，拖动鼠标指针至素材图像处，当指针呈抓手形状时，单击并拖动，即可移动图像编辑窗口的显示区域，如图4-23所示。

图4-22 放大后的图像

图4-23 移动图片编辑窗口的显示区域

**专家提醒**

当用户正在使用其他工具时，按住键盘中的【空格】键，可以切换到抓手工具的使用状态。

# 062

难度级别：★★★☆☆

## 导航器移动图像显示区域

实例解析："导航器"面板中包含图像的缩览图，如果文件尺寸较大，画面中不能显示完整图像，可以通过该面板定位图像的显示区域。

素材文件：荷花.jpg

效果文件：无

视频文件：062 导航器移动图像显示区域.mp4

STEP 01 按【Ctrl+O】组合键，打开一幅素材图像，如图4-24所示。

STEP 02 选取工具箱中的缩放工具，放大显示图像，如图4-25所示。

图4-24 打开素材图像

图4-25 放大显示图像

STEP 03 单击"窗口"｜"导航器"命令，展开"导航器"面板，如图4-26所示，将鼠标移动至"导航器"面板的预览区域。

STEP 04 当鼠标指针呈抓手形状🖑时，单击并拖动，如图4-27所示，即可移动图像编辑窗口的显示区域。

图4-26 移动鼠标至相应位置

图4-27 移动图像编辑窗口的显示区域

## 4.3 控制图像画布显示

如果图像的角度不正、方向反向或者图像不能完全显示，可以通过调整图像的画布来进行修正。本节主要介绍旋转、翻转画布及全屏图像的操作方法。

## 063 旋转画布

实例解析：在Photoshop CS6中，有些素材图像出现了反向或倾斜的情况，用户可以通过旋转画布对图像进行修正操作。

知识点睛：掌握旋转画布的操作方法。

单击菜单栏上的"图像"|"图像旋转"|"180度"命令，即可180度旋转画布。图4-28所示为旋转画布的前后对比效果。

图4-28 旋转画布的前后对比效果

## 064 水平翻转画布

实例解析：在Photoshop CS6中，用户可以根据需要对素材图像进行水平翻转画布操作。

知识点睛：掌握水平翻转画布的操作方法。

单击菜单栏上的"图像"|"图像旋转"|"水平翻转画布"命令，即可水平翻转画布。图4-29所示为水平翻转画布的前后对比效果。

图4-29 水平翻转画布的前后对比效果

专家提醒

"水平翻转画布"命令和"水平翻转"命令的区别。

➤ 水平翻转画布：执行该操作后，可将整个画布（即画布中的全部图层）水平翻转。

➤ 水平翻转：执行该操作后，可将画布中的某个图像（即选中画布中的某个图层）水平翻转。

## 065 垂直翻转画布

**实例解析：**在Photoshop CS6中，用户可以根据需要对素材图像进行垂直翻转画布操作。

**知识点睛：**掌握垂直翻转画布的操作方法。

单击菜单栏上的"图像"|"图像旋转"|"垂直翻转画布"命令，即可垂直翻转画布。图 4-30 所示为垂直翻转画布的前后对比效果。

图4-30 垂直翻转画布的前后对比效果

## 4.4 调整图像尺寸和分辨率

图像大小与图像像素、分辨率和实际打印尺寸之间有着密切的关系，它决定存储文件所需的硬盘空间大小和图像文件的清晰度。因此，调整图像的尺寸及分辨率可以决定整幅图像画面的大小。本节主要介绍调整画布尺寸、图像尺寸和分辨率的操作方法。

## 066 调整画布尺寸

**实例解析：**画布指的是实际打印的工作区域，图像画面尺寸的大小是指当前图像周围工作空间的大小，改变画布大小会影响图像最终的输出效果。

**素材文件：**古麓山寺.jpg

**效果文件：**古麓山寺.jpg

**视频文件：**066 调整画布尺寸.mp4

难度级别：★★☆☆☆

STEP 01 按【Ctrl+O】组合键，打开一幅素材图像，如图4-31所示。

STEP 02 单击"图像"｜"画布大小"命令，如图4-32所示。

图4-31 打开素材图像

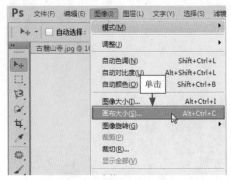

图4-32 单击"画布大小"命令

STEP 03 弹出"画布大小"对话框，设置"宽度"为35厘米，设置"画布扩展颜色"为"黑色"，如图4-33所示。

STEP 04 执行上述操作后，单击"确定"按钮，即可完成调整画布大小的操作，如图4-34所示。

图4-33 设置"画布扩展颜色"为黑色。

图4-34 调整画布大小

# 067

难度级别：★★★☆☆

## 调整图像尺寸

实例解析：在Photoshop CS6中，图像尺寸越大，所占的空间也越大，更改图像的尺寸后，会直接影响图像的显示效果。

素材文件：爱晚亭.jpg

效果文件：爱晚亭.jpg

视频文件：067 调整图像尺寸.mp4

STEP 01 按【Ctrl+O】组合键，打开一幅素材图像，如图4-35所示。

STEP 02 单击"图像"｜"图像大小"命令，如图4-36所示。

图4-35 打开素材图像

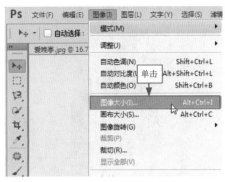

图4-36 单击"图像大小"命令

STEP 03 在弹出的"图像大小"对话框中设置文档大小"宽度"为40厘米，如图4-37所示。

STEP 04 单击"确定"按钮，即可调整图像大小，如图4-38所示。

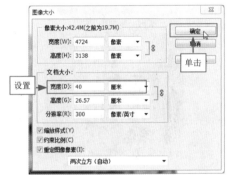

图4-37 设置文档大小"宽度"为40厘米

图4-38 调整图像大小

**专家提醒**

"图像大小"对话框中的主要选项含义如下。

➤ 像素大小：通过改变该选项区中的"宽度"和"高度"数值，可以调整图像在屏幕上的大小，图像的尺寸也发生相应变化。

➤ 文档大小：通过改变该选项区中的"宽度"、"高度"和"分辨率"数值，可以调整图像的文件大小，图像的尺寸也发生相应变化。

难度级别：★★★☆☆

## 调整图像分辨率

实例解析：图像的品质取决于分辨率的大小，当分辨率数值越大时，图像就越清晰；反之，图像就越模糊。

素材文件：建筑.jpg

效果文件：建筑.jpg

视频文件：068 调整图像分辨率.mp4

STEP 01 按【Ctrl+O】组合键，打开一幅素材图像，如图4-39所示。

STEP 02 单击"图像"|"图像大小"命令，如图4-40所示，弹出"图像大小"对话框。

图4-39　打开素材图像

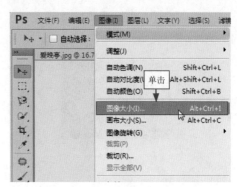

图4-40　单击"图像大小"命令

STEP 03　在"文档大小"选项区域中，设置"分辨率"为96像素/英寸，如图4-41所示。

STEP 04　单击"确定"按钮，即可调整图像分辨率，如图4-42所示。

图4-41　设置"分辨率"为96像素/英寸

图4-42　调整图像分辨率

# 4.5　管理图像素材

在 Photoshop CS6 中，移动与删除图像是图像处理的基本操作。本节主要介绍移动和删除图像素材的操作方法。

## 移动图像素材

**069**

实例解析：移动工具是最常用的工具之一，不论是在文档中移动图层或选区内的图像，还是将其他文档中的图像拖入当前文档，都需要使用移动工具。

知识点睛：掌握移动图像素材的操作方法。

选取工具箱中的移动工具，移动鼠标至图像编辑窗口中需要移动的图像上，单击并拖动至合适位置，释放鼠标左键，即可完成移动图像素材的操作，如图 4-43 所示。

图4-43 移动图像素材

除了运用上述方法可以移动图像外，还有以下4种方法可以移动图像。

➤ 如果当前没有选择移动工具，可按住【Ctrl】键，当图像编辑窗口中的鼠标指针呈形状时，单击并拖动，即可移动图像。

➤ 按住【Alt】键的同时，在图像上单击并拖动，即可移动图像。

➤ 按住【Shift】键的同时，单击并拖动，可以将图像垂直或水平移动。

➤ 按↑、↓、←、→方向键，分别使图像向上、下、左、右移动一个像素。

# 070

难度级别：★★★☆☆

## 删除图像素材

实例解析：在图像编辑过程中，Photoshop会创建不同内容的图层，将多余的图层删除，这样可以节省磁盘空间，加快软件运行速度。

素材文件：粉色玫瑰.psd

效果文件：粉色玫瑰.psd/jpg

视频文件：070 删除图像素材.mp4

STEP 01 按【Ctrl＋O】组合键，打开一幅素材图像，此时图像编辑窗口中的图像显示如图4-44所示。

STEP 02 在"图层"面板中选择"图层1"图层，按【Delete】键，即可删除"图层1"图层，效果如图4-45所示。

图4-44 打开素材图像　　　　　　　图4-45 删除"图层1"图层

如果在背景图层上清除图像，则清除的图像区域将填充为背景色，若是在其他图层上清除图像，则清除的图像区域以透明区域显示。

# 4.6 变换和翻转图像

当图像扫描到电脑中，有时候会发现图像出现颠倒或倾斜的现象，此时需要对图像进行变换或旋转操作。本节主要介绍缩放／旋转、水平翻转及垂直翻转图像的操作方法。

## 071 缩放/旋转图像

**难度级别：★★★☆☆**

**实例解析：** 缩放或旋转图像，能使平面图像显示视角独特，同时也可以使倾斜的图像得以纠正。

| | |
|---|---|
| 素材文件： | 日记本.psd |
| 效果文件： | 日记本.psd/jpg |
| 视频文件： | 071 缩放、旋转图像.mp4 |

**STEP 01** 按【Ctrl+O】组合键，打开一幅素材图像，如图4-46所示。

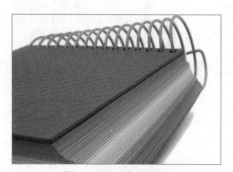

图4-44 打开素材图像

**STEP 02** 在"图层"面板中选择"图层1"图层，如图4-47所示。

图4-45 删除"图层1"图层

**STEP 03** 按【Ctrl+T】组合键，调出变换控制框，移动鼠标指针至变换控制框右下方的控制柄上，光标呈双向箭头 ↖ 形状时，单击并拖动，至合适位置后释放鼠标左键，按【Enter】键确认缩放，如图4-48所示。

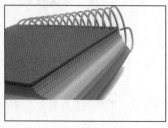

图4-48 缩放图像

**STEP 04** 按【Ctrl+T】组合键，调出变换控制框，移动鼠标至控制框右上方的控制柄外，光标呈 ↻ 形状时，单击并拖动，旋转至合适位置后释放鼠标左键，按【Enter】键确认旋转，如图4-49所示。

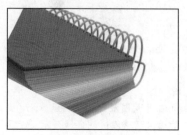

图4-49 旋转图像

**专家提醒**

对图像进行缩放操作时，按住【Shift】键的同时，单击鼠标左键并拖动可以等比例缩放图像。

# 072

## 水平翻转图像素材

**实例解析：** 在Photoshop CS6中，用户可以根据需要对图像素材进行水平翻转操作。

**知识点睛：** 掌握水平翻转图像素材的操作方法。

单击菜单栏上的"编辑"|"变换"|"水平翻转"命令，即可水平翻转图像素材。图4-50所示为水平翻转图像素材的前后对比效果。

图4-50　水平翻转图像素材的前后对比效果

# 073

## 垂直翻转图像素材

**实例解析：** 当素材图像出现颠倒状态时，用户可以对图像素材进行垂直翻转操作。

**知识点睛：** 掌握垂直翻转图像素材的操作方法。

单击菜单栏上的"编辑"|"变换"|"垂直翻转"命令，即可垂直翻转图像素材。图4-51所示为垂直翻转图像素材的前后对比效果。

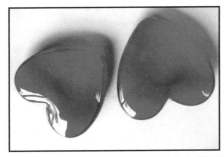 

图4-51　垂直翻转图像像素的前后对比效果

专家提醒

　　在变换图像时，单击"编辑"｜"变换"｜"水平翻转"命令或"垂直翻转"命令，可分别以经过图像中心的垂直线为轴水平翻转或以经过图像中心的水平线为轴垂直翻转图像。

# 4.7 自由变换图像素材

　　在 Photoshop CS6 中，变换图像是非常有效的图像编辑手段，用户可以根据需要对图像进行斜切、扭曲、透视、变形、操控变形及重复上次变换等操作。本节主要介绍自由变换图像素材的操作方法。

## 074 斜切图像素材

难度级别：★★☆☆☆

**实例解析：**运用"斜切"命令可以对图像进行斜切操作，在斜切操作状态下，控制柄只能在变换框边线所定义的方向上移动。

**素材文件：**侧耳倾听.psd

**效果文件：**侧耳倾听.psd/jpg

**视频文件：**074 斜切图像素材.mp4

STEP 01 按【Ctrl+O】组合键，打开一幅素材图像，如图4-52所示。

STEP 02 选中文字图层，单击"编辑"｜"变换"｜"斜切"命令，如图4-53所示。

图4-52 打开素材图像

图4-53 单击"斜切"命令

STEP 03 执行上述操作后，调出变换控制框，移动鼠标指针至变换控制框右上方的控制柄上，鼠标指针呈三角形状，如图4-54所示。

STEP 04 单击鼠标左键并向下拖动，至合适位置后释放，按【Enter】键确认，即可斜切图像，效果如图4-55所示。

图4-54 光标呈三角形状

图4-55 斜切图像

# 扭曲图像素材

**075**

难度级别：★★☆☆☆

实例解析：在Photoshop CS6中，用户可以根据需要运用"扭曲"命令对图像素材进行扭曲变形操作。

素材文件：婚纱相框.psd

效果文件：婚纱相框.psd/jpg

视频文件：075 扭曲图像素材.mp4

**STEP 01** 按【Ctrl＋O】组合键，打开一幅素材图像，选择"图层1"图层，如图4-56所示。

**STEP 02** 单击"编辑"|"变换"|"扭曲"命令，调出变换控制框，如图4-57所示。

图4-52 打开素材图像

图4-57 调出变换控制框

**STEP 03** 移动鼠标至变换控制框左上方的控制柄上，当鼠标指针呈三角形状时，单击并向左上角拖动至合适位置，如图4-58所示。

**STEP 04** 将变换控制框上的4个控制柄分别拖动至合适位置后释放鼠标左键，按【Enter】键确认，即可扭曲图像，效果如图4-59所示。

图4-58 拖动控制柄至合适位置

图4-59 扭曲图像

**专家提醒**

　　与斜切不同的是，执行扭曲操作时，控制点可以随意拖动，不受调整边框方向的限制，若在拖动鼠标的同时按住【Alt】键，则可以制作出对称扭曲效果，而斜切则会受到调整边框的限制。

# 076

难度级别：★★☆☆☆

## 透视图像素材

实例解析：在Photoshop CS6中进行图像处理时，如果需要将平面图变换为透视效果，就可以运用透视功能进行调节。

素材文件：彩点.psd

效果文件：彩点.psd/jpg

视频文件：076 透视图像素材.mp4

STEP 01　按【Ctrl+O】组合键，打开一幅素材图像，选择"图层1"图层，如图4-60所示。

STEP 02　单击"编辑"|"变换"|"透视"命令，调出变换控制框，如图4-61所示。

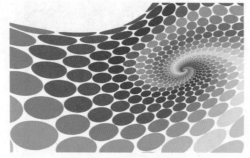

图4-60 打开素材图像　　　　　　　　　图4-61 调出变换控制框

STEP 03　移动鼠标指针至变换控制框左上方的控制柄上，鼠标指针呈三角形状，如图4-62所示。

STEP 04　单击并向下拖动至合适位置，按【Enter】键确认，即可透视图像，效果如图4-63所示。

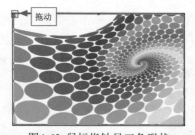
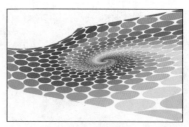

图4-62 鼠标指针呈三角形状　　　　　　图4-63 透视图像

# 077

难度级别：★★☆☆☆

## 变形图像素材

实例解析：执行"变形"命令时，图像上会出现变形网格和锚点，拖动锚点或调整锚点的方向线可以对图像进行更加自由和灵活的变形处理。

素材文件：绚丽多彩.psd

效果文件：绚丽多彩.psd/jpg

视频文件：077 变形图像素材.mp4

STEP 01 按【Ctrl+O】组合键，打开一幅素材图像，选择"图层1"图层，如图4-64所示。

STEP 02 单击"编辑"|"变换"|"变形"命令，调出变换控制框，如图4-65所示。

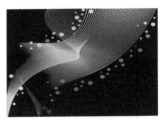

图4-64 打开素材图像

图4-65 调出变换控制框

STEP 03 移动鼠标指针至变换控制框中的各控制柄上，拖动各控制柄，如图4-66所示。

STEP 04 执行上述操作后，按【Enter】键确认，即可使图像变形，效果如图4-67所示。

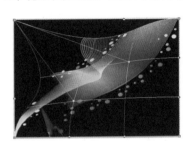

图4-66 拖动各控制柄

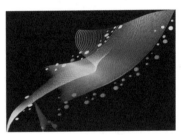

图4-67 变形图像

**专家提醒**

　　除了上述方法可以执行变形操作外，还可以按【Ctrl+T】组合键，调出变化控制框，单击鼠标右键，在弹出的快捷菜单中选择"变形"选项，即可执行变形操作。

# 重复上次变换

**078**

难度级别：★★☆☆☆

实例解析：用户在对图像进行变换操作后，通过"再次"命令，可以重复上次变换操作。

素材文件：红玫瑰.psd

效果文件：红玫瑰.psd/jpg

视频文件：078 重复上次变换.mp4

STEP 01 按【Ctrl+O】组合键，打开一幅素材图像，选择"图层1"图层，如图4-68所示。

STEP 02 单击"编辑"|"变换"|"旋转"命令，调出变换控制框，如图4-69所示。

图4-68 打开素材图像

图4-69 调出变换控制框

STEP 03 移动鼠标至控制框右上方的控制柄上，光标呈↖形状时，单击并向下拖动，旋转至合适位置，按【Enter】键确认旋转，效果如图4-70所示。

STEP 04 执行上述操作后，单击"编辑"｜"变换"｜"再次"命令，即可重复上次变换操作，再次旋转"图层1"图层中的图像，效果如图4-71所示。

图4-70 旋转图像

图4-71 重复上次变换图像

**专家提醒**

按【Ctrl＋Shift＋T】组合键，也可以执行"再次"命令。

# 操控变形图像

## 079

难度级别：★★☆☆☆

实例解析：操控变形的变形网格功能更强大，使用该功能时，用户可以在图像的关键点上放置图钉，然后通过拖动图钉来对图像进行变形操作。

素材文件：玩偶.psd

效果文件：玩偶.psd/jpg

视频文件：079 操控变形图像.mp4

STEP 01 按【Ctrl＋O】组合键，打开一幅素材图像，选择"图层1"图层，如图4-72所示。

STEP 02 单击"编辑"｜"操控变形"命令，即可显示变形网格，如图4-73所示。

图4-72 打开素材图像

图4-73 显示变形网格

STEP 03 在图像的变形网格点上单击，添加图钉，如图4-74所示，单击工具属性栏上的"显示网格"复选框隐藏网格。

STEP 04 在添加的图钉上单击，分别拖动各添加的图钉，按【Enter】键确认变形，效果如图4-75所示。

图4-74 隐藏网格

图4-75 变形图像

**专家提醒**

单击操控变形网格中的任意一个图钉，按【Delete】键可将其删除，按住【Alt】键单击图钉也可以将其删除。

# 4.8 裁剪图像素材

当图像扫描到计算机中时，图像中有时会多出一些不需要的部分，这时就需要对图像进行裁切操作；将倾斜的图像修剪整齐，或将图像边缘多余的部分裁去，可以使用裁切工具。本节主要介绍裁剪图像的操作方法。

## 运用工具裁剪图像

**080**

难度级别：★★☆☆☆

**实例解析**：裁剪工具是应用非常灵活的、截取图像的工具，既可以通过设置其工具属性栏中的参数裁剪，也可以通过手动自由控制裁剪图像的大小。

**素材文件**：餐厅宣传页.jpg

**效果文件**：餐厅宣传页.jpg

**视频文件**：080 运用工具裁剪图像.mp4

STEP 01 按【Ctrl+O】组合键，打开一幅素材图像，如图4-76所示。

STEP 02 选取工具箱中的裁剪工具，在图像上单击，如图4-77所示。

图4-76 打开素材图像

图4-77 在图像上单击

STEP 03　将鼠标移至变换框内，单击的同时并拖动，选定裁剪区域图像，如图4-78所示。

STEP 04　执行上述操作后，按【Enter】键确认，即可完成图像的裁剪，效果如图4-79所示。

图4-78　选定裁剪区域图像

图4-79　完成图像的裁剪

**专家提醒**

在变换控制框中，可以对裁剪区域进行适当调整，将鼠标指针移动至控制框四周的8个控制点上，当指针呈双向箭头↔形状时，单击的同时并拖动，即可放大或缩小裁剪区域；将鼠标指针移动至控制框外，当指针呈↱形状时，可对其裁剪区域进行旋转。

# 081

难度级别：★★☆☆☆

## 运用命令裁切图像

实例解析：　"裁切"命令与"裁剪"命令裁剪图像不同的是，"裁切"命令不像"裁剪"命令那样要先创建选区，而是以对话框的形式来呈现的。

素材文件：　蝴蝶结.psd

效果文件：　蝴蝶结.psd/jpg

视频文件：　081 运用命令裁切图像.mp4

STEP 01　按【Ctrl+O】组合键，打开一幅素材图像，如图4-80所示。

STEP 02　单击"图像" | "裁切"命令，如图4-81所示。

图4-80　打开素材图像

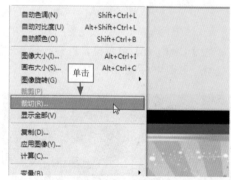

图4-81　单击"裁切"命令

STEP
03
弹出"裁切"对话框，保持默认设置，如图4-82所示。

STEP
04
单击"确定"按钮，即可裁切图像，效果如图4-83所示。

图4-82　保持默认设置

图4-83　裁切图像

# 082

难度级别：★★☆☆☆

## 精确裁剪图像素材

实例解析：精确裁剪图像可用于制作等分拼图，在裁剪工具属性栏上设置固定的"宽度"、"高度"和"分辨率"的参数，裁剪出固定大小的图像。

素材文件：拼图.jpg

效果文件：拼图.jpg

视频文件：082 精确裁剪图像素材.mp4

STEP
01
按【Ctrl+O】组合键，打开一幅素材图像，如图4-84所示，选取工具箱中的裁剪工具。

STEP
02
将鼠标指针移至图像编辑窗口的合适位置并单击，调出裁剪控制框，如图4-85所示。

图4-84　打开素材图像

图4-85　裁剪控制框

STEP 03 在工具属性栏上设置自定义裁剪比例为 19×12，将鼠标指针移至裁剪控制框内，单击鼠标左键的同时并拖动图像至合适位置，如图4-86所示。

STEP 04 执行上述操作后，按【Enter】键确认裁剪，即可按固定大小裁剪图像，效果如图4-87所示。

图4-86 拖动图像至合适位置

图4-87 按固定大小裁剪图像

# 第5章 辅助工具的应用与更改

## 学习提示

在Photoshop CS6中，为了便于用户在处理图像时能够精确定位指针的位置及对图像进行选择，系统提供了一些辅助工具供用户使用。本章主要介绍应用网格、参考线及标尺等辅助工具的操作方法。

## 主要内容

- 应用网格
- 应用参考线
- 应用标尺
- 创建注释
- 清除注释
- 更改注释颜色

## 重点与难点

- 调整网格属性
- 更改标尺原点位置
- 还原标尺原点位置

## 学完本章后你会做什么

- 掌握了显示/隐藏网格、对齐到网格和调整网格属性的操作方法
- 掌握了拖动创建参考线、精确创建参考线和显示/隐藏参考线等操作方法
- 掌握了创建注释、清除注释和更改注释颜色等操作方法

## 视频文件

# 5.1 应用网格

网格是由多条水平和垂直的线条组成的，在绘制图像或对齐窗口中的任意对象时，都可以使用网格来进行辅助操作。本节主要介绍应用网格的操作方法。

## 083

难度级别：★★★☆☆

### 显示/隐藏网格

实例解析：在Photoshop CS6中，用户可以根据需要显示网格或隐藏网格，在绘制图像时使用网格来进行辅助操作。

素材文件：御龙泉苑.jpg

效果文件：无

视频文件：083 显示/隐藏网格.mp4

**STEP 01** 按【Ctrl＋O】组合键，打开一幅素材图像，单击"视图"｜"显示"｜"网格"命令，即可显示网格，如图5-1所示。

**STEP 02** 执行上述操作后，单击"视图"｜"显示"｜"网格"命令，即可隐藏网格，如图5-2所示。

图5-1 显示网格

图5-2 隐藏网格

**专家提醒**

除了使用命令外，按【Ctrl＋'】组合键也可以显示网格，再次按【Ctrl＋'】组合键，则可以隐藏网格。

## 084

难度级别：★★★☆☆

### 对齐到网格

实例解析：网格常用于对称地布置对象。用户在Photoshop CS6中编辑图像时，可以对图像进行自动对齐网格操作。

素材文件：爱晚亭.jpg

效果文件：爱晚亭.jpg

视频文件：084 对齐到网格.mp4

STEP 01 按【Ctrl+O】组合键，打开一幅素材图像，单击"视图"|"显示"|"网格"命令，即可显示网格，如图5-3所示。

STEP 02 单击"视图"|"对齐到"|"网格"命令，可以看到在"网格"命令左侧出现一个对勾标志✔，如图5-4所示。

图5-1 显示网格

图5-2 隐藏网格

STEP 03 选取工具箱中的裁剪工具，移动鼠标至图像编辑窗口中，单击鼠标左键并拖动创建裁剪框，如图5-5所示。

STEP 04 执行上述操作后，按【Enter】键确认，即可对齐网格裁剪图像区域，并隐藏网格，效果如图5-6所示。

图5-5 创建裁剪框

图5-6 隐藏网格

## 调整网格属性

实例解析：默认情况下网格为线形状，用户也可以让其显示为点状，或者修改网格的大小和颜色。

知识点睛：掌握调整网格属性的操作方法。

单击"编辑"|"首选项"|"参考线、网格和切片"命令，弹出"首选项"对话框，如图 5-7 所示。

图5-7 首选项对话框

在"网格"选项区中，"颜色"列表框用于设置网格的颜色；"样式"列表框用于设置网格的线性，其中可以在"网格线间隔"文本框中输入相应参数，用于设定每隔多少数值会出现一个网格，即网格的大小；"子网格"指组成一个网格的子网格数目。

在"首选项"对话框的"参考线"选项区中，也可以对参考线进行颜色和线性的选择；在"切片"选项区的"线条颜色"列表框中，可以选择颜色，却不能自定义颜色。

# 5.2 应用参考线

参考线主要用于协助对象的对齐和定位操作，它是浮在整个图像上而不能被打印的直线。本节主要介绍创建参考线、显示或隐藏参考线、更改参考线颜色等操作方法。

## 创建参考线

| 实例解析： | 参考线与网格一样，也可以用于对齐对象，但是它比网格更方便，用户可以将参考线创建在图像的任意位置上。 |
|---|---|
| 素材文件： | 湖中亭.jpg |
| 效果文件： | 无 |
| 视频文件： | 086 拖动创建参考线.mp4 |

难度级别：★★★☆☆

STEP 01 按【Ctrl+O】组合键，打开一幅素材图像，在水平标尺上单击的同时，向下拖动鼠标至图像编辑窗口中的合适位置，释放鼠标左键，即可创建水平参考线，如图5-8所示。

STEP 02 执行上述操作后，在垂直标尺上单击鼠标左键的同时，向右侧拖动鼠标至图像编辑窗口中的合适位置后，释放鼠标左键，即可创建垂直参考线，如图5-9所示。

图5-8　创建水平参考线

图5-9　创建垂直参考线

**专家提醒**

　　在Photoshop CS6中，用户根据需要拖动参考线时，按【Alt】键，就能在垂直参考线和水平参考线之间进行切换。

# 087

难度级别：★★★☆☆

## 显示/隐藏参考线

实例解析：在Photoshop CS6中，参考线可以建立多条，用户可以根据需要对参考线进行隐藏或显示的操作。

素材文件：埃菲尔铁塔.jpg

效果文件：无

视频文件：087 显示/隐藏参考线.mp4

STEP 01　按【Ctrl＋O】组合键，打开一幅素材图像，如图5-10所示。

STEP 02　单击"视图"｜"显示"｜"参考线"命令，如图5-11所示。

图5-10　打开素材图像

图5-11　单击"参考线"命令

STEP 03 执行上述操作后，即可显示参考线，如图5-12所示。

STEP 04 单击"视图"|"显示"|"参考线"命令，即可隐藏参考线，如图5-13所示。

图5-12 显示参考线

图5-13 隐藏参考线

## 删除参考线

**088**

实例解析：运用参考线处理完图像后，用户可以根据需要把多余的参考线删除。

知识点睛：掌握删除参考线的操作方法。

选取工具箱中的移动工具，移动鼠标至图像编辑窗口中的参考线上，此时鼠标指针呈 ↔ 或 ↕ 形状，单击并拖动至标尺外，即可删除参考线；单击"视图"|"清除参考线"命令，即可删除全部参考线。

# 5.3 应用标尺

在 Photoshop CS6 中，应用标尺可以确定图像窗口中图像的大小和位置，显示标尺后，不论放大或缩小图像，标尺的测量数据始终以图像尺寸为准。本节主要介绍显示、隐藏、更改和还原标尺的操作方法。

## 显示/隐藏标尺

**089**

实例解析：在Photoshop CS6中，标尺可以帮助用户确定图像或元素的位置，用户可对标尺进行显示或隐藏操作。

知识点睛：掌握显示/隐藏标尺的操作方法。

单击"视图"｜"标尺"命令，即可显示标尺，若再次单击"视图"｜"标尺"命令则可以隐藏标尺。图 5-14 所示为显示与隐藏标尺。

图5-14　显示与隐藏标尺

## 更改标尺原点位置

**090**

难度级别：★★☆☆☆

| | |
|---|---|
| 实例解析： | 在Photoshop CS6中编辑图像时，用户可以根据需要更改标尺的原点。 |
| 素材文件： | 木桩.jpg |
| 效果文件： | 无 |
| 视频文件： | 090 更改标尺原点位置.mp4 |

STEP 01　按【Ctrl+O】组合键，打开一幅素材图像，移动鼠标至水平标尺与垂直标尺的相交处，如图5-15所示。

STEP 02　单击并拖动至图像编辑窗口中的合适位置，释放鼠标左键，即可更改标尺原点位置，如图5-16所示。

图5-15 移动鼠标至水平标尺与垂直标尺的相交处　　　图5-16 更改标尺原点位置

# 5.4　应用注释工具

注释工具是用来协助制作图像的，当用户做好一部分图像处理后，需要让其他用户帮忙处理另一部分的工作时，可以在图像上需要处理的部分添加注释，内容为用户所需要的处理效果,当其他用户打开图像时即可看到添加的注释,就知道该如何处理图像。本节主要介绍创建、清除以及更改注释颜色的操作方法。

## 091

难度级别:★★☆☆☆

### 创建注释

| 实例解析: | 在Photoshop CS6中,用户使用注释工具可以在图像的任何区域添加文字注释,标记制作说明或其他有用的信息。 |
|---|---|
| 素材文件: | 荷花.jpg |
| 效果文件: | 荷花.psd/jpg |
| 视频文件: | 091 创建注释.mp4 |

**STEP 01** 按【Ctrl+O】组合键,打开一幅素材图像,选取工具箱中的注释工具,移动鼠标指针至图像编辑窗口中的合适位置,单击,弹出"注释"面板,如图5-17所示。

**STEP 02** 执行上述操作后,在"注释"文本框中输入说明文字"荷花",即可创建注释,在素材图像中显示注释标记,如图5-18所示。

图5-17 弹出"注释"面板

图5-18 在素材图像中显示注释标记

## 092

难度级别:★★★☆☆

### 清除注释

| 实例解析: | 在Photoshop CS6中编辑图像时,用户可以对多余的注释或不需要的注释进行清除操作。 |
|---|---|
| 素材文件: | 小丑车.jpg |
| 效果文件: | 无 |
| 视频文件: | 092 清除注释.mp4 |

**STEP 01** 按【Ctrl+O】组合键,打开一幅素材图像,如图5-19所示。

**STEP 02** 选取工具箱中的注释工具,在图像上创建一个注释,如图5-20所示。

图5-17 弹出"注释"面板

图5-18 在素材图像中显示注释标记

STEP 03 移动鼠标至素材图像中的注释标记上，单击鼠标右键，在弹出的快捷菜单中，选择"删除注释"选项，如图5-21所示。

STEP 04 执行上述操作后，弹出提示信息框，单击"是"按钮，即可清除注释，如图5-22所示。

图5-21 选择"删除注释"选项

图5-22 清除注释

# 更改注释颜色

# 093

难度级别：★★★☆☆

实例解析：在Photoshop CS6中，默认情况下，软件中注释的颜色为黄色，用户可以根据需要将注释颜色更改为其他颜色。

素材文件：大罗盘.psd

效果文件：大罗盘.psd/jpg

视频文件：093 更改注释颜色.mp4

STEP 01 按【Ctrl+O】组合键，打开一幅素材图像，如图5-23所示，选取工具箱中的注释工具。

STEP 02 移动鼠标至图像编辑窗口中，单击激活注释，在工具属性栏中单击"颜色"色块，如图5-24所示。

图5-23 打开素材图像

图5-24 单击"颜色"色块

STEP
03 弹出"拾色器（注释颜色）"对话框，设置颜色为红色（RGB参数值分别为252、4、33），如图5-25所示。

STEP
04 执行上述操作后，单击"确定"按钮，即可更改注释颜色，效果如图5-26所示。

图5-25 设置颜色为红色

图5-26 更改注释颜色

# 5.5 优化系统参数

在使用 Photoshop CS6 的过程中，用户可以根据需要对 Photoshop CS6 的操作环境进行相应的优化设置，这样有助于提高工作效率。

## 094

难度级别：★★☆☆☆

### 优化界面选项

| | |
|---|---|
| 实例解析： | 在Photoshop CS6中，用户可以根据需要优化操作界面，这样不仅可以美化图像编辑窗口，还可以在执行设计操作时更加得心应手。 |
| 素材文件： | 蛋糕.jpg |
| 效果文件： | 无 |
| 视频文件： | 094 优化界面选项.mp4 |

STEP 01 按【Ctrl+O】组合键打开一幅素材图像，单击"编辑"|"首选项"|"界面"命令，弹出"首选项"对话框，如图5-27所示。

STEP 02 单击"标准屏幕模式"右侧的下拉按钮，在弹出的列表框中选择"选择自定颜色"选项，如图5-28所示。

图5-27 弹出"首选项"对话框

图5-28 选择"选择自定颜色"选项

STEP 03 弹出"拾色器（自定画布颜色）"对话框，设置RGB参数值为210、250、255，如图5-29所示，单击"确定"按钮。

STEP 04 返回"首选项"对话框，单击"确定"按钮，标准屏幕模式即可呈自定颜色显示，效果如图5-30所示。

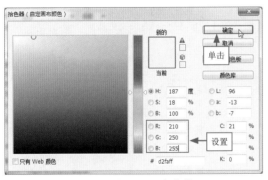

图5-29 设置RGB参数值

图5-30 呈自定义颜色显示

**专家提醒**

除了运用上述方法可以转换标准屏幕模式颜色外，还可以在编辑窗口的灰色区域内单击鼠标右键，在弹出的快捷菜单中用户可以根据需要选择"灰色"、"黑色"、"自定"及"选择自定颜色"等选项。

## 优化文件处理选项

**实例解析：** 用户经常对文件处理选项进行相应优化设置，不仅不会占用计算机内存，而且还能加快浏览图像的速度，更加方便地操作。

**知识点睛：** 掌握优化文件处理选项的操作方法。

单击"编辑"|"首选项"|"文件处理"命令,弹出"首选项"对话框,如图5-31所示,单击"图像预览"右侧的下拉按钮,在弹出的列表框中选择"存储时询问"选项,如图5-32所示,单击"确定"按钮,即可优化文件处理。

图5-31 "首选项"对话框

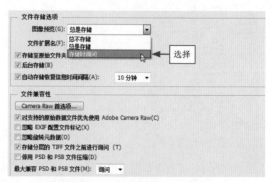

图5-32 选择"存储时询问"选项

# 096 优化暂存盘选项

难度级别：★★☆☆☆

| 实例解析： | 在Photoshop CS6中设置优化暂存盘可以让系统有足够的空间存放数据,防止空间不足,丢失文件数据。 |
|---|---|
| 素材文件： | 无 |
| 效果文件： | 无 |
| 视频文件： | 096 优化暂存盘选项.mp4 |

STEP 01 单击"编辑"|"首选项"|"性能"命令,弹出"首选项"对话框,如图5-33所示。

STEP 02 在"暂存盘"选项区中选中"D驱动器"复选框,如图5-34所示,单击"确定"按钮,即可优化暂存盘。

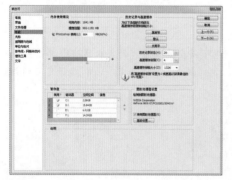

图5-33 "首选项"对话框

图5-34 优化暂存盘

**专家提醒**

用户可以在"暂存盘"选项区中设置系统磁盘空闲最大的分区作为第一暂存盘。需要注意的是,用户最好不要把系统盘作为第一暂存盘,防止频繁地读写硬盘数据,影响操作系统的运行速度。

暂存盘的作用是当Photoshop CS6处理较大的图像文件,并且在内存存储已满的情况下,将暂存盘的磁盘空间作为缓存来存放数据。

# 优化内存与图像高速缓存选项

实例解析：在Photoshop CS6中，用户使用优化内存与图像高速缓存选项可以改变系统处理图像文件的速度。

素材文件：无

效果文件：无

视频文件：097 优化内存与图像高速缓存选项.mp4

难度级别：★★☆☆☆

**STEP 01** 单击"编辑" | "首选项" | "性能"命令，弹出"首选项"对话框，在"内存使用情况"选项区中的"让Photoshop使用"数值框中输入400，如图5-35所示。

**STEP 02** 在"历史记录与高速缓存"选项区中，分别设置"历史记录状态"为40、"高速缓存级别"为4，如图5-36所示，单击"确定"按钮，即可优化内存与图像高速缓存。

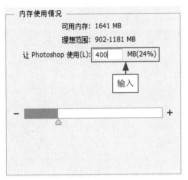

图5-35 在数值框中输入400

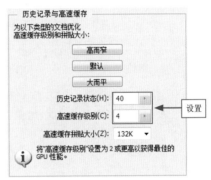

图5-36 设置各选项

**专家提醒**

在"首选项"对话框中设置"让Photoshop使用"的数值时，系统默认数值是50%，适当提高这个百分比可以加快Photoshop处理图像文件的速度。在设置"高速缓存级别"数值时，用户可以根据自己计算机的内存配置与硬件水平进行数值设置。

# 第6章 图像素材的选取与填充

## 学习提示

在Photoshop CS6中处理图像时，经常需要选取和设置颜色来对选区或整幅图像进行填充颜色或图案的操作，通过这些简单的操作可得到一些特殊的图像效果。本章主要介绍选取颜色、填充颜色及填充图案的操作方法。

## 主要内容

⬇ 使用吸管工具选取颜色        ⬇ 使用渐变工具创建多色图像

⬇ 使用"颜色"面板选取颜色      ⬇ 使用"填充"命令填充图案

⬇ "填充"命令填充颜色          ⬇ 使用油漆桶工具填充图案

## 重点与难点

⬇ 快捷菜单选项填充颜色

⬇ 使用油漆桶工具填充颜色

⬇ 使用渐变工具填充双色

## 学完本章后你会做什么

⬇ 掌握了使用吸管工具选取颜色、使用"颜色"面板选取颜色等操作

⬇ 掌握了"填充"命令填充颜色、快捷菜单选项填充颜色等操作

⬇ 掌握了使用"填充"命令填充图案和使用油漆桶工具填充图案的操作

## 视频文件

# 6.1 选取颜色

在编辑图像的过程中，通常会根据整幅图像的设计效果，对每一个图像元素填充不同颜色。本节主要介绍前景色与背景色、吸管工具、"颜色"面板及"色板"面板选取颜色的操作方法。

## 098 前景色与背景色

实例解析：Photoshop CS6工具箱底部有一组前景色和背景色色块，所有被用到的图像颜色都会在前景色或背景色中表现出来。

知识点睛：掌握前景色与背景色的概念。

在 Photoshop CS6 中，可以使用前景色来绘画、填充和描边，使用背景色来进行渐变填充和在空白区域中填充。此外，在应用一些具有特殊效果的滤镜时，也会用到前景色和背景色，设置前景色和背景色时利用的是工具箱下方的两个色块。默认情况下，前景色为黑色，背景色为白色，如图 6-1 所示。

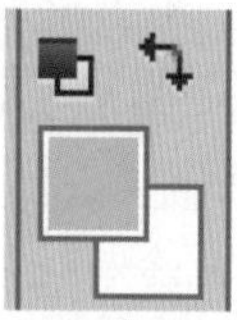

图6-1 前景色与背景色

**专家提醒**

可以直接在键盘上按【D】键快速将前景色和背景色调整到默认状态；按【X】键，可以快速切换前景色和背景色的颜色。

## 099 使用吸管工具选取颜色

实例解析：在Photoshop CS6中处理图像时，如果需要从图像中获取颜色修补附近区域，就需要用到吸管工具。

素材文件：心形枕.jpg

效果文件：心形枕.jpg

视频文件：099 使用吸管工具选取颜色.mp4

难度级别：★★★☆☆

STEP 01　按【Ctrl＋O】组合键，打开一幅素材图像，如图6-2所示，选取工具箱中的磁性套索工具。

STEP 02　移动鼠标指针至图像编辑窗口中的合适位置，单击并拖动，创建一个选区，如图6-3所示。

图6-2　打开素材图像

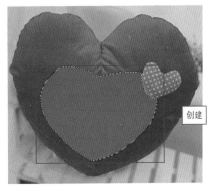

图6-3　创建一个选区

STEP 03　选取工具箱中的吸管工具，移动鼠标指针至图像编辑窗口中的杏色区域，单击鼠标左键吸取颜色，如图6-4所示。

STEP 04　执行上述操作后，前景色自动变为红色，按【Alt+Delete】组合键，即可为选区内填充颜色，取消选区，如图6-5所示。

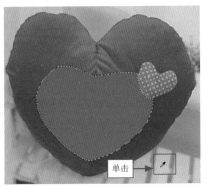

图6-4　单击鼠标左键吸取颜色

图6-5　取消选区

# 使用"颜色"面板选取颜色

## 100

难度级别：★★★☆☆

**实例解析：** 在Photoshop CS6中，使用"颜色"面板选取颜色，可以通过设置不同参数值来调整前景色和背景色。

**素材文件：** 花朵.jpg

**效果文件：** 花朵.jpg

**视频文件：** 100 使用"颜色"面板选取颜色.mp4

STEP 01　按【Ctrl＋O】组合键，打开一幅素材图像，如图6-6所示，选取工具箱中的魔棒工具。

STEP 02　移动鼠标指针至图像编辑窗口中的合适位置，单击，创建一个选区，如图6-7所示。

图6-6 打开素材图像

创建

图6-7 创建一个选区

STEP
03 单击"窗口"|"颜色"命令，展开"颜色"面板，设置颜色为白色（RGB参数值均为255），如图6-8所示。

STEP
04 执行上述操作后，前景色变为白色，按【Alt＋Delete】组合键，即可为选区填充颜色，取消选区，如图6-9所示。

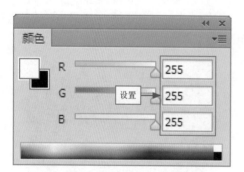

图6-8 设置颜色为白色

图6-9 取消选区

**专家提醒**

除了运用上述方法填充颜色外，还有以下两种常用的方法。
➤ 快捷键1：按【Alt＋Backspace】组合键填充前景色。
➤ 快捷键2：按【Ctrl＋Backspace】组合键填充背景色。

# 101
难度级别：★★★☆☆

## 使用"色板"面板选取颜色

实例解析："色板"面板中的颜色是系统预设的，用户可以直接在其中选取相应颜色而不用自己配置，还可以在"色板"调板中调整颜色。

素材文件：玩具.jpg

效果文件：玩具.jpg

视频文件：101 使用"色板"面板选取颜色.mp4

STEP 01 按【Ctrl+O】组合键，打开一幅素材图像，如图6-10所示，选取工具箱中的魔棒工具。

STEP 02 移动鼠标指针至图像编辑窗口中的合适位置，单击，创建一个选区，如图6-11所示。

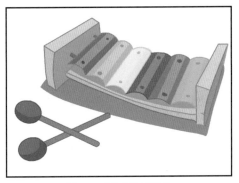

图6-10 打开素材图像

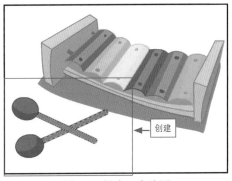

图6-11 创建一个选区

STEP 03 单击"窗口"｜"色板"命令，展开"色板"面板，移动鼠标指针至面板中，选择"黑色"色块，如图6-12所示。

STEP 04 选取工具箱中的油漆桶工具，移动鼠标至选区中，单击，即可填充颜色，取消选区，如图6-13所示。

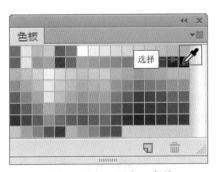

图6-12 选择"黑色"色块

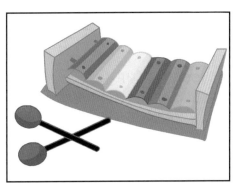

图6-13 取消选区

# 6.2 填充颜色

使用填充工具可以快速、便捷地对选中的图像区域进行填充。本节主要介绍填充命令、快捷菜单选项、油漆桶工具、渐变工具填充单色及渐变工具创建多色图像的操作方法。

# 102

## 使用"填充"命令填充颜色

**实例解析：** 在Photoshop CS6中，用户可以运用"填充"命令对选区或图像填充颜色。

**知识点睛：** 掌握"填充"命令填充颜色的操作方法。

在菜单栏中，单击"编辑"｜"填充"命令，弹出"填充"对话框，如图6-14所示，设置好各选项后，单击"确定"按钮即可填充颜色。

图6-14 "填充"对话框

"填充"对话框中各主要选项的含义如下。

➤ 使用：在该列表框中可以选择7种填充类型，包括"前景色"、"背景色"和"颜色"等。

➤ 自定图案：选择"使用"列表框中的"图案"选项，"自定图案"选项将呈可用状态，单击其右侧的下拉按钮，在弹出的图案面板中选择一种图案，进行图案填充。

➤ 混合：用于设置填充模式和不透明度。

➤ "保留透明区域"复选框：对图层进行颜色填充时，可以保留透明的部分不填充颜色，该复选框只有对透明的图层进行填充时才有效。

**专家提醒**

通常情况下，在运用该命令进行填充操作前，需要创建一个合适的选区，若当前图像中不存在选区，则填充效果将作用于整幅图像内，此外该命令对"背景"图层无效。

# 103

难度级别：★★★☆☆

## 使用快捷菜单选项填充颜色

**实例解析：** 用户在编辑图像时，若需要对当前图层或创建的选区填充颜色，可以使用快捷菜单完成。

**素材文件：** 不倒翁.jpg

**效果文件：** 不倒翁.jpg

**视频文件：** 103 快捷菜单选项填充颜色.mp4

STEP 01 按【Ctrl+O】组合键，打开一幅素材图像，选取工具箱中的魔棒工具，移动鼠标指针至图像编辑窗口中，多次单击，创建选区，如图6-15所示。

图6-15 创建选区

STEP 02 单击工具箱下方的"设置前景色"色块，弹出"拾色器（前景色）"对话框，设置颜色为蓝绿色（RGB参数值分别为86、190、199），如图6-16所示。

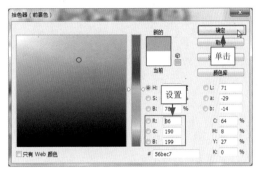

图6-16 设置颜色为蓝绿色

STEP 03 执行上述操作后，单击"确定"按钮，即可更改前景色，选取工具箱中的磁性套索工具，移动鼠标指针至图像编辑窗口中，单击鼠标右键，在弹出的快捷菜单中选择"填充"选项，如图6-17所示。

图6-17 选择"填充"选项

STEP 04 弹出"填充"对话框，在"使用"列表框中选择"前景色"选项，设置"不透明度"为80%，单击"确定"按钮，即可填充颜色，单击"选择" | "取消选择"命令，取消选区，如图6-18所示。

图6-18 取消选区

# 使用油漆桶工具填充颜色

**104**

难度级别：★★★☆☆

| | |
|---|---|
| 实例解析： | 使用油漆桶工具可以快速、便捷地为图像填充颜色，填充颜色以前景色为准。 |
| 素材文件： | 记事本.jpg |
| 效果文件： | 记事本.jpg |
| 视频文件： | 104 使用油漆桶工具填充颜色.mp4 |

STEP 01 按【Ctrl+O】组合键，打开一幅素材图像，如图6-19所示，选取工具箱中的魔棒工具。

STEP 02 移动鼠标指针至图像编辑窗口中的合适位置，单击鼠标左键，创建一个选区，如图6-20所示。

图6-19 打开素材图像

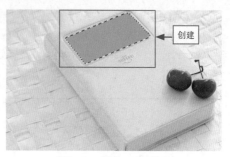

图6-20 创建一个选区

STEP 03 单击工具箱下方的"设置前景色"色块，弹出"拾色器（前景色）"对话框，设置前景色为浅黄色（RGB参数值分别为250、237、151），如图6-21所示。

STEP 04 单击"确定"按钮，选取工具箱中的油漆桶工具，移动鼠标指针至选区中，单击即可为选区填充颜色，取消选区，如图6-22所示。

图6-21 设置前景色为浅黄色

图6-22 取消选区

**专家提醒**

油漆桶工具与"填充"命令非常相似，用于在图像或选区中填充颜色或图案，但油漆桶工具在填充前会对鼠标单击位置的颜色进行取样，从而常用于填充颜色相同或相似的图像区域。

## 105 使用渐变工具填充双色

难度级别：★★★☆☆

| | |
|---|---|
| 实例解析： | 在Photoshop CS6中，用户可以使用渐变工具对所选定的图像进行双色填充。 |
| 素材文件： | 彩烛.psd |
| 效果文件： | 彩烛.psd/jpg |
| 视频文件： | 105 使用渐变工具填充双色.mp4 |

STEP 01 按【Ctrl＋O】组合键，打开一幅素材图像，如图6-23所示，在"图层"面板中选择"背景"图层。

STEP 02 设置前景色为浅蓝色（RGB参数值分别为158、222、249），如图6-24所示，单击"确定"按钮，设置背景色为白色（RGB参数值分别为255、255、255）。

图6-23 打开素材图像

图6-24 设置前景色为浅蓝色

STEP 03 选取工具箱中的渐变工具，在工具属性栏中单击"点按可编辑渐变"按钮，弹出"渐变编辑器"对话框，在"预设"选项中，选择"前景色到背景色渐变"色块，如图6-25所示。

STEP 04 单击"确定"按钮，即可选中渐变颜色，将鼠标指针移至图像编辑窗口的上方，按住【Shift】键的同时，单击从上至下拖动，释放鼠标左键，即可填充渐变颜色，如图6-26所示。

图6-25 选择"前景色到背景色渐变"色块

图6-26 填充渐变颜色

**专家提醒**

在渐变工具属性栏中，渐变工具提供了以下5种渐变方式。

➤ 线性渐变：从起点到终点作直线形状的渐变。
➤ 径向渐变：从中心开始作圆形放射状渐变。
➤ 角度渐变：从中心开始作逆时针方向的角度渐变。
➤ 对称渐变：从中心开始作对称直线形状的渐变。
➤ 菱形渐变：从中心开始作菱形渐变。

# 106

难度级别：★★★☆☆

## 使用渐变工具创建多色图像

实例解析：在编辑图像时，用户可以根据需要运用渐变工具创建多色图像，增强图像的视觉效果。

素材文件：蓝色空间.jpg

效果文件：蓝色空间.jpg

视频文件：106 使用渐变工具创建多色图像.mp4

STEP 01　按【Ctrl+O】组合键，打开一幅素材图像，如图6-27所示。选取工具箱中的渐变工具，在工具属性栏中单击"点按可编辑渐变"按钮。

STEP 02　弹出"渐变编辑器"对话框，在"预设"选项中，选择"透明彩虹渐变"色块，如图6-28所示，单击"确定"按钮，即可选中颜色。

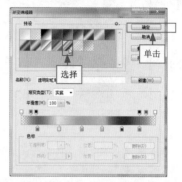

图6-28　选择"透明彩虹渐变"色块

图6-27　打开素材图像

STEP 03　在工具属性栏中，单击"径向渐变"按钮，如图6-29所示，移动鼠标至图像编辑窗口中的合适位置。

STEP 04　在合适位置单击并拖动，释放鼠标左键，即可创建彩虹渐变，如图6-30所示。

图6-29　单击"径向渐变"按钮

图6-30　创建彩虹渐变

**专家提醒**

　　在"渐变编辑器"对话框的"预设"选项区中，前两个渐变色块是系统根据前景色和背景色自动设置的，若用户对当前的渐变色不满意，也可以在该对话框中通过渐变滑块对渐变色进行调整。

# 6.3　填充图案

　　简单地说，填充操作可以分为无限制和有限制两种情况，前者就是在当前无任何选区或路径的情况下执行的填充操作，将对整体图像进行填充；而后者则是通过设置适当的选区或路径来限制填充的范围。

# 使用"填充"命令填充图案

实例解析：使用"填充"命令不但可以填充颜色，还可以填充相应的图案，除了运用软件自带的图案外，用户还可以用选区定义填充图案。

素材文件：花儿.jpg

效果文件：花儿.jpg

视频文件：107 使用"填充"命令填充图案.mp4

**107**

难度级别：★★★☆☆

STEP 01 按【Ctrl＋O】组合键，打开一幅素材图像，选取工具箱中的矩形选框工具，移动鼠标指针至图像编辑窗口中的合适位置，创建一个矩形选区，如图6-31所示。

STEP 02 单击"编辑"｜"定义图案"命令，弹出"图案名称"对话框，在"名称"文本框中输入"花"，如图6-32所示，单击"确定"按钮，并取消选区。

图6-31 创建一个矩形选区

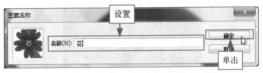

图6-32 在"名称"文本框中输入"花"

STEP 03 选取工具箱中的魔棒工具，移动鼠标指针至图像编辑窗口中的合适位置，单击创建选区，如图6-33所示，单击"编辑"｜"填充"命令，弹出"填充"对话框，设置"使用"为"图案"选项。

STEP 04 单击"自定图案"右边的"点按可打开'图案'拾色器"按钮，弹出"'图案'拾色器"列表框，选择"花"图案，设置"不透明度"为40%，单击"确定"按钮，即可填充图案，取消选区，如图6-34所示。

图6-33 单击创建选区

图6-34 取消选区

**专家提醒**

除了运用上述方法可以填充图案外，按【Shift＋F5】组合键也可以弹出"填充"对话框，通过相应设置即可对图像进行图案填充。

# 108

难度级别：★★★☆☆

## 使用油漆桶工具填充图案

实例解析：工具箱中的油漆桶工具不仅可以快速对图像填充前景色，还可以快速地对图像填充图案。

素材文件：蝴蝶.jpg

效果文件：未标题-1.jpg

视频文件：108 使用油漆桶工具填充图案.mp4

**STEP 01** 按【Ctrl+O】组合键，打开一幅素材图像，选取工具箱中的矩形选框工具，移动鼠标指针至图像编辑窗口中的合适位置，创建一个矩形选区，如图6-35所示。

**STEP 02** 单击"编辑" | "定义图案"命令，弹出"图案名称"对话框，在"名称"文本框中输入"蝴蝶"，如图6-36所示，单击"确定"按钮。

图6-35 创建一个矩形选区

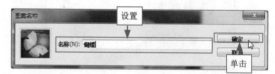

图6-36 在"名称"文本框中输入"蝴蝶"

**STEP 03** 单击"文件" | "新建"命令，弹出"新建"对话框，在其中设置各选项，如图6-37所示，单击"确定"按钮，选取工具箱中的油漆桶工具，在工具属性栏中的"填充元素为源"设置为"图案"。

**STEP 04** 执行上述操作后，单击"点按可打开'图案'拾色器"按钮，打开"图案，拾色器"列表框，选择"蝴蝶"图案，移动鼠标指针至新建的图像编辑窗口中，单击即可填充图案，如图6-38所示。

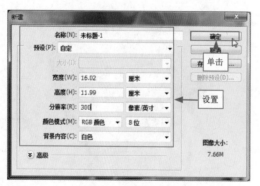

图6-37 设置各选项

图6-38 填充图案

# 进阶篇

# 第7章  图像选区的创建与编辑

## 学习提示

选区是指通过工具或者相应命令在图像上创建的选取范围。创建选区后，即可将选区内的图像区域进行隔离，以便复制、移动、填充或校正颜色。在 Photoshop CS6 中可以创建两种类型的选区，普通选区和羽化的选区。两种类型的选区都有不同的特点。

## 主要内容

- 了解选区和选框工具
- 运用工具创建不规则选区
- 运用工具创建颜色选区
- 运用命令创建随意选区
- 运用按钮创建选区
- 编辑选区对象

## 重点与难点

- 管理选区
- 修改选区
- 应用选区

## 学完本章后你会做什么

- 掌握了运用工具创建不规则选区的操作方法
- 掌握了运用"新选区"按钮、"添加到选区"等按钮创建选区的操作方法
- 掌握了变换选区、羽化选区图像、剪切选区图像和拷贝选区图像的操作方法

## 视频文件

# 7.1 了解选区和选框工具

了解选区的基本概念是创建选区的必要过程。创建规则或不规则选区，对选区进行添加或减去、描边和填充等操作，这些操作均建立在了解选区的基本概念之上。本节主要介绍矩形选框工具、椭圆选框工具及单行（列）选框工具的基本概念。

## 109 选区的基本概念

实例解析：因为选区有丰富的编辑功能，许多精美的图像效果是基于选区操作而实现的，所以选区在Photoshop CS6中占据着非常重要的地位。

知识点睛：掌握选区的基本概念。

在 Photoshop CS6 中，可以将选区分为规则形与不规则形，每一种选区都有相对应的选择方法。创建选区是为了限制图像编辑的范围，从而得到精确的效果。在选区建立之后，选区的边界就会出现不断交替闪烁的虚线，此虚线框表示选区的范围。

## 110 矩形选框工具

实例解析：Photoshop CS6提供了用于创建矩形、圆形等规则图形选区的工具，矩形选框工具就是其中之一。

知识点睛：掌握矩形选框工具的基本概念。

使用矩形选框工具 可以建立矩形选区，单击并拖动至需要的选择的区域，即可创建矩形选区。如果要创建正方形选区，在图像上拖动鼠标的同时按住【Shift】键拖动即可；如果需要从某中心向四周扩散式创建选区，可按住【Alt】键的同时拖动鼠标即可。

在矩形选框工具被选中的情况下，矩形选框工具属性栏如图 7-1 所示，更改其中选项可以改变其工作模式，创建令人满意的选区。

图7-1 矩形选框工具的工具属性栏

矩形选框工具属性栏中各参数含义如下。

➢ "羽化"：在"羽化"数值框中输入大于零的数值，可以指定选区在边缘产生半选择状态，从而得到柔化效果。
➢ "样式"：矩形工具属性栏中的"样式"列表框可以设置选区创建的方法，"样式"

列表框中有 3 种选项，分别是"正常"、"固定比例"和"固定大小"。

➢ "调整边缘"：单击"调整边缘"按钮可以对现有的选区进行更为深入的修改，从而帮助用户创建更为精确的选区。

➢ "样式"列表框中各选项的含义如下。

➢ "正常"：选择该复选框，可自由创建任何宽高比例、长度大小的矩形选区。

➢ "固定比例"：选择该选项，其后的"宽度"和"高度"文本框将被激活，在此文本框中输入数值，设置选择区域高度与宽度的比例，可得到精确的固定宽高比的矩形选择区域。

➢ "固定大小"：选择该选项，其后的"宽度"和"高度"文本框将被激活，在此文本框中输入数值，可以确定新选区高度与宽度的精确数值。在此模式下只需在图像中单击即可创建大小确定、尺寸精确的选区。

## 111 椭圆选框工具

实例解析：使用椭圆选框工具可以建立一个椭圆形选区，按住鼠标左键并拖动至需要的区域，即可创建椭圆形选区。

知识点睛：掌握椭圆选框工具的基本概念。

椭圆选框工具 ◯ 的工具属性栏，如图 7-2 所示，在"样式"列表框中分别选择"正常"、"固定比例"或"固定尺寸"选项，可以得到 3 种不同的创建椭圆选区方式。

图7-2 椭圆选框工具的工具属性栏

**专家提醒**

使用椭圆选框工具时，按住【Alt＋Shift】组合键，单击并拖动，即可从当前点创建圆形选区。

## 112 单行（列）选框工具

实例解析：利用"单行选框工具"或"单列选框工具"可以将选框定义为1个像素宽的行或列，从而得到单行或单列选区。

知识点睛：掌握单行（列）选框工具的基本概念。

使用此工具创建选区并填充颜色，即可得到一条直线，这是在未掌握其他工具前绘制直线最常用的方法。单行选框工具 ▭ 的工具属性栏如图 7-3 所示，单列选框工具 ▯ 的工具属性栏如图 7-4 所示。

图7-3 单行选框工具的工具属性栏

图7-4 单列选框工具的工具属性栏

# 7.2 运用工具创建不规则选区

Photoshop CS6 的工具箱中包含 3 种不同类型的套索工具，分别是套索工具 ⅋、多边形套索工具 ⅋ 和磁性套索工具 ⅋。本节主要介绍运用工具创建不规则选区的操作方法。

## 运用套索工具创建不规则选区

| | |
|---|---|
| 实例解析： | 在Photoshop CS6中运用套索工具可以在图像编辑窗口中创建任意形状的选区，通常用来创建不太精确的选区。 |
| 素材文件： | 红花.psd |
| 效果文件： | 红花.psd/jpg |
| 视频文件： | 113 运用套索工具创建不规则选区.mp4 |

难度级别：★★★☆☆

**STEP 01** 按【Ctrl+O】组合键，打开一幅素材图像，如图7-5所示，选取工具箱中的套索工具，在工具属性栏上设置"羽化"为15。

**STEP 02** 将鼠标指针移至图像编辑窗口中的合适位置，单击并拖动，创建选区，如图7-6所示。

图7-5 打开素材图像

图7-6 创建选区

**STEP 03** 单击"选择"|"反向"命令，反向选区，如图7-7所示。

**STEP 04** 按【Delete】键，即可删除选区内的图像，取消选区，如图7-8所示。

图7-7 反向选区

图7-8 取消选区

# 运用多边形套索工具创建选区

**实例解析：** 在Photoshop CS6中，多边形套索工具可以在图像编辑窗口中创建不规则的选区，并且创建的选区非常精确。

**素材文件：** 料理.psd

**效果文件：** 料理.psd/jpg

**视频文件：** 114 运用多边形套索工具创建选区.mp4

难度级别：★★★☆☆

STEP 01　按【Ctrl＋O】组合键，打开一幅素材图像，如图7-9所示，选取工具箱中的多边形套索工具，设置"羽化"为15。

STEP 02　移动鼠标指针至图像编辑窗口中的合适位置，单击，确定起始点，创建一个选区，如图7-10所示。

图7-9 打开素材图像

图7-10 创建一个选区

STEP 03　单击"选择"｜"反向"命令，反向选区，如图7-11所示。

STEP 04　按【Delete】键，即可清除选区内的图像，取消选区，如图7-12所示。

图7-11 反向选区

图7-12 取消选区

# 运用磁性套索工具创建选区

难度级别：★★★☆☆

| | |
|---|---|
| 实例解析： | 在Photoshop CS6中，磁性套索工具用于快速选择与背景对比强烈并且边缘复杂的对象，它可以沿着图像的边缘生成选区。 |
| 素材文件： | 高跟鞋.psd |
| 效果文件： | 高跟鞋.psd/jpg |
| 视频文件： | 115 运用磁性套索工具创建选区.mp4 |

**STEP 01** 按【Ctrl+O】组合键，打开一幅素材图像，如图7-13所示，选取工具箱中的磁性套索工具，设置"羽化"为15。

**STEP 02** 移动鼠标指针至图像编辑窗口中的合适位置，多次单击鼠标左键，创建一个选区，如图7-14所示。

图7-13 打开素材图像

创建

图7-14 创建一个选区

**STEP 03** 单击"选择" | "反向"命令，反向选区，如图7-15所示。

**STEP 04** 按【Delete】键，即可清除选区内的图像，取消选区，如图7-16所示。

图7-15 反向选区

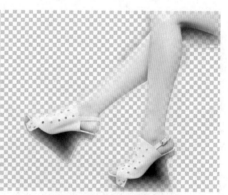

图7-16 取消选区

**专家提醒**

　　用户在使用磁性套索工具时，如果要暂时切换为多边形套索工具，可按住【Alt】键，然后在图像上单击鼠标左键，如果要切换至套索工具，按住【Alt】键，按套索方式创建选区即可。

# 7.3 运用工具创建颜色选区

魔棒工具 和快速选择工具 可以快速选择色彩变化不大、色调相近的区域。本节主要介绍使用魔棒工具和快速选择工具创建颜色选区的操作方法。

## 运用魔棒工具创建颜色选区

| | |
|---|---|
| 实例解析： | 魔棒工具是根据图像的颜色分布来创建选区的，在需要选择的区域单击鼠标左键，即可选择相应对象。 |
| 素材文件： | 粉色回忆.psd |
| 效果文件： | 粉色回忆.psd/jpg |
| 视频文件： | 116 运用魔棒工具创建颜色选区.mp4 |

难度级别：★★★☆☆

STEP 01 按【Ctrl+O】组合键，打开一幅素材图像，如图7-17所示，选取工具箱中的魔棒工具。

STEP 02 移动鼠标指针至图像编辑窗口中，在白色颜色的位置上单击，即可选中白色颜色区域，如图7-18所示。

图7-17 打开素材图像

创建

图7-18 选中白色颜色区域

STEP 03 按【Delete】键，即可清除选区内的图像，如图7-19所示。

STEP 04 执行上述操作后，取消选区，效果如图7-20所示。

图7-19 清除选区内的图像

图7-20 取消选区

**专家提醒**

魔棒工具属性栏中的"容差" 容差: 32 选项含义：在其右侧的文本框中可以设置0~255之间的数值，其主要用于确定选择范围的容差，默认值为32。设置的数值越小，选择的颜色范围越近，选择的范围也就越小。

# 117

难度级别：★★★☆☆

## 运用快速选择工具创建选区

实例解析：快速选择工具是用来选择颜色的工具，在拖动鼠标的过程中，它能够快速选择多个颜色相似的区域。

素材文件：咖啡.jpg

效果文件：咖啡.jpg

视频文件：117 运用快速选择工具创建选区.mp4

STEP
01 按【Ctrl+O】组合键，打开一幅素材图像，如图7-21所示，选取工具箱中的快速选择工具。

STEP
02 将鼠标指针移至图像编辑窗口中，在白色区域单击鼠标左键并拖动，即可创建选区，如图7-22所示。

图7-17 打开素材图像

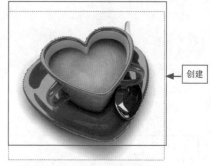

图7-18 选中白色颜色区域

STEP
03 单击"选择"｜"反向"命令，反向选区。单击"图像"｜"调整"｜"色相/饱和度"命令，弹出"色相/饱和度"对话框，在其中设置各参数，如图7-23所示。

STEP
04 执行上述操作后，单击"确定"按钮，即可调整图像色相/饱和度效果，按【Ctrl+D】组合键，取消选区，效果如图7-24所示。

图7-23 设置各参数

图7-24 取消选区

**专家提醒**

选取快速选择工具后，工具属性栏中出现一排选区运算按钮，这些运算按钮的含义分别如下。

➤ "新选区"按钮：可以创建一个新的选区。

➤ "添加到选区"按钮：可在原选区的基础上添加新的选区。

➤ "从选区减去"按钮：可在原选区的基础上减去当前绘制的选区。

# 7.4　运用命令创建随意选区

在 Photoshop CS6 中运用某些命令可以在图像中创建随意选区，例如"全部"命令、"扩大选取"命令、"选取相似"命令及"色彩范围"命令等。本节主要介绍运用命令创建随意选区的操作方法。

## 运用"色彩范围"命令自定选区

实例解析："色彩范围"是一个利用图像中的颜色变化关系来选择区域的命令，此命令根据选取色彩的相似程度，在图像中提取相似的色彩区域。

知识点睛：掌握运用"色彩范围"命令自定选区的操作方法。

单击"选择"｜"色彩范围"命令，即可弹出"色彩范围"对话框，如图 7-25 所示，在下方的预览框中，单击，即可选取图像中相似的区域并创建选区，图像效果如图 7-26 所示。

图7-25　"色彩范围"对话框

图7-26　选取相似区域并创建选区

## 运用"全部"命令全选图像

实例解析：在Photoshop CS6中编辑图像时，若图像素材比较复杂或者需要对整幅图像进行调整，则可以通过"全部"命令对图像进行选取。

知识点睛：掌握运用"全部"命令全选图像的操作方法。

在编辑图像的过程中，若图像素材的元素过多或者需要对整幅图像进行调整，则可以通过"全部"命令对图像进行选取。打开一幅素材图像，如图 7-27 所示，单击"选择"｜"全部"命令，即可创建图像的全部选区，如图 7-28 所示。

图7-27 素材图像

图7-28 创建图像的全部选区

**专家提醒**

也可以按【Ctrl+A】组合键来选取全部图像，若需要取消选区，按【Ctrl+D】组合键即可。

## 运用"扩大选取"命令扩大选区

**120**

难度级别：★★★☆☆

实例解析：执行"扩大选取"命令后，Photoshop会查找并选择与当前选区中像素颜色相近的区域，从而扩大选择区域，扩大到与原选区相连接的区域。

素材文件：雕像.jpg

效果文件：无

视频文件：120 运用"扩大选取"命令扩大选区.mp4

STEP 01 按【Ctrl+O】组合键，打开一幅素材图像，选取工具箱中的魔棒工具，移动鼠标至图像编辑窗口中创建选区，如图7-29所示。

STEP 02 执行上述操作后，单击"选择"｜"扩大选取"命令，即可扩大选区，如图7-30所示。

图7-29 创建选区

创建

图7-30 扩大选区

## 运用"选取相似"命令创建选区

**121**

难度级别：★★★☆☆

实例解析：在Photoshop CS6中，"选取相似"命令是针对图像中所有颜色相近的像素，此命令在有大面积实色的情况下使用非常方便。

素材文件：音符.jpg

效果文件：音符.jpg

视频文件：121 运用"选取相似"命令创建选区.mp4

STEP 01　按【Ctrl+O】组合键，打开一幅素材图像，选取工具箱中的魔棒工具，创建选区，如图7-31所示。

STEP 02　执行上述操作后，单击"选择"｜"选取相似"命令，即可选取颜色相似的区域，如图7-32所示。

图7-31　创建选区

选取

图7-32　选取颜色相似的区域

STEP 03　单击"图像"｜"调整"｜"色相/饱和度"命令，弹出"色相/饱和度"对话框，设置各参数，如图7-33所示。

STEP 04　执行上述操作后，单击"确定"按钮，即可调整图像色相，按【Ctrl+D】组合键，取消选区，效果如图7-34所示。

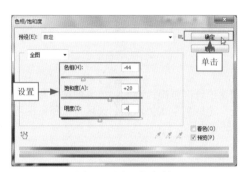

图7-33　设置各参数

图7-34　取消选区

**专家提醒**

　　按【Alt+S+R】组合键也可以创建相似选区。

# 7.5　运用按钮创建选区

　　在 Photoshop CS6 中，无论选择矩形选框工具、椭圆选框工具、魔棒工具还是套索工具，工具属性栏中都将显示选区模式按钮，用于设置在创建选区时当前选区工具的工作模式。本节主要介绍"新选区"、"添加到选区"、"从选区减去"和"与选区交叉"按钮的基本操作。

# 122

难度级别：★★★☆☆

## 运用"新选区"按钮

| | |
|---|---|
| 实例解析： | 在Photoshop CS6中创建新选区时，可以单击工具属性栏中的"新选区"按钮，即可在图像中创建不重复选区。 |
| 素材文件： | 甜点.jpg |
| 效果文件： | 无 |
| 视频文件： | 122 运用"新选区"按钮.mp4 |

STEP 01 按【Ctrl+O】组合键，打开一幅素材图像，如图7-35所示，选取工具箱中的矩形选框工具。

STEP 02 在工具属性栏中单击"新选区"按钮 ▢，移动鼠标至图像上，单击并拖动，创建新选区，如图7-36所示。

图7-35 打开素材图像

创建

图7-36 创建新选区

# 123

难度级别：★★★☆☆

## 运用"添加到选区"按钮

| | |
|---|---|
| 实例解析： | 要在已经创建的选区范围内再创建另外的选区范围，可以在创建一个选区后单击"添加到选区"按钮，即可得到两个选区的并集。 |
| 素材文件： | 花盆.jpg |
| 效果文件： | 无 |
| 视频文件： | 123 运用"添加到选区"按钮.mp4 |

STEP 01 按【Ctrl+O】组合键，打开一幅素材图像，选取工具箱中的矩形选框工具，在图像编辑窗口中的合适位置创建一个矩形选区，如图7-37所示。

STEP 02 在工具属性栏中单击"添加到选区"按钮 ▢，移动鼠标指针至图像上，单击鼠标左键，再次创建选区，即可得到两个选区的并集，如图7-38所示。

图7-37 创建一个矩形选区

创建

图7-38 得到两个选区的并集

# 124

难度级别：★★★☆☆

## 运用"从选区减去"按钮

| | |
|---|---|
| 实例解析： | 在Photoshop CS6中运用"从选区减去"按钮，利用选框工具，已存在的选区可以将原有选区减去一部分。 |
| 素材文件： | 桃花.jpg |
| 效果文件： | 桃花.jpg |
| 视频文件： | 124 运用"从选区减去"按钮.mp4 |

STEP 01　按【Ctrl＋O】组合键，打开一幅素材图像，选取工具箱中的矩形选框工具，在图像编辑窗口中的合适位置创建一个矩形选区，如图7-39所示。

STEP 02　在矩形选框工具属性栏中单击"从选区减去"按钮，移动鼠标指针至图像上，单击并向右下角拖动，如图7-40所示。

图7-39 创建一个矩形选区

图7-40 单击并拖动

STEP 03　释放鼠标左键，即可减去原有选区的一部分，得到一个新选区，如图7-41所示。

STEP 04　设置前景色为黑色，为选区填充前景色，并取消选区，效果如图7-42所示。

图7-41 得到一个新选区

图7-42 取消选区

# 125

难度级别：★★★☆☆

## 运用"与选区交叉"按钮

实例解析：编辑图像时运用"与选区交叉"按钮进行操作，可以得到新选区与已有的选区交叉（重合）的部分。

素材文件：玫瑰.psd

效果文件：玫瑰.psd/jpg

视频文件：125 运用"与选区交叉"按钮.mp4

STEP 01 按【Ctrl+O】组合键，打开一幅素材图像，选取工具箱中的矩形选框工具，在图像编辑窗口中的合适位置创建一个矩形选区，如图7-43所示。

STEP 02 在矩形选框工具的工具属性栏中单击"与选区交叉"按钮 ，移动鼠标指针至图像上，单击并拖动，如图7-44所示。

图7-43 创建一个矩形选区

图7-44 单击并拖动

STEP 03 释放鼠标左键，即可得到新选区与已有的选区的交叉区域，如图7-45所示。

STEP 04 选择"图层1"图层，按【Delete】键，即可删除选区内的图像，取消选区，效果如图7-46所示。

图7-45 得到新选区与已有选区的交叉区域

图7-46 取消选区

### 专家提醒

工具属性栏中各运算按钮的含义如下。

➤ 添加到选区：在原选区的基础上添加新的选区。

➤ 从选区减去：在原选区的基础上减去新的选区。

➤ 与选区交叉：新选区与原选区交叉区域为最终的选区。

# 7.6　编辑选区对象

在 Photoshop CS6 中还可以对创建的选区进行编辑，以得到更丰富的图像效果。本节主要介绍变换选区、羽化、剪切及拷贝选区图像的操作方法。

## 变换选区

**126**

难度级别：★★★☆☆

| | |
|---|---|
| 实例解析： | 在编辑图像时如果创建了选区，用户可以根据需要对选区进行变换操作。 |
| 素材文件： | 画框.jpg |
| 效果文件： | 无 |
| 视频文件： | 126 变换选区.mp4 |

**STEP 01** 按【Ctrl＋O】组合键，打开一幅素材图像，如图7-47所示，选取工具箱中的矩形选框工具。

**STEP 02** 在图像编辑窗口中创建一个矩形选区，单击"选择"｜"变换选区"命令，调出变换控制框，如图7-48所示。

图7-47 打开素材图像

图7-48 调出变换控制框

**STEP 03** 在变换控制框内单击鼠标右键，在弹出的快捷菜单中选择"扭曲"选项，在变换控制框的8个控制柄上单击并拖动，如图7-49所示。

**STEP 04** 执行上述操作后，即可将矩形选区进行任意变换，在变换控制框中双击，确认变换操作，即可变换选区，效果如图7-50所示。

图7-49 单击并拖动

图7-50 确认变换操作

**专家提醒**

变换选区，对选区内的图像没有任何影响，当执行"变换"命令时，则会将选区内的图像一起变换。

# 127

难度级别：★★★☆☆

## 羽化选区图像

实例解析：羽化选区是图像处理中经常用到的操作，羽化效果可以在选区和背景之间建立一条模糊的过渡边缘，使选区产生"晕开"的效果。

素材文件：首饰.psd

效果文件：首饰.psd/jpg

视频文件：1127 羽化选区图像.mp4

STEP 01 按【Ctrl+O】组合键打开一幅素材图像，如图7-51所示，选取工具箱中的椭圆选框工具。

STEP 02 移动鼠标指针至图像上的合适位置，单击并拖动，创建一个椭圆选区，如图7-52所示。

图7-51 打开素材图像

图7-52 创建一个椭圆选区

STEP 03 单击"选择"|"修改"|"羽化"命令，弹出"羽化选区"对话框，设置"羽化半径"为5像素，如图7-53所示，单击"确定"按钮，即可羽化选区。

STEP 04 执行上述操作后，单击"选择"|"反向"命令，反向选区，按【Delete】键，即可删除选区内的图像，并取消选区，效果如图7-54所示。

图7-53 设置"羽化半径"为5像素

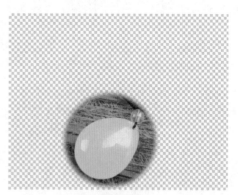

图7-54 取消选区

**专家提醒**

羽化选区时，过渡边缘的宽度即为"羽化半径"，以像素为单位。除了运用上述方法可以弹出"羽化选区"对话框外，还有以下两种方法。

➤ 快捷菜单：创建好选区后，单击鼠标右键，在弹出的快捷菜单中选择"羽化"选项，弹出"羽化选区"对话框。

➤ 快捷键：创建好选区后，按【Shift+F6】组合键，弹出"羽化选区"对话框。

# 剪切选区图像

**128**

难度级别：★★★☆☆

实例解析：在Photoshop CS6中，用户若需要移动图像中的全部或部分区域，可进行剪切操作。

素材文件：壁画.psd

效果文件：壁画.psd/jpg

视频文件：128 剪切选区图像.mp4

STEP 01 按【Ctrl+O】组合键，打开一幅素材图像，如图7-55所示。

STEP 02 选取工具箱中的矩形选框工具，创建一个矩形选区，如图7-56所示。

图7-55 打开素材图像

图7-56 创建一个矩形选区

STEP 03 在菜单栏中单击"编辑"|"剪切"命令，如图7-57所示。

STEP 04 执行上述操作后，即可剪切选区内的图像，效果如图7-58所示。

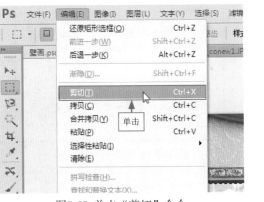

图7-57 单击"剪切"命令

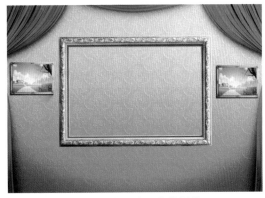

图7-58 剪切选区内的图像

**专家提醒**

除了运用上述命令剪切选区内的图像外，按【Ctrl+X】组合键也可以剪切选区内的图像。

# 129

难度级别：★★★☆☆

## 拷贝选区图像

实例解析：选取图像编辑窗口中需要的区域后，用户可将选区内的图像复制到剪贴板中进行粘贴，拷贝选区内的图像。

素材文件：彩球.jpg

效果文件：彩球.psd/jpg

视频文件：129 拷贝选区图像.mp4

STEP 01 按【Ctrl＋O】组合键，打开一幅素材图像，如图7-59所示。

STEP 02 选取工具箱中的矩形选框工具，创建一个矩形选区，如图7-60所示。

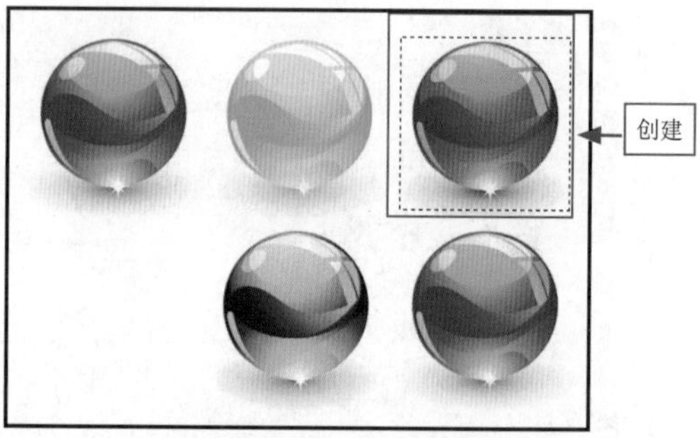

图7-55 打开素材图像

图7-56 创建一个矩形选区

STEP 03 在菜单栏中，单击"编辑"｜"拷贝"命令，如图7-61所示，单击"编辑"｜"粘贴"命令。

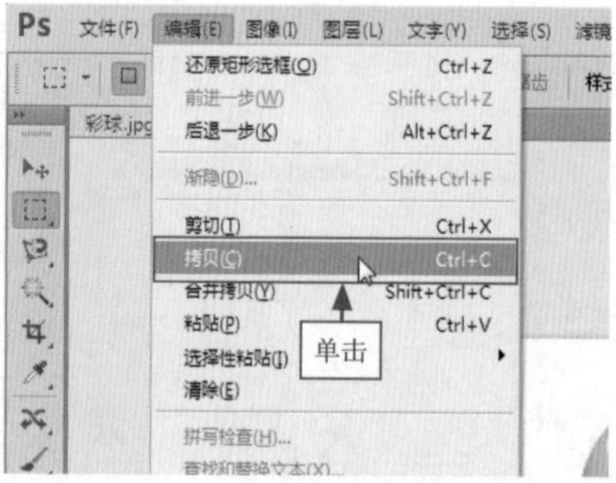

STEP 04 执行上述操作后，即可粘贴所拷贝的图像，并将图像移至合适位置，效果如图7-62所示。

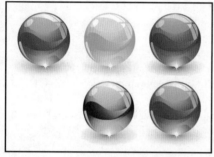

图7-61 单击"拷贝"命令

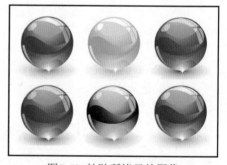

图7-62 粘贴所拷贝的图像

**专家提醒**

除了运用上述方法可以拷贝和粘贴选区图像外，还有以下两种方法。

➢ 快捷键1：按【Ctrl＋C】组合键拷贝选区内的图像。

➢ 快捷键2：按【Ctrl＋V】组合键粘贴所拷贝的图像。

# 7.7　管理选区

选区具有灵活操作性，可多次对选区进行编辑操作，以便得到满意的选区状态。本节主要介绍移动、重选、取消、载入及储存选区的操作方法。

## 130　移动选区

实例解析：在Photoshop CS6中编辑图像时，选区的位置是可以调整的。选取工具箱中的任意选框工具，都可以移动已创建的选区位置。

知识点睛：掌握移动选区的操作方法。

移动选区可以使用任何一种选框工具，将鼠标移动至选区内，当鼠标指针呈⇱形状时，表示可以移动选区，此时单击并拖动，即可将选区移动至图像的另一个位置。

**专家提醒**

要限制选区移动的方向为45度的倍数，可以在鼠标拖动选区时按住【Shift】键；要按1个像素的增量移动选区，可以使用键盘上的方向键；要按10个像素的较大量移动选区，可以按住【Shift】键的同时再按住方向键。

## 131　取消选区

实例解析：在Photoshop CS6中，用户对选区内图像的操作完成以后，可以根据需要将选区取消，以便进行下一步操作。

知识点睛：掌握取消选区的操作方法。

单击菜单栏中的"选择"｜"取消选择"命令，即可取消选区，或者是按【Ctrl+D】组合键，也可以取消选区。图 7-63 所示为取消选区前后的对比效果。

图7-63 取消选区前后的对比效果

# 132 重选选区

难度级别：★★★☆☆

实例解析：当用户取消选区后，还可以利用"重新选择"命令，重选上次取消的选区，灵活运用"重选选区"命令，能够大大提高工作的效率。

素材文件：福.jpg

效果文件：无

视频文件：132 重选选区.mp4

STEP 01 按【Ctrl＋O】组合键，打开一幅素材图像，如图7-64所示，选取工具箱中的矩形选框工具。

STEP 02 将鼠标移至图像编辑窗口中，单击并拖动，创建一个矩形选区，如图7-65所示。

图7-64 打开素材图像

图7-65 创建一个矩形选区

STEP 03 单击"选择"｜"取消选择"命令，即可取消选区，如图7-66所示。

STEP 04 单击"选择"｜"重新选择"命令，即可重选选区，如图7-67所示。

图7-66 取消选区

图7-67 重选选区

专家提醒

除了运用上述方法可以取消和重选选区图像外，还有以下两种方法。

➤ 快捷键1：按【Ctrl＋D】组合键，可以取消选区。

➤ 快捷键2：按【Shift＋Ctrl＋D】组合键，可以重新选择选区。

## 存储选区

**133**

实例解析：用户在创建选区后，为了防止操作失误而造成选区丢失，或者后面制作其他效果时还需要该选区，可以将选区存储起来。

知识点睛：掌握存储选区的操作方法。

在 Photoshop CS6 图像编辑窗口中创建一个选区，如图 7-68 所示，单击"选择"｜"存储选区"命令，弹出"存储选区"对话框，如图 7-69 所示，设置选区的名称等选项，单击"确定"按钮，即可存储选区。

图7-68　创建一个选区

图7-69　"存储选区"对话框

## 载入选区

**134**

实例解析：用户在存储选区后，根据工作需要，可以将存储的选区载入到当前图像中。

知识点睛：掌握载入选区的操作方法。

存储选区后，单击"选择"｜"载入选区"命令，弹出"载入选区"对话框，如图 7-70 所示，设置各选项后，单击"确定"按钮，即可将选区载入到图像中。

图7-70　"载入选区"对话框

# 7.8　修改选区

用户在创建选区时可以对选区进行多项修改。本节主要介绍边界选区、平滑选区、扩展选区、收缩选区及调整选区的操作方法。

## 135

难度级别：★★★☆☆

### 边界选区

| | |
|---|---|
| 实例解析： | 使用"边界"命令可以得到具有一定羽化效果的选区，因此在进行填充或描边等操作后可得到柔边效果的图像。 |
| 素材文件： | 发光球.jpg |
| 效果文件： | 发光球.jpg |
| 视频文件： | 135 边界选区.mp4 |

STEP 01　按【Ctrl+O】组合键，打开一幅素材图像，选取工具箱中的椭圆选框工具，在图像上创建一个椭圆形选区，如图7-71所示。

STEP 02　单击"选择"｜"修改"｜"边界"命令，弹出"边界选区"对话框，设置"宽度"为20像素，如图7-72所示。

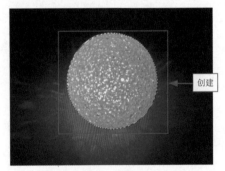

图7-71 创建一个椭圆形选区

图7-72 设置"宽度"为20像素

STEP 03　单击"确定"按钮，即可将当前选区扩展20像素，如图7-73所示，设置背景色为白色，单击"编辑"｜"填充"命令。

STEP 04　弹出"填充"对话框，设置"使用"为"背景色"选项，单击"确定"按钮，并取消选区，效果如图7-74所示。

图7-73 将当前选区扩展20像素

图7-74 取消选区

# 平滑选区

| | |
|---|---|
| 实例解析： | 使用"平滑"命令修改选区，可以平滑选区的尖角和去除锯齿，从而使选区边缘变得更加流畅和平滑。 |
| 素材文件： | 寺庙.jpg |
| 效果文件： | 寺庙.jpg |
| 视频文件： | 136 平滑选区.mp4 |

**136**

难度级别：★★★☆☆

STEP 01　按【Ctrl+O】组合键，打开一幅素材图像，选取工具箱中的矩形选框工具，在图像编辑窗口中的合适位置创建一个矩形选区，如图7-75所示。

STEP 02　单击"选择"|"反向"命令，反向选区，单击"选择"|"修改"|"平滑"命令，弹出"平滑选区"对话框，设置"取样半径"为50像素，如图7-76所示。

图7-75 创建一个矩形选区

图7-76 设置"取样半径"为50像素

STEP 03　单击"确定"按钮，即可平滑选区，如图7-77所示，设置前景色为白色。

STEP 04　按【Alt+Delete】组合键填充前景色，并取消选区，效果如图7-78所示。

图7-77 平滑选区

图7-78 取消选区

**专家提醒**

除了运用上述方法外，还可按【Alt+S+M+S】组合键，弹出"平滑选区"对话框。

# 137

难度级别：★★★☆☆

## 扩展选区

| | |
|---|---|
| 实例解析： | 使用"扩展"命令可以扩大当前选区范围，设置"扩展量"值越大，选区被扩展得就越大，在此允许输入的数值范围为1～100。 |
| 素材文件： | 荷花池.jpg |
| 效果文件： | 无 |
| 视频文件： | 137 扩展选区.mp4 |

STEP 01 按【Ctrl+O】组合键，打开一幅素材图像，如图7-79所示，选取工具箱中的魔棒工具。

STEP 02 将鼠标指针移至图像编辑窗口中的合适位置，单击鼠标左键，创建一个选区，如图7-80所示。

图7-79 打开素材图像

← 创建

图7-80 创建一个选区

STEP 03 单击"选择"|"修改"|"扩展"命令，弹出"扩展选区"对话框，设置"扩展量"为10像素，如图7-81所示。

STEP 04 执行上述操作后，单击"确定"按钮，即可扩展选区，如图7-82所示。

图7-82 扩展选区

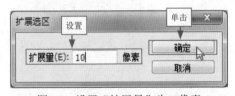

扩展选区

设置

扩展量(E): 10    像素

单击

确定

取消

图7-81 设置"扩展量"为10像素

**专家提醒**

除了运用上述方法之外，还可依次按【Alt+S+M+E】组合键，弹出"扩展选区"对话框。

# 138

难度级别：★★★☆☆

## 收缩选区

实例解析：使用"收缩"命令可以缩小选区的范围，在"收缩量"文本框中输入的数值越大，选区的收缩量越大，输入的数值范围为1~100。

素材文件：花瓣.jpg

效果文件：无

视频文件：138 收缩选区.mp4

STEP 01 按【Ctrl+O】组合键，打开一幅素材图像，如图7-83所示，选取工具箱中的魔棒工具。

STEP 02 将鼠标指针移至图像编辑窗口中的合适位置，单击，创建一个选区，如图7-84所示。

图7-83 创建一个矩形选区

图7-84 创建一个选区

STEP 03 单击"选择"｜"修改"｜"收缩"命令，弹出"收缩选区"对话框，设置"收缩量"为20像素，如图7-85所示。

STEP 04 执行上述操作后，单击"确定"按钮，即可收缩选区，如图7-86所示。

图7-85 设置"收缩量"为20像素

图7-86 收缩选区

**专家提醒**

当选区的边缘已经到达图像文件的边缘时再应用"收缩"命令，与图像边缘相接处的选区不会被收缩。

**139**

难度级别：★★★☆☆

调整边缘

| 实例解析： | 使用"调整边缘"命令可以更精确地修改选区范围，制作出不一样的图像效果。 |
|---|---|
| 素材文件： | 蓝冰.jpg |
| 效果文件： | 蓝冰.psd/jpg |
| 视频文件： | 139 调整边缘.mp4 |

**STEP 01** 按【Ctrl+O】组合键，打开一幅素材图像，如图7-87所示，选取工具箱中的椭圆选框工具。

**STEP 02** 将鼠标指针移至图像编辑窗口中的合适位置，创建一个椭圆选区，并将选区移至合适位置，如图7-88所示。

图7-87 打开素材图像

图7-88 移至合适位置

**STEP 03** 单击"选择"｜"调整边缘"命令，弹出"调整边缘"对话框，设置各参数，如图7-89所示。

**STEP 04** 执行上述操作后，单击"确定"按钮，即可调整选区边缘，如图7-90所示。

图7-89 设置各参数

图7-90 调整选区边缘

# 7.9  应用选区

除了可以对选区内的图像进行变换操作外，还可以对其进行移动、描边和填充图像。本节主要介绍填充选区、选区定义图案、贴入选区图像、移动选区内图像及清除选区内图像等操作方法。

## 140 填充选区

难度级别：★★★☆☆

实例解析：用户创建选区后，可以对选区内部填充前景色或背景色，而利用"填充"命令还可以选择更多的填充效果。

素材文件：外壳.jpg

效果文件：外壳.jpg

视频文件：140 填充选区.mp4

STEP 01 按【Ctrl+O】组合键，打开一幅素材图像，选取工具箱中的矩形选框工具，在图像上创建一个矩形选区，如图7-91所示。

STEP 02 设置前景色为黑色（RGB参数值均为0），按【Alt+Delete】组合键，填充前景色，取消选区，效果如图7-92所示。

图7-91 创建一个矩形选区

图7-92 取消选区

## 141 使用选区定义图案

难度级别：★★★☆☆

实例解析：在图像编辑的过程中，一些图案被频繁使用，用户可以通过定义图案的方式将图案保存。定义图案需要指定图案区域的范围。

素材文件：花扇子.jpg

效果文件：花扇子.jpg

视频文件：141 使用选区定义图案.mp4

STEP 01 按【Ctrl+O】组合键，打开一幅素材图像，选取工具箱中的矩形选框工具，在图像中创建一个矩形选区，如图7-93所示。

STEP 02 单击"编辑"|"定义图案"命令，弹出"图案名称"对话框，设置"名称"为"蝴蝶"，如图7-94所示，单击"确定"按钮，并取消选区。

图7-93 创建一个矩形选区

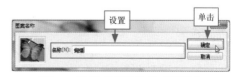

图7-94 设置"名称"为"蝴蝶"

STEP 03 选取工具箱中的油漆桶工具，单击工具属性栏中的"设置填充区域的源"按钮，在弹出的列表框中选择"图案"选项，如图7-95所示。

STEP 04 单击"点按可打开图案拾色器"右侧的三角形按钮，在弹出的下拉列表框中选择"蝴蝶"选项，将鼠标移至图像上，单击鼠标左键即可填充图案，如图7-96所示。

图7-95 选择"图案"选项　　　　图7-96 填充图案

## 142

难度级别：★★★☆☆

# 贴入选区图像

| 实例解析： | 使用"贴入"命令可以将剪贴板中的图像粘贴到同一图像或不同图像选区内的相应位置，并生成一个蒙版图层。 |
|---|---|
| 素材文件： | 相框.jpg、猫咪.jpg |
| 效果文件： | 相框.psd/jpg |
| 视频文件： | 142 贴入选区图像.mp4 |

STEP 01 按【Ctrl+O】组合键，打开两幅素材图像，选取工具箱中的磁性套索工具，移动鼠标指针至"相框"图像编辑窗口中的合适位置，创建一个选区，如图7-97所示。

STEP 02 移动鼠标指针至"猫咪"图像编辑窗口，按【Ctrl+A】组合键，全选图像，按【Ctrl+C】组合键，复制选区内图像，如图7-98所示。

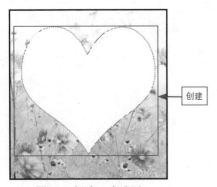

创建

图7-97 创建一个选区

图7-98 复制选区内的图像

STEP 03 切换至"相框"图像编辑窗口，单击"编辑"|"选择性粘贴"|"贴入"命令，即可贴入图像，如图7-99所示。

STEP 04 按【Ctrl+T】组合键，调出变换控制框，调整图像大小和位置，按【Enter】键确认操作，如图7-100所示。

图7-99 贴入图像

图7-100 按【Enter】键确认操作

**专家提醒**

除了运用上述命令可以贴入图像外，还可以按【Alt＋Shift＋Ctrl＋V】组合键贴入图像。

# 143

## 存储选区

**实例解析：** 在背景图层中移动选区内的图像时，空白区域将以背景色填充；在普通图层中移动选区图像时，空白区域将变为透明，显示下方图层图像。

**知识点睛：** 掌握移动选区内图像的操作方法。

在图像编辑窗口中创建一个选区，如图 7-101 所示。选取工具箱中的移动工具，移动鼠标至图像编辑窗口中，单击并拖动，将选区移动至合适位置，释放鼠标左键，取消选区，即可移动选区内的图像，如图 7-102 所示。

创建

图7-101 创建一个选区

图7-102 移动选区内的图像

**专家提醒**

在移动选区内图像的过程中，按住【Ctrl】键的同时单击键盘上←、→、↑、↓方向键来移动选区，分别使图像向左、右、上、下移动一个像素。

## 清除选区内图像

**144**

实例解析：使用"清除"命令清除选区内的图像，在背景图层中清除图像，清除的图像区域内填充背景色，在其他图层清除图像，可得到透明区域。

知识点睛：掌握清除选区内图像的操作方法。

在图像编辑窗口中，创建一个选区，如图 7-103 所示。单击"编辑"｜"清除"命令，即可清除选区中的图像，并取消选区，效果如图 7-104 所示。

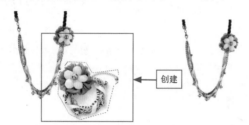

图7-103 创建一个选区　　　　图7-104 清除选区内的图像

**专家提醒**

除了运用上述命令方法清除选区的内图像外，按【Delete】键，也可以清除选区内的图像。

## 描边选区

**145**

实例解析：用户在编辑图像时，根据工作需要，可使用"描边"命令为选区中的图像添加不同颜色和宽度的边框，以增强图像的视觉效果。

知识点睛：掌握描边选区的操作方法。

在图像编辑窗口中的合适位置创建一个选区，如图 7-105 所示。单击"编辑"｜"描边"命令，弹出"描边"对话框，设置"宽度"为10px，"不透明度"为80%，单击"确定"按钮，即可描边选区，并取消选区，效果如图 7-106 所示。

图7-105 创建一个选区　　　　图7-106 描边选区

**专家提醒**

除了运用上述命令可以弹出"描边"对话框外，选取工具箱中的矩形选框工具，移动鼠标至选区中，单击鼠标右键，在弹出的快捷菜单中选择"描边"选项，也可以弹出"描边"对话框。

# 第8章 调整图像的色彩与色调

**学习提示**

　　Photoshop CS6拥有多种强大的颜色调整功能有使用"曲线"、"色阶"等命令可以轻松调整图像的色相、饱和度、对比度和亮度，修正有偏色、曝光不足或过度等缺陷的图像。本章主要介绍颜色的基本属性及图像色调高级调整等操作方法。

**主要内容**

- 颜色的基本属性
- 双色调颜色模式
- 索引颜色模式
- 自动校正图像的色彩与色调
- 图像色彩的基本调整
- 图像色彩的高级调整

**重点与难点**

- 自动校正图像的色彩与色调
- 图像色彩的额基本调整
- 图像色彩的高级调整

**学完本章后你会做什么**

- 掌握了颜色的基本属性和图像的颜色模式
- 掌握了运用"自动色调"、"自动对比度"和"自动颜色"命令校正图像色彩
- 掌握了运用"色阶"、"亮度/对比度"、"曲线"和"变换"等命令调整图像

**视频文件**

# 8.1　颜色的基本属性

　　颜色可以产生修饰效果，使图像变得更加绚丽，正确地运用颜色能使黯淡的图像明亮绚丽，使毫无生气的图像充满活力。色彩的基本要素包括色相、饱和度和亮度，这就是色彩的三种属性，这三种属性以人类对颜色的视觉为基础，相互制约，共同构成人类视觉中完整的颜色表相。

## 色相

**实例解析：** 每种颜色的固有颜色表相叫做色相（Hue，简写为H），它是一种颜色区别于另一种颜色最显著的特征。

**知识点睛：** 掌握色相的基本概念。

　　通常情况下，颜色的名称就是根据其色相来决定的，例如红色、橙色、蓝色、黄色和绿色。颜色体系中最基本的色相为赤（红）、橙、黄、绿、青、蓝、紫，将这些颜色相互混合可以产生许多色相的颜色。颜色是按色轮关系排列的，色轮是表示最基本色相关系的颜色表，色轮上90°以内的几种颜色称为同类色，而90°以外的颜色称为对比色。色轮上相对位置的颜色叫补色，如红色与蓝色是补色关系，蓝色与黄色也是补色关系。

　　除了以颜色固有的色相来命名颜色外，还经常以植物所具有的颜色来命名（如草绿）、动物所具有的颜色来命名（如鸽子灰）及以颜色的深浅和明暗来命名（如深绿）。

## 亮度

**实例解析：** 亮度（Value，简写为V，又称为明度）是指颜色的明暗程度，通常使用从0%～100%的百分比来度量。

**知识点睛：** 掌握亮度的基本概念。

　　通常在正常强度光线照射下的色相，被定义为标准色相，亮度高于标准色相的，称为该色相的高光；反之，称为该色相的阴影。

　　不同亮度的颜色给人的视觉感受各不相同，高亮度颜色给人以明亮、纯净和唯美的感觉；中亮度颜色给人以朴素、稳重和亲和的感觉；低亮度颜色则让人感觉压抑、沉重和富有神秘感。

# 148

## 饱和度

实例解析：饱和度（Chroma，简写为C，又称为彩度）是指颜色的强度或纯度，它表示色相中颜色本身色素所占的比例。

知识点睛：掌握饱和度的基本概念。

饱和度的使用以 0% ～ 100% 的百分比来度量，在标准色轮上，饱和度从中心到边缘逐渐递增。颜色的饱和度越高，其鲜艳程度也就越高，反之颜色则因包含其他颜色而显得陈旧或混浊。

不同饱和度的颜色会给人带来不同的视觉感受，高饱和度的颜色给人以积极、冲动、活泼、有生气、喜庆的感觉；低饱和度的颜色给人以消极、无力、安静、沉稳、厚重的感觉。

# 8.2　图像的颜色模式

颜色模式是以不同的方法或不同的基础色定义千万种不同颜色的一种方式，由于每一种定义方式都以数值形式来体现，使不同计算机平台、不同用户得到的同一种颜色效果完全一样。本节主要介绍 RGB 颜色模式、双色调模式和索引颜色模式的基本知识。

# 149

## RGB颜色模式

实例解析：RGB模式是Photoshop默认的颜色模式，是图形图像设计中最常用的颜色模式。

知识点睛：掌握RGB颜色模式的基本概念。

RGB 颜色代表了可视光线的 3 种基本色，即红、绿、蓝，它也称为"光学三原色"，每一种颜色存在着 256 个等级的强度变化。当三原色重叠时，由不同的混色比例和强度会产生其他的间色，三原色相加会产生白色。RGB 模式在屏幕表现下色彩丰富，所有滤镜都可以使用，各软件之间文件兼容性高，但在印刷输出时，偏色情况较重。

# 150

## 双色调颜色模式

实例解析：彩色印刷品通常情况下都是以CMYK颜色模式来印刷的，但也有些印刷品（如名片）只需要两种油墨颜色就可以使用双色印刷。

知识点睛：掌握双色调颜色模式的基本概念。

如果印刷品并不需要全彩色的印刷质量，可以考虑采用双色模式印刷，以降低成本。要将图像转换为双色调模式，必须先将图像转换为灰度模式，然后由灰度模式转换为双色调模式。

## 151 索引颜色模式

**实例解析：** 索引颜色模式使用256种颜色来表现单通道图像（8位/像素），在这种模式中只能对图像进行有限的编辑。

**知识点睛：** 掌握索引颜色模式的基本概念。

当将一幅其他模式的图像转换为索引颜色模式时，Photoshop CS6 会构建一个颜色查照表（CLUT），它存放并索引图像中的颜色；如果原图像中的一种颜色没有出现在颜色表中，Photoshop CS6 会选取已有颜色中最相近的颜色或使用已有颜色模拟这种颜色。

# 8.3 自动校正图像的色彩与色调

在 Photoshop CS6 中，用户可以通过"自动色调"、"自动对比度"及"自动颜色"命令来自动调整图像的色彩与色调。

## 152 "自动色调"命令

**实例解析：** "自动色调"命令根据图像整体颜色的明暗程度来进行自动调整，使得亮部与暗部的颜色按一定的比例分布。

**知识点睛：** 掌握运用"自动色调"命令调整图像明暗的操作方法。

单击"图像"｜"自动色调"命令，系统即可自动调整图像明暗。图 8-1 所示为调整图像明暗前后的对比效果。

图8-1 调整图像明暗前后的对比效果

　　除了运用"自动色调"命令调整图像色彩外，还可以按【Shift＋Ctrl＋L】组合键，调整图像明暗。

# 153

## "自动对比度"命令

实例解析："自动对比度"命令可以自动调整图像颜色的总体对比度和混合颜色，它将图像中最亮和最暗的像素映射为白色和黑色。

知识点睛：掌握运用"自动对比度"命令调整图像对比度的操作方法。

　　单击"图像"｜"自动对比度"命令，系统即可自动调整图像对比度。图 8-2 所示为调整图像对比度前后的对比效果。

图8-2　调整图像对比度前后的对比效果

　　除了运用上述命令可以自动调整图像色彩的对比度外，按【Alt＋Shift＋Ctrl＋L】组合键，也可以运用"自动对比度"调整图像对比度。

# 154

## "自动颜色"命令

实例解析：使用"自动颜色"命令，可以自动识别图像中的实际阴影、中间调和高光，从而自动校正图像的颜色。

知识点睛：掌握运用"自动颜色"命令自动校正图像颜色的操作方法。

　　单击"图像"｜"自动颜色"命令，系统即可自动校正图像颜色。图 8-3 所示为自动校正图像颜色前后的对比效果。

图8-3 自动校正图像颜色前后的对比效果

专家提醒

　　除了运用上述命令可以自动调整图像颜色外，按【Shift＋Ctrl＋B】组合键，也可以运用"自动颜色"自动校正图像颜色。

# 8.4　图像色彩的基本调整

　　在 Photoshop CS6 中，熟练掌握各种调色方法，可以调整出丰富多彩的图像效果。调整图像色彩的常用方法，主要可以通过"色阶"、"亮度与对比度"、"曲线"、"变化"及"色彩平衡"等命令来实现。

## 155
难度级别：★★★☆☆

### "色阶" 命令

| | |
|---|---|
| 实例解析： | "色阶"命令是将每个通道中最亮和最暗的像素定义为白色和黑色，按比例重新分配中间像素值，从而校正图像的色调范围和色彩平衡。 |
| 素材文件： | 春意.jpg |
| 效果文件： | 春意.jpg |
| 视频文件： | 155 运用"色阶"命令.mp4 |

STEP 01　按【Ctrl＋O】组合键，打开一幅素材图像，如图8-4所示，单击"图像"｜"调整"｜"色阶"命令。

STEP 02　弹出"色阶"对话框，设置"输入色阶"为27、2.1、227，单击"确定"按钮，即可调整图像亮度，如图8-5所示。

图8-4 打开素材图像

图8-5 调整图像亮度

# 156

难度级别：★★★☆☆

## 运用"亮度/对比度"命令

实例解析："亮度/对比度"命令主要对图像每个像素的亮度或对比度进行调整，此调整方式方便、快捷，但不适合用于较为复杂的图像。

素材文件：木屋.jpg

效果文件：木屋.jpg

视频文件：156 运用"亮度、对比度"命令.mp4

STEP 01 按【Ctrl＋O】组合键，打开一幅素材图像，如图8-6所示，单击"图像"|"调整"|"亮度/对比度"命令。

STEP 02 弹出"亮度/对比度"对话框，设置"亮度"为65、"对比度"为60，单击"确定"按钮，即可调整图像亮度/对比度，如图8-7所示。

图8-6 打开素材图像

图8-7 调整图像亮度/对比度

# 157

难度级别：★★★☆☆

## 运用"曲线"命令

实例解析：用"曲线"命令调节曲线的方式可以对图像的亮调、中间调和暗调进行适当调整，而且只对某一范围的图像进行色调的调整。

素材文件：窗台.jpg

效果文件：窗台.jpg

视频文件：157 运用"曲线"命令.mp4

STEP 01 按【Ctrl＋O】组合键，打开一幅素材图像，如图8-8所示，单击"图像"|"调整"|"曲线"命令。

STEP 02 弹出"曲线"对话框，设置"输出"为179、"输入"为118，单击"确定"按钮，即可调整图像色调，如图8-9所示。

图8-8 打开素材图像

图8-9 调整图像色调

## 158

难度级别：★★★☆☆

### 运用"变化"命令

| | |
|---|---|
| 实例解析： | "变化"命令可以非常直观地调整图像或选区的色彩平衡、对比度和饱和度，对于调整色调均匀，不需要精确调整色彩的图像。 |
| 素材文件： | 野花.jpg |
| 效果文件： | 野花.jpg |
| 视频文件： | 158 运用"变化"命令.mp4 |

STEP 01 按【Ctrl+O】组合键，打开一幅素材图像，如图8-10所示，单击"图像"|"调整"|"变化"命令。

STEP 02 弹出"变化"对话框，在"加深红色"缩略图上，连续单击鼠标左键3次，单击"确定"按钮，即可调整图像饱和度，如图8-11所示。

图8-10 打开素材图像

图8-11 调整图像饱和度

## 159

难度级别：★★★☆☆

### 运用"曝光度"命令

| | |
|---|---|
| 实例解析： | 有些照片因为曝光过度而导致图像偏白，或因为曝光不足而导致图像偏暗，可以使用"曝光度"命令调整图像的曝光度。 |
| 素材文件： | 古镇.jpg |
| 效果文件： | 古镇.jpg |
| 视频文件： | 159 运用"曝光度"命令.mp4 |

STEP 01 按【Ctrl+O】组合键，打开一幅素材图像，如图8-12所示，单击"图像"|"调整"|"曝光度"命令。

STEP 02 弹出"曝光度"对话框，设置"曝光度"为3，单击"确定"按钮，即可调整图像色调，如图8-13所示。

图8-12 打开素材图像

图8-13 调整图像色调

# 8.5 图像色彩的高级调整

在 Photoshop CS6 中,图像色调的高级调整可以通过"色彩平衡"、"色相饱和度"及"匹配颜色"等命令进行操作。本节主要介绍运用各种命令对图像色彩进行调整的操作方法。

**160**

难度级别: ★★★☆☆

## 运用"自然饱和度"命令

实例解析: 运用"自然饱和度"命令可以调整整幅图像或单个颜色分量的饱和度和亮度值。

素材文件: 亭子.jpg

效果文件: 亭子.jpg

视频文件: 160 运用"自然饱和度"命令.mp4

STEP 01 按【Ctrl+O】组合键,打开一幅素材图像,如图8-14所示,单击"图像"|"调整"|"自然饱和度"命令。

STEP 02 弹出"自然饱和度"对话框,设置"自然饱和度"为100、"饱和度"为35,单击"确定"按钮,即可调整图像饱和度,如图8-15所示。

图8-14 打开素材图像

图8-15 调整图像饱和度

**161**

难度级别: ★★★☆☆

## 运用"色相/饱和度"命令

实例解析: 运用"色相/饱和度"命令可以精确地调整整幅图像或单个颜色成分的色相、饱和度和明度,此命令也可用于CMYK颜色模式的图像中。

素材文件: 彩石.jpg

效果文件: 彩石.jpg

视频文件: 161 运用"色相、饱和度"命令.mp4

STEP 01 按【Ctrl+O】组合键,打开一幅素材图像,如图8-16所示,单击"图像"|"调整"|"色相/饱和度"命令。

STEP 02 弹出"色相/饱和度"对话框,设置"色相"为-9、"饱和度"为60,单击"确定"按钮,即可调整图像色相饱和度,如图8-17所示。

图8-16 打开素材图像

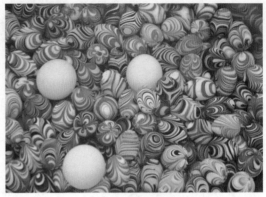
图8-17 调整图像色相饱和度

## 162

难度级别：★★★☆☆

### 运用 "色彩平衡" 命令

实例解析："色彩平衡" 命令是根据颜色互补的原理，通过添加或减少互补色而达到图像的色彩平衡，或改变图像的整体色调。

素材文件：红灯笼.jpg

效果文件：红灯笼.jpg

视频文件：162 运用 "色彩平衡" 命令.mp4

STEP 01 按【Ctrl+O】组合键，打开一幅素材图像，如图8-18所示，单击 "图像" | "调整" | "色彩平衡" 命令。

STEP 02 弹出 "色彩平衡" 对话框，设置 "色阶" 为47、78、58，单击 "确定" 按钮，即可调整图像偏色，如图8-19所示。

图8-18 打开素材图像

图8-19 调整图像偏色

**专家提醒**

除了可以使用 "色彩平衡" 命令外，还可以按【Ctrl+B】组合键，调出 "色彩平衡" 对话框。

## 运用"匹配颜色"命令

**163**
难度级别：★★★☆☆

**实例解析：** "匹配颜色"命令可以调整图像的明度、饱和度及颜色平衡，还可以将两幅色调不同的图像自动调整，统一成一个协调的色调。

素材文件：彩绘.jpg、花纹.jpg

效果文件：花纹.jpg

视频文件：163 运用"匹配颜色"命令.mp4

STEP 01　按【Ctrl+O】组合键，打开两幅素材图像，如图8-20所示，单击"图像"|"调整"|"匹配颜色"命令。

STEP 02　弹出"匹配颜色"对话框，设置"源"为彩绘，单击"确定"按钮，即可匹配图像色调，如图8-21所示。

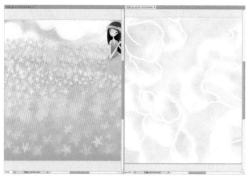

图8-20 打开两幅素材图像

图8-21 匹配图像色调

**专家提醒**

　　"匹配颜色"是一个智能的颜色调整工具，它可以使原图像与目标图像的亮度、色相和饱和度统一，不过该命令只在图像是RGB模式下才可使用。

## 运用"替换颜色"命令

**164**
难度级别：★★★☆☆

**实例解析：** "替换颜色"命令可以基于特定的颜色在图像中创建蒙版，再通过设置色相、饱和度和明度值来调整图像的色调。

素材文件：玫瑰花.jpg

效果文件：玫瑰花.jpg

视频文件：164 运用"替换颜色"命令.mp4

STEP 01　按【Ctrl+O】组合键，打开一幅素材图像，如图8-22所示，单击"图像"|"调整"|"替换颜色"命令，弹出"替换颜色"对话框。

STEP 02　单击"添加到取样"按钮 🖌，在图像编辑窗口的红色花朵处，多次单击，即可选中颜色相近的区域，如图8-23所示。

图8-22 打开素材图像

图8-23 选中颜色相近的区域

STEP 03 在"替换"选项区中，设置"色相"为-95、"饱和度"为4，如图8-24所示。

STEP 04 单击"确定"按钮，即可替换图像色调，如图8-25所示。

图8-24 设置相应参数

图8-25 替换图像色调

## 运用"通道混合器"命令

**165**

难度级别：★★★☆☆

实例解析：运用"通道混和器"命令可以用当前颜色通道的混合器修改颜色通道，但在使用该命令前要选择复合通道。

素材文件：工艺品.jpg

效果文件：工艺品.jpg

视频文件：165 运用"通道混合器"命令.mp4

STEP 01 按【Ctrl+O】组合键，打开一幅素材图像，如图8-26所示，单击"图像"|"调整"|"通道混合器"命令。

STEP 02 弹出"通道混合器"对话框，设置"红色"为190、"绿色"为0、"蓝色"为150，单击"确定"按钮，即可调整图像色彩，如图8-27所示。

图8-26 打开素材图像

图8-27 调整图像色彩

## 166

难度级别：★★★☆☆

### 运用"照片滤镜"命令

**实例解析：** 运用"照片滤镜"命令可以模仿镜头前加彩色滤镜的效果，通过调整镜头传输的色彩平衡和色温，从而使图像产生特定的曝光效果。

| | |
|---|---|
| 素材文件： | 玩偶.jpg |
| 效果文件： | 玩偶.jpg |
| 视频文件： | 166 运用"照片滤镜"命令.mp4 |

**STEP 01** 按【Ctrl+O】组合键，打开一幅素材图像，如图8-28所示，单击"图像"|"调整"|"照片滤镜"命令，弹出"照片滤镜"对话框。

**STEP 02** 在对话框中选中"滤镜"单选按钮，在列表框中选择"冷却滤镜（LBB）"选项，设置"浓度"为70%，单击"确定"按钮，即可过滤图像色调，如图8-29所示。

图8-28 打开素材图像

图8-29 过滤图像色调

## 167

难度级别：★★★☆☆

### 运用"阴影/高光"命令

**实例解析：** 运用"阴影/高光"命令能快速调整图像曝光过度或曝光不足区域的对比度，同时保持照片色彩的整体平衡。

| | |
|---|---|
| 素材文件： | 佛像.jpg |
| 效果文件： | 佛像.jpg |
| 视频文件： | 167 运用"阴影、高光"命令.mp4 |

**STEP 01** 按【Ctrl+O】组合键，打开一幅素材图像，如图8-30所示，单击"图像"|"调整"|"阴影/高光"命令。

**STEP 02** 弹出"阴影/高光"对话框，设置"数量"为100，单击"确定"按钮，即可调整图像对比度，如图8-31所示。

图8-30 打开素材图像

图8-31 调整图像对比度

**专家提醒**

在"阴影/高光"对话框中，单击"显示更多选项"复选框，即可展开"阴影/高光"对话框，可以更精确地对图像进行调整。

## 运用"可选颜色"命令

# 168

难度级别：★★★☆☆

**实例解析：** 运用"可选颜色"命令主要校正图像的色彩不平衡和调整图像的色彩，并有选择性地修改主要颜色的印刷数量，不会影响其他颜色。

素材文件：手链.jpg

效果文件：手链.jpg

视频文件：168 运用"可选颜色"命令.mp4

STEP 01 按【Ctrl+O】组合键，打开一幅素材图像，如图8-32所示，单击"图像"|"调整"|"可选颜色"命令。

STEP 02 弹出"可选颜色"对话框，设置"黄色"为-100、"黑色"为40，单击"确定"按钮，即可调整图像色彩，如图8-33所示。

图8-32 打开素材图像

图8-33 调整图像色彩

# 第9章 运用画笔工具绘制图像

**学习提示**

  Photoshop CS6不仅是一个图像处理与平面设计的软件，它还提供了极为丰富的绘图功能。Photoshop之所以能够绘制出丰富、逼真的图像效果，在于其具有强大的"画笔"面板，用户应熟练掌握画笔工具，对设计工作将会大有好处。

**主要内容**

- 了解画笔工具
- 了解铅笔工具
- 熟悉"画笔"面板
- 定义画笔样式
- 熟悉管理画笔
- 绘制图像

**重点与难点**

- 定义双画笔
- 运用画笔工具绘制图像
- 运用铅笔工具绘制图像

**学完本章后你会做什么**

- 掌握了定义画笔笔刷、定义画笔散射、定义画笔图案及定义双画笔的操作方法
- 掌握了重置画笔、保存画笔及删除画笔的操作方法
- 掌握了运用画笔工具绘制图像和运用铅笔工具绘制图像

**视频文件**

# 9.1　了解绘图工具组

在 Photoshop CS6 中，最常用的绘图工具有画笔工具 ![画笔图标] 和铅笔工具 ![铅笔图标]，使用它们可以像使用传统手绘的画笔一样，但比传统手绘更为灵活的是可以随意替换画笔大小和画笔颜色。

## 169　画笔工具

**实例解析**：画笔工具是绘制图形时使用最多的工具之一，利用画笔工具可以绘制边缘柔和的线条，且画笔的大小、边缘柔和的幅度都可以任意调节。

**知识点睛**：掌握画笔工具的基本概念。

选择工具箱中的画笔工具 ![画笔图标]，在图 9-1 所示的画笔工具属性栏中设置相关参数，即可进行绘图操作。

图9-1　画笔工具的工具属性栏

画笔工具属性栏中，各主要选项含义如下。

➢ 画笔下拉面板：单击"画笔"选项右侧的下拉按钮，可以打开画笔下拉面板，在面板中选择笔尖，设置画笔的大小和硬度。
➢ "模式"：可以选择画笔笔迹颜色与下面像素的混合模式。
➢ "不透明度"：用来设置画笔的不透明度，该值越低，线条的透明度越高，该值越高，线条的透明度越低。
➢ "流量"：用于设置画笔在绘画时的压力大小，数值越大，画出的颜色越深。
➢ "喷枪"：激活此按钮，使用画笔绘画时绘制的颜色会因鼠标的停留而向外扩展，画笔笔头的硬度越小，效果越明显。

## 170　铅笔工具

**实例解析**：铅笔工具也是使用前景色绘制线条，它与画笔工具的区别是，画笔工具可以绘制带有柔边效果的线条，而铅笔工具只能绘制硬边线条。

**知识点睛**：掌握铅笔工具的基本概念。

选择工具箱中的铅笔工具 ✏️，图 9-2 所示为铅笔工具的工具属性栏，除"自动抹除"功能外，其他选项均与画笔工具相同。

图9-2 铅笔工具的工具属性栏

"自动抹除"：选择该复选框后，如果光标的中心在包含前景色的区域上，可将该区域涂抹成背景色；如果光标的中心在不包含前景色的区域上，则可以将该区域涂抹成前景色。

# 9.2 熟悉"画笔"面板

## "画笔"面板

实例解析：Photoshop CS6之所以能够绘制出丰富、逼真的图像效果，很大原因在于其具有强大的"画笔"面板。

知识点睛：了解"画笔"面板。

"画笔"面板使用用户能够通过控制画笔参数，获得丰富的画笔效果。单击"窗口"|"画笔"命令，或按【F5】键，即可弹出"画笔"面板，如图 9-3 所示。

"画笔"面板中，各选项区域含义如下。

➤ "画笔预设"：单击"画笔预设"按钮，可以在面板右侧的"画笔形状列表框"中选择所需要的画笔形状。

➤ "动态参数区"：在该区域中列出了可以设置动态参数的选项，其中包含画笔笔尖形状、形状动态、散布、纹理、双重画笔、颜色动态、传递、杂色、湿边、喷枪、平滑及保护纹理 12 个选项。

➤ "画笔选择框"：该区域在选择"画笔笔尖形状"选项时出现，在该区域中可以选择要用于绘图的画笔。

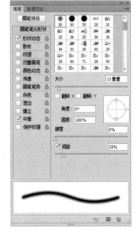

图9-3 "画笔"面板

➤ "参数区"：该区域中列出了与当前所选的动态参数相对应的参数，在选择不同的选项时，该区域所列的参数也不相同。

➤ "预览区"：在该区域中可以看到根据当前的画笔属性而生成的预览图。

## 172

### "画笔预设"面板

实例解析：使用"画笔预设"面板可以更好地控制画笔，可以选择画笔样式，也可以调整画笔大小。

知识点睛：了解"画笔预设"面板。

　　展开"画笔"面板，选择"画笔预设"选项卡，展开"画笔预设"面板，如图 9-4 所示，画笔预设相当于所有画笔的一个控制台，可以利用"描边缩览图"显示方式方便地观看画笔描边效果，或者对画笔进行重命名、删除等操作，拖动画笔形状列表框下面的"主直径"滑块，还可以调节画笔的直径。

图9-4 展开"画笔预设"面板

## 173

### 画笔笔尖形状

实例解析：画笔笔尖形状由许多单独的画笔笔迹组成，其决定了画笔笔迹的直径和其他特性，用户可以通过编辑其相应选项来设置画笔笔尖形状。

知识点睛：了解画笔笔尖形状。

　　选取工具箱中的画笔工具 ，单击"窗口"｜"画笔"命令，展开"画笔"面板，如图 9-5 所示，设置前景色为橙色（RGB 参数值分别为 241、131、38），移动鼠标至图像编辑窗口中，进行涂抹，绘制的图像效果如图 9-6 所示。

图9-5 展开"画笔"面板

图9-6 绘制画笔形状

## 形状动态

实例解析："形状动态"决定了描边中画笔的笔迹如何变化，它可以使画笔的大小、圆度等产生随机变化效果。

知识点睛：了解画笔形状动态。

选取工具箱中的画笔工具 🖌，展开"画笔"面板，设置画笔笔尖形状、大小及间距，然后在"形状动态"参数选项区中设置各选项，设置前景色为白色，在图像编辑窗口中单击并拖动，即可绘制图像。图 9-7 所示为使用画笔形状动态绘制图形后的前后对比效果。

图9-7 使用画笔形状动态绘制图形后的前后对比效果

**专家提醒**

在"画笔"面板中选中"形状动态"复选框时，右侧参数区各主要选项含义如下。

➢ "大小抖动"：表示指定画笔在绘制线条的过程中标记点大小的动态变化状况。

➢ "控制"：此列表框中包括关、渐隐、钢笔压力、钢笔斜度和光笔轮等选项。

➢ "最小直径"：设置"大小抖动"及其"控制"选项后，"最小直径"选项用来指定画笔标记点可以缩小的最小尺寸，它是以画笔直径的百分比为基础的。

## 散布

实例解析："散布"决定了描边中笔迹的数目和位置，并且笔迹沿绘制的线条扩散。

知识点睛：了解"散布"复选框。

在"画笔"面板中，选中"散布"复选框，如图 9-8 所示。

"散布"复选框中各选项含义如下。

➤ "散布 / 两轴"：用来设置画笔笔迹的分散程度，该值越高，分散的范围越广。

➤ "数量"：用来指定在每个间距间隔应用的画笔笔迹数量。

➤ "数量抖动 / 控制"：用来指定画笔笔迹的数量如何针对各种间距间隔而变化，从而产生抖动的效果。

图9-8 选中"散布"复选框

# 176 纹理

实例解析：如果要使用画笔绘制出的线条像是在带纹理的画布上绘制的一样，可以选中"画笔"面板左侧的"纹理"复选框。

知识点睛：了解"纹理"复选框。

在"画笔"面板中，选中"纹理"复选框，其中各选项如图 9-9 所示。

"纹理"复选框中各选项含义如下。

➤ "设置纹理 / 反相"：单击图案缩览图右侧的下拉按钮，在打开的面板中选择一个图案，将其设置为纹理，选中"反相"复选框，可基于图案中的色调反转纹理中的亮点和暗点。

➤ "缩放"：用来缩放图案。

➤ "为每个笔尖设置纹理"：用来决定绘画时是否单独渲染每个笔尖，如果不选中该复选框，将无法使用"深度"变化选项。

➤ "深度"：用来指定油彩渗入纹理中的深度，该值为 0% 时，纹理中的所有点都接收相同数量的油彩，进而隐藏图案；该值为 100% 时，纹理中的暗点不接收任何油彩。

➤ "最小深度"：用来指定当"深度控制"

设置为"渐隐"、"钢笔压力"、"钢笔斜度"或"光笔轮"，并且选中"为每个笔尖设置纹理"时油彩可渗入的最小深度，只有选中"为每个笔尖设置纹理"复选框后，该选项才可用。

➤ "深度抖动"：用来设置纹理抖动的最大百分比，只有选中"为每个笔尖设置纹理"复选框后，该选项才可用。

图9-9 选中"纹理"复选框

# 177

## 双重画笔

实例解析：在编辑图像时，用户可以根据需要设置双重画笔效果，"双重画笔"是指描绘的线条中呈现出两种画笔效果。

知识点睛：了解"双重画笔"复选框。

要使用双重画笔，首先要在"画笔笔尖形状"选项中设置主笔尖，如图 9-10 所示，然后再从"双重画笔"复选框中选择另一个笔尖，如图 9-11 所示。

 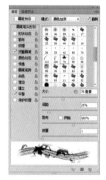

图9-10 设置主笔尖 图9-11 选择另一个笔尖

"双重画笔"复选框中各选项含义如下。

➤ "模式"：可用选择两种笔尖的组合时使用的混合模式。
➤ "大小"：用来设置笔尖的大小。
➤ "间距"：用来控制描边中双笔尖画笔笔迹之间的距离。
➤ "散布"：用来指定描边中双笔尖画笔笔迹的分布式，如果选中"两轴"复选框，双笔尖画笔笔迹按径向分布；取消选中"两轴"复选框后，双笔尖画笔笔迹垂直于描边路径分布。
➤ "数量"：用来指定在每个间距间隔应用的双笔尖画笔笔迹的数量。

# 178

## 颜色动态

实例解析："画笔"面板中的"颜色动态"参数选项区用于设置在绘画过程中画笔的变化情况。

知识点睛：了解"颜色动态"复选框。

选取工具箱中的画笔工具 ，展开"画笔"面板，设置各选项，选中"画笔"面板左侧的"颜色动态"复选框，切换至"颜色动态"参数选项区，在其中分别设置前景色为绿色，背景色为黄色。移动鼠标至图像编辑窗口中的合适位置处，单击并拖动，即可绘制图像。图 9-12 所示为使用画笔颜色动态绘制图形后的前后对比效果。

图9-12 使用画笔颜色动态绘制图形后的前后对比效果

# 9.3 定义画笔样式

除了编辑画笔的形状，用户还可以自定义图案画笔，以创建更丰富的画笔效果。本节主要介绍定义画笔笔刷、定义画笔散射、定义画笔图案和定义双画笔的操作方法。

## 179 定义画笔笔刷

实例解析：除了上面介绍的画笔工具的笔刷形状外，用户还可以将自己喜欢的图像或图形定义为画笔笔刷。

知识点睛：掌握定义画笔笔刷的操作方法。

可将图 9-13 所示的花作为笔刷，单击"编辑"｜"定义画笔预设"命令，弹出"画笔名称"对话框，设置"名称"为"花"，单击"确定"按钮，即可确认操作。选取工具箱中的画笔工具 ，在工具属性栏中的"画笔预设"选项中选择"花"画笔，即可运用定义笔刷，效果如图 9-14 所示。

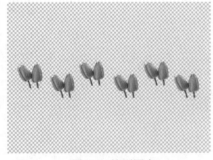 

图9-13 笔刷图案　　　　　　　　　图9-14 运用定义画笔笔刷效果

# 180 定义画笔散射

**实例解析：**当选中"画笔"面板中的"散布"复选框时，可以设置画笔绘制的图形或线条产生一种笔触散射效果。

**知识点睛：**掌握定义画笔散射的操作方法。

图 9-15 所示为原图，选取工具箱中的画笔工具 ，展开"画笔"面板，在其中设置各选项，选中"画笔"面板左侧的"散布"复选框，设置"数量"为 2、"数量抖动"为62%。设置前景色为白色，移动鼠标至图像编辑窗口中，单击并拖动，绘制图像，效果如图 9-16 所示。

图9-15 原图      图9-16 绘制图像后的效果图

**专家提醒**

"散布"复选框的含义是，控制画笔偏离绘画路线的程度，数值越大，偏离的距离就越大，若选中"两轴"复选框，则绘制的对象将在X、Y两个方向分散，否则仅在一个方向上分散。

# 181 定义画笔图案

**实例解析：**"画笔"面板中的"纹理"复选框，可以设置画笔工具产生图案纹理效果。

**知识点睛：**掌握定义画笔图案的操作方法。

图 9-17 所示为原图，选取工具箱中的画笔工具 ，展开"画笔"面板，进行相应设置，选中"纹理"复选框，设置"深度"为97、"缩放"为43、"深度抖动"为62；选中"散布"复选框，设置"数量"为2、"数量抖动"为67%，设置前景色为白色，绘制图像，效果如图 9-18 所示。

图9-17　原图　　　　　　　　　　　　图9-18　绘制图像后的效果图

## 定义双画笔

**182**

实例解析：　"双重画笔"选项与"纹理"选项的原理基本相同，"双重画笔"选项是画笔与画笔的混合，"纹理"选项是画笔与纹理的混合。

知识点睛：掌握定义双画笔的操作方法。

图 9-19 所示为原图，选取工具箱中的画笔工具，展开"画笔"面板，选中"画笔"面板左侧的"双重画笔"复选框，设置"大小"为 500px、"间距"为 25%、"散布"为 1000%、"数量"为 7，设置前景色为青色（RGB 参数值分别为 39、163、87），绘制图像，效果如图 9-20 所示。

图9-19　原图　　　　　　　　　　　图9-20　绘制图像后的效果图

**专家提醒**

在定义画笔时，只有非白色的图像才可以将其定义为画笔，根据图像黑色或灰色的程度，所显示的透明程度也会有所不同。

# 9.4　熟悉管理画笔

在 Photoshop CS6 中，画笔工具主要是用"画笔"面板来实现控制的，用户熟悉掌握管理画笔，对设计将会大有好处。本节主要介绍重置画笔、保存画笔和删除画笔的操作方法。

## 183　重置画笔

实例解析：　"重置画笔"选项可以清除用户当前定义的所有画笔类型，并恢复到系统默认设置。

知识点睛：　掌握重置画笔的操作方法。

选取工具箱中的画笔工具 ，移动鼠标至工具属性栏中，单击"点按可打开'画笔预设'选取器"按钮 ，弹出"画笔预设"选取器，单击右上角的设置图标按钮 ，在弹出的菜单中选择"复位画笔"选项，如图 9-21 所示，执行操作后弹出信息提示框，如图 9-22 所示，单击"确定"按钮，再次弹出提示信息框，单击"否"按钮，即可重置画笔。

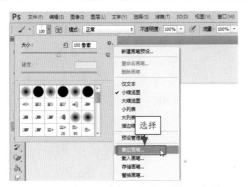

图9-21　选择"复位画笔"选项

图9-22　信息提示框

**专家提醒**

在"画笔预设"选取器中，单击右上角的设置图标按钮，会弹出许多画笔模式，选择这些画笔模式，即可快速地将其追加至"画笔预设"选取器中。

## 184　保存画笔

实例解析：　保存画笔可以存储当前用户使用的画笔属性及参数，以文件的方式保存在用户指定的文件夹中，以便用户在其他电脑中快速载入使用。

知识点睛：　掌握保存画笔的操作方法。

选取工具箱中的画笔工具 ，移动鼠标至工具属性栏中，单击"点按可打开'画笔预设'选取器"按钮 ，弹出"画笔预设"选取器，单击右上角的设置图标按钮 ，在弹出的菜单中选择"存储画笔"选项，如图 9-23 所示，执行操作后，弹出"存储"对话框，如图 9-24 所示，设置保存路径和文件名，单击"保存"按钮，即可保存画笔。

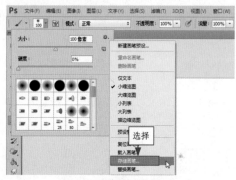
图9-23 选择"存储画笔"选项

图9-24 "存储"对话框

## 185 删除画笔

实例解析：在编辑图像过程中，用户可以根据需要对多余的画笔进行删除操作。

知识点睛：掌握删除画笔的操作方法。

选取工具箱中的画笔工具 ，移动鼠标至工具属性栏中，单击"点按可打开'画笔预设'选取器"按钮 ，弹出"画笔预设"选取器，在其中选择一种画笔，单击鼠标右键，在弹出的快捷菜单中选择"删除画笔"选项，如图 9-25 所示，弹出提示信息框，单击"确定"按钮，即可删除画笔。

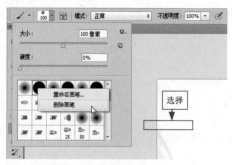
图9-25 选择"删除画笔"选项

# 9.5 绘制图像

用户在编辑图像时，使用画笔工具 🖌 或铅笔工具 ✏️，都可以绘制自由手画式线条。本节主要介绍画笔工具与铅笔工具绘制图像的操作方法。

## 186
难度级别：★★★☆☆

### 运用画笔工具绘制图像

| | |
|---|---|
| 实例解析： | 在Photoshop CS6中，运用画笔工具能够绘制边缘柔和的线条或图像。 |
| 素材文件： | 蓝天白云.jpg |
| 效果文件： | 蓝天白云.jpg |
| 视频文件： | 186 运用画笔工具绘制图像.mp4 |

STEP 01 按【Ctrl+O】组合键，打开一幅素材图像，如图9-26所示，选取工具箱中的画笔工具，单击工具属性栏上的"点按可打开'画笔预设'选取器"按钮。

STEP 02 在展开的"画笔预设"选取器中，选择"星形55像素"画笔，设置"大小"为100像素，设置前景色为白色（RGB参数值均为255），绘制图像，如图9-27所示。

图9-26 打开素材图像

图9-27 绘制图像

## 187
难度级别：★★★☆☆

### 运用铅笔工具绘制图像

| | |
|---|---|
| 实例解析： | 在Photoshop CS6中，用户可以根据需要运用铅笔工具绘制自由手画的线条。 |
| 素材文件： | 背景.jpg |
| 效果文件： | 背景.jpg |
| 视频文件： | 187 运用铅笔工具绘制图像.mp4 |

STEP
01 按【Ctrl＋O】组合键，打开一幅素材图像，如图9-28所示，选取工具箱中的铅笔工具，单击工具属性栏上的"点按可打开'画笔预设'选取器"按钮。

STEP
02 在展开的"画笔预设"选取器中，选择"粉笔23像素"画笔，设置"大小"为50像素，设置前景色为白色（RGB参数值均为255），绘制图像，如图9-29所示。

图9-28 打开素材图像

图9-29 绘制图像

**专家提醒**

在铅笔工具工具属性栏中选中"自动抹除"选项的情况下，利用该工具绘图时，若铅笔工具涂抹图像存在以前使用该工具所绘制的图像，则铅笔工具将暂时转换为擦除工具，将以前绘制的图像擦除。

# 第10章 运用修饰工具修复图像

**学习提示**

　　Photoshop作为一个专业的图像处理软件，修饰图像的功能十分强大，对一幅好的设计作品来说，修饰图像是必不可少的步骤。Photoshop CS6提供了各式各样的修饰工具，且每种工具都有独特之处，正确、合理地运用各种修饰工具，将会制作出不一样的图像效果。

**主要内容**

- 修复图像
- 清除图像工具组
- 调色图像
- 复制图像
- 修饰图像
- 恢复图像

**重点与难点**

- 运用污点修复画笔工具
- 运用背景橡皮擦工具
- 运用历史记录艺术画笔工具

**学完本章后你会做什么**

- 掌握了运用污点修复画笔工具、修复画笔工具、修补工具及红眼工具的操作
- 掌握了运用橡皮擦工具、背景橡皮擦工具及魔术橡皮擦工具的操作方法
- 掌握了运用减淡工具、加深工具及海绵工具的操作方法

**视频文件**

# 10.1 修复图像

合理地运用各种修饰工具，可以将有污点或瑕疵的图像修复好，使图像的效果更加自然、真实、美观。本节主要介绍污点修复画笔工具 、修复画笔工具 、修补工具 及红眼工具 修复图像的操作方法。选取工具箱中的污点修复画笔工具，其工具属性栏如图 10-1 所示。

图10-1 污点修复画笔工具的工具属性栏

污点修复画笔工具属性栏中，各主要选项含义如下。

➤ "模式"：在该列表框中可以设置修复图像与目标图像之间的混合方式。
➤ "近似匹配"：选中该单选按钮修复图像时，将根据当前图像周围的像素来修复瑕疵。
➤ "创建纹理"：选中该单选按钮后，在修复图像时，将根据当前图像周围的纹理自动创建一个相似的纹理，从而在修复瑕疵的同时保证不改变原图像的纹理。
➤ "内容识别"：选中该单选按钮修复图像时，将根据图像内容识别像素并自动填充。

## 188
难度级别：★★★☆☆

### 运用污点修复画笔工具

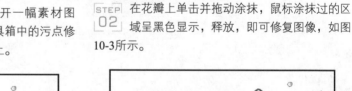

| | |
|---|---|
| 实例解析： | 运用污点修复画笔工具可以自动进行像素的取样，只需在图像中有杂色或污渍的地方单击即可。 |
| 素材文件： | 小花.jpg |
| 效果文件： | 小花.jpg |
| 视频文件： | 188 运用污点修复画笔工具.mp4 |

STEP 01 按【Ctrl＋O】组合键，打开一幅素材图像，如图10-2所示，选取工具箱中的污点修复画笔工具，移动鼠标指针至图像上。

STEP 02 在花瓣上单击并拖动涂抹，鼠标涂抹过的区域呈黑色显示，释放，即可修复图像，如图10-3所示。

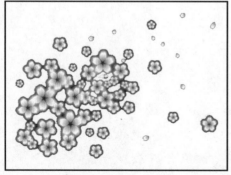

图10-2 打开素材图像

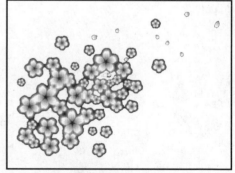

图10-3 修复图像

## 运用修复画笔工具

| | |
|---|---|
| 实例解析： | 运用修复画笔工具是通过从图像中取样或用图案填充图像来修复图像的。 |
| 素材文件： | 化妆品.jpg |
| 效果文件： | 化妆品.jpg |
| 视频文件： | 189 运用修复画笔工具.mp4 |

难度级别：★★★☆☆

**STEP 01** 按【Ctrl＋O】组合键，打开一幅素材图像，如图10-4所示，选取工具箱中的修复画笔工具，移动鼠标指针至图像编辑窗口中的白色背景区域。

**STEP 02** 按住【Alt】键的同时，单击鼠标左键进行取样，释放【Alt】键确认取样，在蝴蝶部位单击并拖动，即可修复图像，如图10-5所示。

图10-4 打开素材图像

图10-5 修复图像

选取工具箱中的修复画笔工具 ⬭ ，其工具属性栏如图 10-6 所示。

图10-6 修复画笔工具的工具属性栏

修复画笔工具属性栏中各主要选项含义如下。

➢ "模式"：用于设置图像在修复过程中的混合模式。

➢ "取样"：选中该单选按钮，按住【Alt】键的同时在图像内单击，即可确定取样点，释放【Alt】键，将鼠标指针移到需要复制的位置，拖动鼠标即可完成修复。

➢ "图案"：用于设置在修复图像时以图案或自定义图案对图像进行填充。

➢ "对齐"：用于设置在修复图像时将复制的图案对齐。

# 运用修补工具

**实例解析**：运用修补工具可以使用其他区域的色块或图案来修补选中的区域，使用修补工具修复图像，可以将图像的纹理、亮度和层次进行保留。

难度级别：★★★☆☆

素材文件：沙发.jpg

效果文件：沙发.jpg

视频文件：190 运用修补工具.mp4

**STEP 01** 按【Ctrl+O】组合键，打开一幅素材图像，如图10-7所示，选取工具箱中的修补工具。

**STEP 02** 移动鼠标指针至图像编辑窗口中，在需要修补的位置单击并拖动，创建一个选区，如图10-8所示。

图10-7 打开素材图像

图10-8 创建一个选区

**STEP 03** 单击并拖动选区至图像颜色相近的区域，如图10-9所示。

**STEP 04** 释放鼠标左键，即可修补图像，并取消选区，效果如图10-10所示。

图10-9 单击并拖动选区

图10-10 修补图像

选取工具箱中的修补工具 ，其工具属性栏如图 10-11 所示。

| 🔧 ▾ | 🔲 🔲 🔲 🔲 | 修补: 标准 ⬥ | ⦿ 源 ○ 目标 □ 透明 | 使用图案 | ▾ |

图10-11 修补工具的工具属性栏

修补工具属性栏中各主要选项含义如下。

- ➤ "源"：选中"源"单选按钮，拖动选区并释放鼠标后，选区内的图像将被选区释放时所在的区域所代替。
- ➤ "目标"：选中"目标"单选按钮，拖动选区并释放鼠标后，释放选区时的图像区域将被原选区的图像所代替。
- ➤ "透明"：选中"透明"单选按钮，被修饰的图像区域内的图像效果呈半透明状态。
- ➤ "使用图案"：在未选中"透明"单选按钮的状态下，在修补工具属性栏中选择一种图案，然后单击"使用图案"按钮，选区内将被应用为所选图案。

**191**

难度级别：★★★☆☆

## 运用红眼工具

| | |
|---|---|
| 实例解析： | 红眼工具是一个专用于修饰数码照片的工具，在Photoshop CS6中常用于去除人物照片中的红眼。 |
| 素材文件： | 美女.jpg |
| 效果文件： | 美女.jpg |
| 视频文件： | 191 运用红眼工具.mp4 |

STEP 01 按【Ctrl＋O】组合键，打开一幅素材图像，如图10-12所示，选取工具箱中的红眼工具。

STEP 02 移动鼠标指针至图像编辑窗口中，在人物的眼睛上单击鼠标左键，即可去除红眼，如图10-13所示。

图10-12 打开素材图像

图10-13 去除红眼

选取工具箱中的红眼工具 ，其工具属性栏如图 10-14 所示。

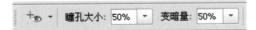

图10-14 红眼工具的工具属性栏

红眼工具属性栏中，各主要选项含义如下。

- ➤ "瞳孔大小"：可以设置红眼图像的大小。
- ➤ "变暗量"：设置去除红眼后瞳孔变暗的程度，数值越大则去除红眼后的瞳孔越暗。

**专家提醒**

红眼工具可以说是专门为去除照片中的红眼而设立的，但需要注意的是，这并不代表该工具仅对照片中的红眼进行处理，对于其他较为细小的东西，用户同样可以使用该工具来修改色彩。

# 10.2 清除图像工具组

清除图像的工具包括橡皮擦工具 、背景橡皮擦工具 和魔术橡皮擦工具 3 种，使用橡皮擦和魔术橡皮擦工具可以将图像区域擦除为透明或用背景色填充；使用背景橡皮擦工具可以将图层擦除为透明的图层。

## 运用橡皮擦工具

**192**

难度级别：★★★☆☆

| | |
|---|---|
| 实例解析： | 橡皮擦工具和现实中所使用的橡皮擦的作用是相同的，用此工具在图像上涂抹时，被涂抹到的区域会被擦除掉。 |
| 素材文件： | 相框.jpg |
| 效果文件： | 相框.jpg |
| 视频文件： | 192 运用橡皮擦工具.mp4 |

**STEP 01** 按【Ctrl+O】组合键，打开一幅素材图像，如图10-15所示，选取工具箱中的橡皮擦工具，设置背景色为白色（RGB参数值均为255）。

**STEP 02** 执行上述操作后，移动鼠标指针至图像编辑窗口中，单击鼠标左键涂抹，即可擦除图像，擦除区域以背景色填充，如图10-16所示。

图10-15 打开素材图像

图10-16 擦除图像

**专家提醒**

按住【Alt】键进行擦除操作，可以暂时屏蔽"抹到历史记录"功能。

选取工具箱中的橡皮擦工具 ，其工具属性栏如图 10-17 所示。

图10-17 橡皮擦工具的工具属性栏

橡皮擦工具属性栏中各主要选项含义如下。

➤ "模式"：在该列表框中选择的橡皮擦类型有画笔、铅笔和块。当选择不同的橡皮擦类型时，工具属性栏也不同，选择"画笔"、"铅笔"选项时，与画笔和铅笔工具的用法相似，只是绘画和擦除的区别；选择"块"选项，就是一个方形的橡皮擦。
> "抹到历史记录"：选中此复选框后，将橡皮擦工具移动到图像上时则变成图案，可以将图像恢复到历史面板中任何一个状态或图像的任何一个"快照"。
> "不透明度"：在数值框中输入数值或拖动滑块，可以设置橡皮擦的不透明度。
> 喷枪工具：选取工具属性栏中的喷枪工具，将以喷枪工具的作图模式进行擦除。

## 运用背景橡皮擦工具

实例解析：运用背景橡皮擦工具可以将图层上的像素擦为透明，并在擦除背景的同时在前景中保留对象的边缘。

素材文件：戒指.jpg

效果文件：戒指.psd/jpg

视频文件：193 运用背景橡皮擦工具.mp4

STEP 01　按【Ctrl+O】组合键，打开一幅素材图像，如图10-18所示，选取工具箱中的背景橡皮擦工具。

STEP 02　移动鼠标指针至图像编辑窗口中，单击并拖动进行涂抹，即可擦除背景区域，如图10-19所示。

图10-18　打开素材图像

图10-19　擦除背景区域

选取工具箱中的背景橡皮擦工具 ，其工具属性栏如图 10-20 所示。

图10-20　背景橡皮擦工具的工具属性栏

背景橡皮擦工具属性栏中各主要选项含义如下。
> "取样"：主要用于设置清除颜色的方式，若选择"取样：连续"按钮 ，则在擦除图像时，会随着鼠标的移动进行连续的颜色取样，并进行擦除，因此，该按钮可以用于擦除连续区域中的不同颜色；若选择"取样：一次"按钮 ，则只擦除第一次单击取样的颜色区域；若选择"取样：背景色板"按钮 ，则会擦除包含背景颜色的图像区域。
> "限制"：主要用于设置擦除颜色的限制方式。在该选项的列表框中，若选择"不连续"选项，则可以擦除图层中的任何一个位置的颜色；若选择"连续"选项，则可以

擦除取样点与取样点相互连接的颜色；若选择"查找边缘"选项，在擦除取样点
与取样点相连的颜色的同时，还可以较好地保留与擦除位置颜色反差较大的边缘
轮廓。

➤ "容差"：控制擦除颜色的范围区域，数值越大擦除的颜色范围就越大，反之则越小。

➤ "保护前景色"：选中该复选框，在擦除图像时可以保护与前景色相同的颜色区域。

# 运用魔术橡皮擦工具

**194**

难度级别：★★★☆☆

| | |
|---|---|
| 实例解析： | 运用魔术橡皮擦工具可根据图像中相同或相近的颜色进行擦除操作，被擦除后的区域均以透明方式显示。 |
| 素材文件： | 红心.jpg |
| 效果文件： | 红心.psd/jpg |
| 视频文件： | 194 运用魔术橡皮擦工具.mp4 |

STEP 01 按【Ctrl+O】组合键，打开一幅素材图像，如图10-21所示，选取工具箱中的魔术橡皮擦工具。

STEP 02 移动鼠标指针至图像编辑窗口中，单击鼠标左键，即可将背景区域擦除，如图10-22所示。

图10-21 打开素材图像

图10-22 擦除背景区域

选取工具箱中的魔术橡皮擦工具 ⬡，其工具属性栏如图 10-23 所示。

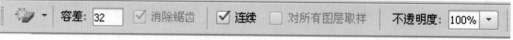

图10-23 魔术橡皮擦工具的工具属性栏

背景魔术橡皮擦工具属性栏中各主要选项含义如下。

➤ "容差"：该文本框中的数值越大代表可擦除范围越广。

➤ "消除锯齿"：选中该复选框可以使擦除后图像的边缘保持平滑。

➤ "连续"：选中该复选框可以一次性擦除"容差"数值范围内的相同或相邻的颜色。

➤ "对所有图层取样"：该复选框与 Photoshop CS6 中的图层有关，当选中此复选框后，所使用的工具对所有的图层都起作用，而不是只针对当前操作的图层。

➤ "不透明度"：该数值用于指定擦除的强度，数值为 100% 则将完全抹除像素。

# 10.3　调色图像

　　调色工具包括减淡工具 🖌、加深工具 🔍 和海绵工具 🖌 3 种，减淡工具和加深工具用于调节图像特定区域的传统工具，使图像区域变亮或变暗，海绵工具可以精确更改选取图像的色彩饱和度。

### 运用减淡工具

实例解析：减淡工具可以加亮图像的局部，通过提高图像选区的亮度来校正曝光，此工具常用于修饰人物照片与静物照片。

素材文件：柳树.jpg

效果文件：柳树.jpg

视频文件：195 运用减淡工具.mp4

STEP 01　按【Ctrl＋O】组合键，打开一幅素材图像，如图10-24所示，选取工具箱中的减淡工具。

STEP 02　设置"曝光度"为100%，在图像编辑窗口中涂抹，即可减淡图像颜色，如图10-25所示。

图10-24　打开素材图像

图10-25　减淡图像颜色

　　选取工具箱中的减淡工具 🖌，其工具属性栏如图 10-26 所示。

图10-26 减淡工具的工具属性栏

　　减淡工具属性栏中各主要选项含义如下。

➢ "范围"：该列表框中包含暗调、中间调和高光 3 个选项。

➢ "曝光度"：在该文本框中设置值越高，减淡工具的使用效果就越明显。

➢ "保护色调"：如果希望操作后图像的色调不发生变化，选中该复选框即可。

## 196 运用加深工具

难度级别：★★★☆☆

| | |
|---|---|
| 实例解析： | 加深工具与减淡工具恰恰相反，可使图像中被操作的区域变暗，其工具属性栏及操作方法与减淡工具相同。 |
| 素材文件： | 公园.jpg |
| 效果文件： | 公园.jpg |
| 视频文件： | 196 运用加深工具.mp4 |

STEP 01 按【Ctrl+O】组合键，打开一幅素材图像，如图10-27所示，选取工具箱中的加深工具，设置"曝光度"为50%。

STEP 02 在"范围"列表框中选择"中间调"选项，在图像上涂抹，即可加深图像颜色，如图10-28所示。

图10-27 打开素材图像

图10-28 加深图像颜色

选取工具箱中的加深工具 ，其工具属性栏上的"范围"列表框，如图 10-29 所示。

图10-29 "范围"列表框

"范围"列表框中各选项含义如下。

➢ "阴影"：选择该选项表示对图像暗部区域的像素加深或减淡。

➢ "中间调"：选择该选项表示对图像中间色调区域加深或减淡。

➢ "高光"：选择该选项表示对图像亮度区域的像素加深或减淡。

## 197 运用海绵工具

难度级别：★★★☆☆

| | |
|---|---|
| 实例解析： | 海绵工具为色彩饱和度调整工具，使用海绵工具可以精确地更改图像的色彩饱和度，其模式包括"饱和"与"降低饱和度"两种。 |
| 素材文件： | 花坛.jpg |
| 效果文件： | 花坛.jpg |
| 视频文件： | 197 运用海绵工具.mp4 |

STEP 01 按【Ctrl＋O】组合键，打开一幅素材图像，如图10-30所示，选取工具箱中的海绵工具。

STEP 02 设置"模式"为"饱和"、"流量"为50%，在图像编辑窗口中涂抹，即可调整图像饱和度，如图10-31所示。

图10-30 打开素材图像

图10-31 调整图像饱和度

选取工具箱中的海绵工具 ，其工具属性栏如图 10-32 所示。

图10-32 海绵工具的工具属性栏

海绵工具属性栏中各主要选项含义如下。

➢ "饱和"：选择该选项可增加图像中某部分的饱和度。
➢ "降低饱和度"：选择该选项可减少图像中某部分的饱和度。
➢ "流量"：此数值用来控制增加或降低饱和度的程度。

# 10.4 复制图像

复制图像的工具包括仿制图章工具 和图案图章工具 ，运用这些工具均可将需要的图像复制出来，通过设置"仿制源"面板参数可复制变化对等的图像效果。

## 运用仿制图章工具

# 198

难度级别：★★★☆☆

实例解析：运用仿制图章工具可以从图像中取样，然后将样本应用到其他图像或同一图像的其他部分。

素材文件：布娃娃.jpg

效果文件：布娃娃.jpg

视频文件：198 运用仿制图章工具.mp4

STEP 01 按【Ctrl+O】组合键，打开一幅素材图像，如图10-33所示，选取工具箱中的仿制图章工具，移动鼠标指针至图像编辑窗口中的合适位置。

STEP 02 按住【Alt】键的同时单击取样，释放【Alt】键，在合适位置单击并拖动，进行涂抹，即可将取样点的图像复制到涂抹的位置上，如图10-34所示。

图10-33 打开素材图像

图10-34 复制图像

选取工具箱中的仿制图章工具 ，其工具属性栏如图 10-35 所示。

图10-35 仿制图章工具的工具属性栏

仿制图章工具属性栏中各主要选项含义如下。

➢ "切换画笔面板"按钮 ：单击此按钮，展开"画笔"面板，可对画笔属性进行更具体的设置。

➢ "切换到仿制源面板"按钮 ：单击此按钮，展开"仿制源"面板，可对仿制的源图像进行更加具体的管理和设置。

➢ "不透明度"：用于设置应用仿制图章工具时的不透明度。

➢ "流量"：用于设置扩散速度。

➢ "对齐"：选中该复选框，取样的图像源在应用时，若由于某些原因停止，再次仿制图像时，仍可从上次仿制结束的位置开始；若未选中该复选框，则每次仿制图像时，将从取样点的位置开始应用。

➢ "样本"：用于定义取样源的图层范围，主要包括"当前图层"、"当前和下方图层"和"所有图层"3 个选项。

➢ "忽略调整图层"按钮 ：当设置"样本"为"当前和下方图层"或"所有图层"时，才能激活该按钮。选中该按钮，在定义取样源时可以忽略图层中的调整图层。

## 199 运用图案图章工具

难度级别：★★★☆☆

| | |
|---|---|
| 实例解析： | 运用图案图章工具可以将定义好的图案应用于其他图像中，并且以连续填充的方式在图像中进行绘制。 |
| 素材文件： | 月色.jpg、星星.psd |
| 效果文件： | 月色.jpg |
| 视频文件： | 199 运用图案图章工具.mp4 |

STEP 01　按【Ctrl＋O】组合键，打开两幅素材图像，如图10-36所示，确定"星星"图像为当前编辑窗口。

STEP 02　单击"编辑"｜"定义图案"命令，弹出"图案名称"对话框，设置"名称"为"星星"，如图10-37所示，单击"确定"按钮。

图10-36　打开两幅素材图像

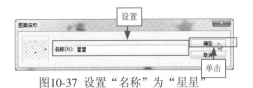

图10-37　设置"名称"为"星星"

STEP 03　切换至"月色"图像编辑窗口，选取工具箱中的图案图章工具，在工具属性栏中选择"图案"为"星星"，如图10-38所示。

STEP 04　移动鼠标指针至图像编辑窗口中，单击并拖动，即可复制图像，效果如图10-39所示。

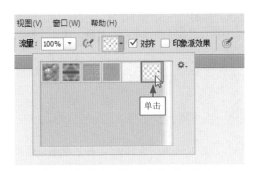

图10-38　选择"图案"为"星星"

图10-39　复制图像

## 运用"仿制源"面板

| | |
|---|---|
| 实例解析： | 运用"仿制源"面板可以创建多个仿制源，同时设置面板中的各选项，可以复制出大小不同、形状各异的图像。 |
| 素材文件： | 紫色.jpg |
| 效果文件： | 紫色.jpg |
| 视频文件： | 200 运用"仿制源"面板.mp4 |

**200**　难度级别：★★★☆☆

STEP 01　按【Ctrl＋O】组合键，打开一幅素材图像，选取工具箱中仿制图章工具，移动鼠标指针至图像编辑窗口中的合适位置，按住【Alt】键的同时，单击取样，如图10-40所示。

STEP 02　单击"窗口"｜"仿制源"命令，展开"仿制源"面板，设置"旋转仿制源"为20，移动鼠标至图像编辑窗口中，单击并拖动复制图像，如图10-41所示。

图10-40　单击鼠标左键取样

图10-41　复制图像

# 10.5　修饰图像

　　修饰图像是指通过设置画笔笔触参数，在图像上涂抹以修饰图像中的细节部分。修饰图像工具包括模糊工具 ⬤、锐化工具 ⬤ 及涂抹工具 ⬛。本节主要介绍使用各种修饰图像工具修饰图像的操作方法。

## 运用模糊工具

### 201

难度级别：★★★☆☆

实例解析：运用模糊工具可以将突出的色彩打散，使得僵硬的图像边界变得柔和，颜色的过渡变得平缓、自然，起到一种模糊图像的效果。

素材文件：贝壳.jpg

效果文件：贝壳.jpg

视频文件：201 运用模糊工具.mp4

STEP 01　按【Ctrl＋O】组合键，打开一幅素材图像，如图10-42所示，选取工具箱中的模糊工具。

STEP 02　设置"强度"为100%，在图像编辑窗口中的图像上进行涂抹，即可模糊图像，如图10-43所示。

图10-42　打开素材图像

图10-43　模糊图像

## 运用锐化工具

### 202

难度级别：★★★☆☆

实例解析：锐化工具用于锐化图像的部分像素，使图像更加清晰，可增加相邻像素的对比度，将较软的边缘明显化，使图像聚焦。

素材文件：情侣戒指.jpg

效果文件：情侣戒指.jpg

视频文件：202 运用锐化工具.mp4

STEP 01 按【Ctrl+O】组合键，打开一幅素材图像，如图10-44所示，选取工具箱中的锐化工具。

STEP 02 设置"强度"为100%，在图像编辑窗口中的图像上进行涂抹，即可锐化图像，如图10-45所示。

图10-44 打开素材图像

图10-45 锐化图像

## 运用涂抹工具

# 203

难度级别：★★★☆☆

实例解析：涂抹工具可以用来混合颜色，使用涂抹工具，可以从单击处开始，将它与鼠标指针经过处的颜色混合。

素材文件：热气球.jpg

效果文件：热气球.jpg

视频文件：203 运用涂抹工具.mp4

STEP 01 按【Ctrl+O】组合键，打开一幅素材图像，如图10-46所示，选取工具箱中的涂抹工具。

STEP 02 设置画笔为"柔边圆"、"强度"为50%，在图像编辑窗口中的图像上进行涂抹，即可涂抹图像，如图10-47所示。

图10-46 打开素材图像

图10-47 涂抹图像

# 10.6 恢复图像

在 Photoshop CS6 中，可以利用恢复图像工具恢复编辑过程中的某一步骤或某一部分。本节主要介绍历史记录画笔 和历史记录艺术画笔 的操作方法。

## 204 运用历史记录画笔工具

**实例解析:** 运用历史记录画笔工具可以将图像恢复到编辑过程中的某一步骤,或者将部分图像恢复为原样。该工具需要配合"历史记录"面板一同使用。

**知识点睛:** 掌握历史记录画笔工具的操作方法。

在 Photoshop CS6 中,用户可以根据需要,利用历史记录画笔工具,还原编辑过程中某一步操作或某一部分图像。图 10-48 所示为高斯模糊后,运用历史记录画笔工具恢复部分的图像。

图10-48 运用历史记录画笔工具恢复部分图像

## 205 运用历史记录艺术画笔工具

**实例解析:** 历史记录艺术画笔工具与历史记录画笔的工作方式完全相同,但它在恢复图像的同时会进行艺术化处理,创建出独具特色的艺术效果。

**知识点睛:** 掌握历史记录艺术画笔工具的操作方法。

在 Photoshop CS6 中,用户可以根据需要,利用历史记录艺术画笔工具,在恢复图像的同时创建出独具特色的艺术效果,如图 10-49 所示为运用历史记录艺术画笔工具绘制图像的前后对比效果。

图10-49 运用历史记录艺术画笔工具绘制图像的前后对比效果

# 第11章 图像路径的绘制与编辑

**学习提示**

　　Photoshop CS6是一个标准的位图软件，但仍然具有较强的矢量线条绘制功能，系统本身提供了非常丰富的线条形状绘制工具，如钢笔工具、矩形工具、圆角矩形工具及多边形工具等。本章主要介绍利用这些工具绘制与编辑路径的基本操作。

**主要内容**

- 了解路径与形状
- 初识"路径"面板
- 绘制线性路径
- 绘制形状路径
- 编辑路径
- 管理路径

**重点与难点**

- 填充路径
- 描边路径
- 布尔运算形状路径

**学完本章后你会做什么**

- 掌握了新建路径、选择路径、删除路径、重命名路径及保存工作路径等操作
- 掌握了绘制矩形路径形状、圆角矩形路径形状及多边形路径形状等操作
- 掌握了添加/删除锚点、平滑锚点、尖突锚点及断开路径等操作方法

**视频文件**

# 11.1 了解路径与形状

在 Photoshop CS6 中，路径与形状两者之间具有本质上的区别，但又存在着非常密切的联系。本节主要介绍路径与形状的基本概念。

## 206 路径的基本概念

**实例解析：** 路径是基于"贝塞尔"曲线建立的矢量图形，所有使用矢量绘图软件或矢量绘图制作的线条，原则上都可以称为路径。

**知识点睛：** 掌握路径的基本概念。

路径是通过钢笔工具或形状工具创建出的直线和曲线。因此，无论路径缩小或放大都不会影响其分辨率，并保持原样。

路径大多用锚点来标记路线的端点或调整点，当创建的路径为曲线时，每个选中的锚点上将显示一条或两条方向线及一个或两个方向点，并附带相应的控制柄；方向线和方向点的位置决定了曲线段的大小和形状，通过调整控制柄的位置，方向线或方向点随之改变，且路径的形状也会随之改变。

## 207 形状的基本概念

**实例解析：** 形状是另一项在Photoshop CS6中被频繁使用的矢量技术，Photoshop CS6提供了若干绘制形状的工具。

**知识点睛：** 掌握形状的基本概念。

Photoshop CS6 提供绘制形状的工具包括矩形工具 ▣ 、圆角矩形工具 ▢ 、椭圆工具 ▣ 、多边形工具 ◎ 、直线工具 ⊻ 及自定形状工具 ⊻ ，使用这些工具可以快速绘制出矩形、圆形、多边形、直线及自定义的形状。

> **专家提醒**
>
> 形状和路径十分相似，它也由控制柄、方向和方向点3个部分组成，但较为明显的区别是，路径只是一条线，它不会随着图像一起打印输出，是一个虚体，而形状是一个实体，可以拥有自己的颜色，并可以随着图像一起打印输出，而且由于它是矢量的，所以在输出的时候不会受到分辨率的约束。

# 11.2　初识"路径"面板

在 Photoshop CS6 中对路径控制和编辑的操作都集中在"路径"面板中，在此可以对路径进行保存、转换选区、填充及描边等操作。单击"窗口"｜"路径"命令，弹出"路径"面板，如图 11-1 所示。

"路径"面板中各主要选项含义如下。

图11-1　"路径"面板

 - ➤ 用前景色填充路径 ◎：可以用当前设置的前景色填充被路径包围的区域。
 - ➤ 用画笔描边路径 ◎：可以按当前选择的绘画工具和前景色沿路径进行描边。
 - ➤ 将路径作为选区载入 ⬚：可以将创建的路径作为选区载入。
 - ➤ 从选区生成工作路径 ◎：可以将当前创建的选区生成为工作路径。
 - ➤ 添加图层蒙版 ▣：可以为当前图层创建一个图层蒙版。
 - ➤ 创建新路径 ⬚：可以创建一个新路径层。
 - ➤ 删除当前路径 ▣：可以删除当前选择的工作路径。

## 208　新建路径

实例解析：使用路径绘制工具绘制路径时，如果当前没有在"路径"面板中选择任何一个路径，则Photoshop CS6会自动创建一个"工作路径"。

知识点睛：掌握新建路径的操作方法。

运用钢笔工具 ✐、自由钢笔工具 ✑ 或其中任意一种绘制路径的工具在图像文件中绘制，即可绘制出新路径。要绘制另一条路径并希望其独立显示，可以在面板中单击"创建新路径"按钮，即可得到"路径1"。

## 209　选择路径

实例解析：要选择整条路径，应该选取工具箱中的路径选择工具，直接单击需要选择的路径即可，当整条路径处于选中状态时，路径线呈黑色显示。

知识点睛：掌握选择路径的操作方法。

　　利用钢笔工具只能创建路径，若要对路径进行编辑、移动等操作，必须将其选中。路径是由锚点与锚点之间的线段组合而成，选择路径有两种方式，一种是选择整条路径，另一种是选择路径的锚点或路径中的某一段，根据选择的不同，编辑的效果也不一样。因此，最好是根据不同的需要，使用不同的选择路径方式。

　　选取工具箱中的路径选择工具 ，即可直接选择整条路径。如果需要修改路径的外形，应该将路径线的线段选中，可以在工具箱中选取直接选择工具 ，单击需要选择的路径线段并进行拖动或变换操作。

## 删除路径

实例解析：删除路径有多种操作方法，常用的是直接单击"路径"面板底部的"删除"按钮，即可删除所选择的路径。

知识点睛：掌握删除路径的操作方法。

　　要删除"路径"面板上的某一条路径，常用的操作方法是将其选中后单击"删除"按钮 ，或者直接将其拖动至"删除"按钮 上，释放鼠标左键，即可删除路径。还有一种方式，在"路径"面板中选中要删除的路径，然后按【Delete】键或【Backspace】键快速删除路径。还可以选取钢笔工具，在图像路径中单击鼠标右键，弹出快捷菜单，选择"删除"选项，即可删除路径。

## 重命名路径

实例解析：在操作过程中，可能会建立多个路径，用户可以通过重命名路径名称来区分各个路径。

知识点睛：掌握重命名路径的操作方法。

　　新创建的路径自动命名为"路径1"、"路径2"、"路径3"等。在"路径"面板中，选择要重命名的路径，通过双击路径的名称，待其名称变为可输入状态时，在文本框中重新输入文字以改变路径的名称。在路径未被保存的情况下，双击"工作路径"，弹出"存储路径"对话框，在"名称"文本框中重新设置名称，即可重命名路径。

## 212　保存工作路径

实例解析：在操作过程中，为了避免造成不必要的损失，建议用户
养成随时保存路径的好习惯，以免原有的路径被新建的
路径替换。

知识点睛：掌握保存工作路径的操作方法。

在没有保存路径的情况下，绘制的新路径会替换原来的旧路径，这也是许多用户在绘制路径之后发现原来路径不存在的原因。在 Photoshop CS6 中，任何一个文件中都只能存在于一个工作路径中，如果原来的工作路径没有保存，就继续绘制新路径，那么原来的工作路径就会被新路径取代。初次绘制路径得到的是"工作路径"，在工作路径上双击或单击将其拖动至"路径"面板下面的"新路径"按钮，即可将其保存为"路径 1"。

## 213　复制工作路径

实例解析：在Photoshop CS6中，用户可以根据需要对所创建的路径
进行复制操作。

知识点睛：掌握复制工作路径的操作方法。

要复制一条路径，直接将其拖动至"创建新路径"按钮 🗗 上，如图 11-2 所示，释放鼠标左键，即可复制路径。复制的路径命名为"路径 1 副本"，如图 11-3 所示。

图11-2　拖动至"创建新路径"按钮上　　　图11-3　得到"路径1副本"路径

# 11.3　绘制线性路径

Photoshop CS6 提供了多种绘制路径的操作方法，可以运用钢笔工具、自由钢笔工具、"路径"面板及将选区转换为路径等方法来绘制路径。本节通过运用钢笔工具和自由钢笔工具来介绍绘制路径的操作方法。

# 214

难度级别：★★★☆☆

## 运用钢笔工具绘制闭合路径

实例解析：钢笔工具是最常用的路径绘制工具，可以创建直线和平滑流畅的曲线。通过编辑路径的锚点，可以很方便地改变路径的形状。

素材文件：叶子.jpg

效果文件：叶子.jpg

视频文件：214 运用钢笔工具绘制闭合路径.mp4

STEP 01 按【Ctrl+O】组合键，打开一幅素材图像，如图11-4所示，选取工具箱中的钢笔工具，将鼠标移至编辑窗口的合适位置。

STEP 02 单击，确认路径的第1点，将鼠标移至另一位置，单击并拖动，创建路径的第2点，如图11-5所示。

图11-4 打开素材图像

图11-5 创建路径的第2点

STEP 03 再次将鼠标移至合适位置，单击并拖动创建第3点，如图11-6所示。

STEP 04 用同样的方法，依次单击，创建路径，效果如图11-7所示。

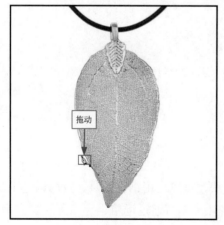

图11-6 创建第3点

图11-7 创建路径

## 215 运用钢笔工具绘制开放路径

实例解析：使用钢笔工具不仅可以绘制闭合路径，还可以绘制开放的直线路径或曲线路径。

知识点睛：掌握运用钢笔工具绘制开放路径的操作方法。

在 Photoshop CS6 中新建一个空白文件，选取工具箱中的钢笔工具，移动鼠标指针至空白画布左侧，单击并拖动，如图 11-8 所示，释放鼠标左键，拖动鼠标至右侧，单击鼠标左键并拖动，绘制出一条开放曲线路径，如图 11-9 所示。

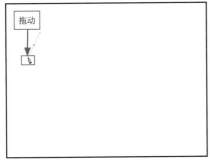

图11-8 单击并拖动

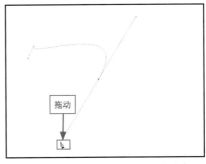

图11-9 绘制出一条开放曲线路径

## 216 运用自由钢笔工具绘制路径

实例解析：运用自由钢笔工具可以随意绘图，不需要像使用钢笔工具那样通过创建锚点来绘制路径。

知识点睛：掌握运用自由钢笔工具绘制路径的操作方法。

自由钢笔工具属性栏与钢笔工具属性栏基本一致，只是将"自动添加 / 删除"变为"磁性的"复选框。选中该复选框，在创建路径时可以仿照磁性套索工具的用法设置平滑的路径曲线，对创建具有轮廓的图像路径很有帮助。图 11-10 所示为运用自由钢笔工具绘制路径。

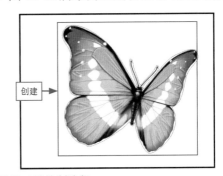

图11-10 运用自由钢笔工具绘制路径

## 217 运用选区创建路径

实例解析："路径"面板中可以将选区保存为路径，也可以将路径作为选区载入。

知识点睛：掌握运用选区创建路径的操作方法。

选取工具箱中的磁性套索工具，移动鼠标指针至图像编辑窗口中的合适位置创建选区，如图 11-11 所示。单击"窗口"｜"路径"命令，展开"路径"面板，单击"路径"面板底部的"从选区生成工作路径"按钮，即可将选区转换为路径，如图 11-12 所示。

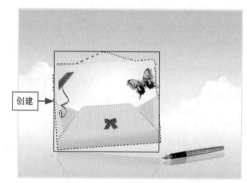
图11-11 创建选区

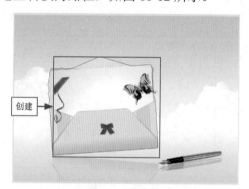
图11-12 将选区转换为路径

## 11.4 绘制形状路径

在 Photoshop CS6 中，不仅可以运用工具箱中的钢笔工具进行绘制路径，还可以运用工具箱中的矢量图像工具绘制不同形状的路径。默认情况下，工具箱中的矢量图像工具显示为矩形工具。

## 218 绘制矩形路径形状

实例解析：运用矩形工具可以绘制矩形图形、矩形路径或填充像素，可在工具属性栏上设置矩形的尺寸、固定宽高比例等。

素材文件：立体人.psd

效果文件：立体人.psd/jpg

视频文件：218 绘制矩形路径形状.mp4

难度级别：★★★☆☆

STEP 01　按【Ctrl＋O】组合键，打开一幅素材图像，如图11-13所示，选取工具箱中的矩形工具，在"图层"面板中选择"背景"图层。

STEP 02　创建一个矩形路径，设置前景色为灰色（RGB参数值均为164），按【Alt＋Delete】组合键填充颜色，如图11-14所示。

图11-13 打开素材图像

图11-14 填充颜色

# 绘制圆角矩形路径形状

## 219

难度级别：★★★☆☆

实例解析：圆角矩形工具用来绘制圆角矩形，选取工具箱中的圆角矩形工具，在工具属性栏的"半径"文本框中可以设置圆角半径。

素材文件：相框.psd

效果文件：相框.psd/jpg

视频文件：219 绘制圆角矩形路径形状.mp4

STEP 01　按【Ctrl＋O】组合键，打开一幅素材图像，选取工具箱中的圆角矩形工具，在图像中的合适位置创建一个圆角矩形路径，如图11-15所示。

STEP 02　按【Ctrl＋Enter】组合键，将路径转换为选区，选择"图层1"图层，按【Delete】键，删除选区内的图像，并取消选区，效果如图11-16所示。

创建

图11-15 创建一个圆角矩形路径

图11-16 取消选区

**专家提醒**

　　在运用圆角矩形工具绘制路径时，按住【Shift】键的同时，在窗口中单击并拖动，可绘制一个正圆角矩形；如果按住【Alt】键的同时，在窗口中单击并拖动，可绘制以起点为中心的圆角矩形。

**220**

难度级别：★★★☆☆

## 绘制多边形路径形状

实例解析：在Photoshop CS6中，使用多边形工具可以创建等边多边形，如等边三角形、五角星及星形等。

素材文件：炫彩.jpg

效果文件：炫彩.jpg

视频文件：220 绘制多边形路径形状.mp4

STEP 01 按【Ctrl+O】组合键，打开一幅素材图像，选取工具箱中的多边形工具，在工具属性栏中单击设置图标按钮，选中"星形"复选框，设置"边"为5，拖动鼠标至图像编辑窗口，创建一个五角星路径，如图11-17所示。

STEP 02 按【Ctrl+Enter】组合键，将路径转换为选区，设置前景色为白色（RGB参数值均为255），按【Alt+Delete】组合键，为选区填充前景色，并取消选区，效果如图11-18所示。

图11-17 创建一个五角星路径

图11-18 取消选区

**221**

难度级别：★★★☆☆

## 绘制椭圆路径形状

实例解析：椭圆工具可以绘制椭圆或圆形形状的图形，其使用方法与矩形工具的操作方法相同，只是绘制的形状不同。

素材文件：花框.jpg

效果文件：花框.jpg

视频文件：221 绘制椭圆路径形状.mp4

STEP 01 按【Ctrl+O】组合键，打开一幅素材图像，选取工具箱中的椭圆工具，拖动鼠标指针至图像编辑窗口，创建一个椭圆路径，如图11-19所示。

STEP 02 按【Ctrl+Enter】组合键，将路径转换为选区，选择"图层1"图层，按【Delete】键，删除选区内的图像，并取消选区，效果如图11-20所示。

图11-19 创建一个椭圆路径

图11-20 取消选区

## 绘制直线路径形状

# 222

难度级别：★★★☆☆

实例解析：直线工具可以创建直线和带有箭头的线段，在使用直线工具创建直线时，首先需要在工具属性栏中的"粗细"选项区中设置线的宽度。

素材文件：彩人.jpg

效果文件：彩人.jpg

视频文件：222 绘制直线路径形状.mp4

STEP 01　按【Ctrl+O】组合键，打开一幅素材图像，选取工具箱中的直线工具，在工具属性栏中单击设置图标按钮，选中"起点"复选框，设置"粗细"为10，拖动鼠标至图像编辑窗口，绘制一个箭标图形，如图11-21所示。

STEP 02　按【Ctrl+Enter】组合键，将路径转换为选区，设置前景色为红色（RGB参数值分别为255、3、3），按【Alt+Delete】组合键，填充前景色，并取消选区，效果如图11-22所示。

图11-21 绘制一个箭标图形

图11-22 取消选区

**专家提醒**

　　使用直线工具可以绘制直线和箭头，按住【Shift】键的同时，在图像编辑窗口中单击并拖动，可以绘制水平、垂直或呈45°的直线。

# 223

难度级别：★★★☆☆

## 绘制自定路径形状

| | |
|---|---|
| 实例解析： | 自定形状工具可以通过设置不同的形状来绘制形状路径或图形，在"自定形状"拾色器中有大量的特殊形状可供选择。 |
| 素材文件： | 花纹.jpg |
| 效果文件： | 花纹.jpg |
| 视频文件： | 223 绘制自定路径形状.mp4 |

STEP 01　按【Ctrl+O】组合键，打开一幅素材图像，如图11-23所示，选取工具箱中的自定形状工具，单击工具箱下方的"设置前景色"色块，设置前景色为淡粉色（RGB参数值分别为251、218、250）。

STEP 02　在工具属性栏中选择"像素"选项，单击"图形"右侧的下拉按钮，弹出"形状"面板，选择"百合花饰"选项，拖动鼠标至图像编辑窗口中，单击并拖动，绘制一个百合花饰图形，如图11-24所示。

图11-23 打开素材图像

图11-24 绘制一个百合花饰图形

## 11.5　编辑路径

编辑路径可以运用添加／删除锚点、平滑锚点、尖突锚点、断开路径及连续路径，合理地运用这些工具，能得到更完整的路径。本节主要介绍编辑路径的操作方法。

# 224

难度级别：★★★☆☆

## 添加/删除锚点

| | |
|---|---|
| 实例解析： | 在路径被选中的情况下，运用添加锚点工具单击要增加锚点的位置，即可增加锚点，运用删除锚点工具，单击鼠标左键即可删除此锚点。 |
| 素材文件： | 橙子.jpg |
| 效果文件： | 橙子.jpg |
| 视频文件： | 224 添加、删除锚点.mp4 |

STEP 01　按【Ctrl＋O】组合键，打开一幅素材图像，展开"路径"面板，选择"路径1"路径，显示"路径1"路径，如图11-25所示。

STEP 02　选取工具箱中的添加锚点工具，移动鼠标至图像的路径上，单击，即可添加锚点，效果如图11-26所示。

图11-25　显示"路径1"路径

图11-26　添加锚点

STEP 03　选取工具箱中的删除锚点工具 ，移动鼠标指针至图像中间路径的锚点上，如图11-27所示。

STEP 04　单击即可删除该锚点，效果如图11-28所示。

图11-27　移动鼠标指针

图11-28　删除锚点

**专家提醒**

　　在路径被选中的状态下，使用添加锚点工具直接单击要增加锚点的位置，即可增加一个锚点。使用钢笔工具 时，若移动鼠标至路径上的非锚点位置，则鼠标指针呈添加锚点形状 ；若移动鼠标至路径锚点上，则鼠标指针呈删除锚点形状 。

# 225

难度级别：★★★☆☆

## 平滑锚点

| | |
|---|---|
| 实例解析： | 在对锚点进行编辑时，经常需要将一个两侧没有控制柄的直线型锚点转换为两侧具有控制柄的圆滑型锚点。 |
| 素材文件： | 彩绘.jpg |
| 效果文件： | 彩绘.jpg |
| 视频文件： | 225 平滑锚点.mp4 |

STEP 01　按【Ctrl＋O】组合键，打开一幅素材图像，展开"路径"面板，选择"路径1"路径，显示"路径1"路径，如图11-29所示。

STEP 02　选取工具箱中的转换点工具 ，移动鼠标至路径的锚点上，单击并拖动，即可平滑锚点，如图11-30所示。

图11-29 显示"路径1"路径

图11-30 平滑锚点

## 尖突锚点

# 226

难度级别：★★★☆☆

| 实例解析： | 将圆滑型锚点转换为直线型锚点，可以使用转换点工具，使用此工具在圆形型锚点单击，即可将锚点转换成为直线锚点。 |
|---|---|
| 素材文件： | 彩带.jpg |
| 效果文件： | 彩带.jpg |
| 视频文件： | 226 尖突锚点.mp4 |

STEP 01 按【Ctrl+O】组合键，打开一幅素材图像，展开"路径"面板，选择"路径1"路径，显示"路径1"路径，如图11-31所示。

STEP 02 选取工具箱中的转换点工具，移动鼠标至路径的锚点上，单击并拖动，即可尖突锚点，如图11-32所示。

图11-31 显示"路径1"路径

图11-32 尖突锚点

## 断开路径

# 227

难度级别：★★★☆☆

| 实例解析： | 在路径被选中的情况下，选择单个或多组锚点，按【Delete】键，即可将选中的锚点清除，将路径断开。 |
|---|---|
| 素材文件： | 行李箱.jpg |
| 效果文件： | 行李箱.jpg |
| 视频文件： | 227 断开路径.mp4 |

STEP 01 按【Ctrl+O】组合键，打开一幅素材图像，展开"路径"面板，选择"路径1"路径，显示"路径1"路径，如图11-33所示。

STEP 02 选取工具箱中的直接选取工具，移动鼠标至需要断开的路径上，选中锚点，按【Delete】键，即可断开路径，如图11-34所示。

图11-33　显示"路径1"路径

图11-34　断开路径

## 连接路径

# 228

难度级别：★★★☆☆

| | |
|---|---|
| 实例解析： | 在绘制路径的过程中，可能会因为种种原因而得到一些不连续的曲线，此时可以使用钢笔工具来连接这些零散的线段。 |
| 素材文件： | 金蛋.jpg |
| 效果文件： | 金蛋.jpg |
| 视频文件： | 228 连接路径.mp4 |

STEP 01 按【Ctrl+O】组合键，打开一幅素材图像，展开"路径"面板，选择"路径1"路径，显示"路径1"路径，如图11-35所示，选取工具箱中的钢笔工具。

STEP 02 将鼠标指针移至需要连接的第1个锚点上，单击，然后将鼠标移至需要连接的第2个锚点上，单击，即可连接路径，如图11-36所示。

图11-35　显示"路径1"路径

图11-36　连接路径

# 11.6　管理路径

　　用户在初步绘制路径时，需要对路径进行进一步编辑和调整。本节主要介绍选择/移动路径、隐藏路径、复制路径、删除路径及存储工作路径的操作方法。

# 229

## 选择/移动路径

**实例解析：** 在Photoshop CS6中，选取路径选择工具■和直接选择工具■，可以对路径进行选择和移动的操作。

**知识点睛：** 掌握运用选区创建路径的操作方法。

选取工具箱中的路径选择工具 ■，移动鼠标至图像编辑窗口中的路径上，单击鼠标左键，即可选择路径，如图 11-37 所示。单击并拖动，即可移动路径位置，如图 11-38 所示。

图11-37 选择路径　　　　　　　　　图11-38 移动路径

**专家提醒**

Photoshop CS6提供了两种用于选择路径的工具，如果在编辑过程中要选择整条路径，则可以使用路径选择工具■；如果只需要选择路径中的某一个锚点，则可以使用直接选择工具■。

# 230

## 隐藏路径

**实例解析：** 一般情况下，创建的路径以黑色线显示于当前图像上，用户可以根据需要对其进行显示和隐藏操作。

**知识点睛：** 掌握隐藏路径的操作方法。

展开"路径"面板，单击面板中的空白区域，即可取消对工作路径的选择状态。图 11-39 所示为显示 / 隐藏路径。

图11-39 显示/隐藏路径

## 复制路径

实例解析：在Photoshop CS6中，用户绘制路径后，若需要绘制同样的路径，可以选择需要复制的路径后对其进行复制操作。

知识点睛：掌握复制路径的操作方法。

移动鼠标至图像编辑窗口中，选择相应路径，如图 11-40 所示，按住【Ctrl ＋ Alt】组合键的同时，单击并拖动至合适位置，释放鼠标左键，即可复制路径，效果如图 11-41 所示。

图11-40　选择相应路径

图11-41　复制路径

**专家提醒**

选取工具箱中的直接选择工具，按住【Alt】键的同时，单击路径的任意一段或任意一个节点拖动，也可复制路径。

## 删除路径

实例解析：在Photoshop CS6中，若"路径"面板中存在有不需要的路径，用户可以将其删除，以减小文件大小。

知识点睛：掌握删除路径的操作方法。

展开"路径"面板，选择"路径 1"路径，单击"路径"面板右上方的下三角形按钮，在弹出的面板菜单中选择"删除路径"选项，如图 11-42 所示，即可删除路径，如图 11-43 所示。

图11-42 选择"删除路径"选项 　　　　　　图11-43 删除路径

**专家提醒**

> 在"路径"面板中选择需要删除的路径，再单击"编辑"｜"清除"命令，也可以删除路径。

# 233 存储工作路径

实例解析："工作路径"是一种临时性路径，会被当前所创建的任意路径替换，系统不会做任何提示，如还需要用到当前工作路径，应该将其保存。

知识点睛：掌握存储工作路径的操作方法。

展开"路径"面板，单击"路径"面板右上方的下三角形按钮 ，在弹出的面板菜单中选择"存储路径"选项，如图11-44所示，弹出"存储路径"对话框，设置"名称"为"路径1"，如图11-45所示，单击"确定"按钮，即可存储路径。

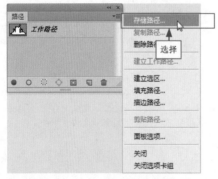 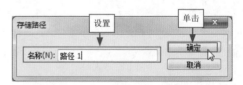

图11-44 选择"存储路径"选项 　　　　图11-45 设置"名称"为"路径1"

# 11.7　应用路径

　　路径的应用主要是指一条路径绘制完成后，将其转换成选区并应用，或者直接对其进行填充操作，制作一些特殊效果。本节主要介绍填充路径、描边路径的布尔运算形状路径的操作方法。

## 填充路径

**234**

实例解析：在Photoshop CS6中，用户在绘制完路径后，可以对路径
所包含的区域内填充颜色、图案或快照。

知识点睛：掌握填充路径的操作方法。

选取工具箱中的自定形状工具，在"形状"拾色器中，选择"常春藤2"选项，拖动
鼠标至图像编辑窗口中，单击并拖动，即可绘制路径，如图11-46所示。

设置前景色为红色（RGB参数值为214、0、14），在"路径"面板上单击右上方的
三角形按钮 ，在弹出的面板菜单中选择"填充路径"选项，弹出"填充路径"对话框，
保持默认设置，单击"确定"按钮，即可填充路径，并隐藏路径，效果如图11-47所示。

图11-46　绘制路径

图11-47　填充路径

## 描边路径

**235**

实例解析：在Photoshop CS6中，用户在绘制完路径后，通过为路径
描边可以得到非常丰富的图像轮廓效果。

知识点睛：掌握描边路径的操作方法。

单击"路径"面板右上方的三角形按钮 ，在弹出的面板菜单中选择"描边路径"选项，
弹出"描边路径"对话框，如图11-48所示，设置相应选项，单击"确定"按钮，即可描
边路径。

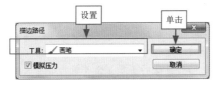

图11-48　"描边路径"对话框

# 236

## 布尔运算形状路径

实例解析：工具属性栏上的4种运算选项分别为"合并形状"、"减去顶层形状"、"与形状区域相交"及"排除重叠形状"。

知识点睛：掌握布尔运算形状路径的操作方法。

在绘制路径的过程中，用户除了需要掌握绘制各类路径的方法外，还应该了解如何运用工具属性栏上的4种运算按钮在路径间进行运算。

➤ 单击工具属性栏中的"合并形状"按钮 🔲，移动鼠标指针至图像编辑窗口右侧，单击并拖动，绘制第 2 个路径，即可添加形状区域，效果如图 11-49 所示。

➤ 单击工具属性栏中的"减去顶层形状"按钮 🔲，移动鼠标指针至图像编辑窗口右下方，单击并拖动，绘制第 3 个路径，即可减去形状区域，如图 11-50 所示。

图11-49 添加形状区域

图11-50 减去形状区域

➤ 单击工具属性栏中的"与形状区域相交"按钮 🔲，移动鼠标指针至图像编辑窗口右侧，单击并拖动，绘制第 4 个形状，即可交叉形状区域，如图 11-51 所示。

➤ 单击工具属性栏中的"排除重叠形状"按钮 🔲，移动鼠标指针至图像编辑窗口右侧，单击并拖动，绘制第 5 个路径，即可排除重叠形状区域，效果如图 11-52 所示。

图11-51 交叉形状区域

图11-52 排除重叠形状区

**专家提醒**

路径工具属性栏中各种运算按钮的含义如下。

➤ "合并形状"按钮：在原路径区域的基础上合并新的路径区域。

➤ "减去顶层形状"按钮：在原路径区域的基础上减去新的路径区域。

➤ "与形状区域相交"按钮：新路径区域与原路径区域交叉区域为最终路径区域。

➤ "排除重叠形状"按钮：原路径区域与新路径区域不相交的区域为最终的路径区域。

# 提高篇

# 第12章 文字对象的编辑与管理

## 学习提示

　　在各类设计中，文字是不可缺少的设计元素，它直接传达设计者的表达意图，好的文字布局和设计效果会起到画龙点睛的作用，对文字的设计与编排是不容忽视的。本章主要介绍使用文字工具的操作方法。

## 主要内容

　　⬇ 初识文字　　　　　　　　　　⬇ 制作路径文字
　　⬇ 熟悉"字符"和"段落"面板　　⬇ 制作扭曲变形文字
　　⬇ 编辑文字　　　　　　　　　　⬇ 文字转换

## 重点与难点

　　⬇ 更改文字的字体类型
　　⬇ 更改文字的排列方向
　　⬇ 编辑变形扭曲文字效果

## 学完本章后你会做什么

　　⬇ 掌握了输入沿路径排列文字、调整文字位置/路径形状等操作方法
　　⬇ 了解了扭曲变形文字、掌握了创建变形文字样式等操作方法
　　⬇ 掌握了将文字转换为路径、将文字转换为形状及将文字转换为图像的操作方法

## 视频文件

# 12.1 初识文字

文字是多数设计作品尤其是商业作品中不可或缺的重要元素，有时甚至在作品中起着主导作用。Photoshop 除了提供丰富的文字属性设计及板式编排功能外，还允许对文字的形状进行编辑，以便制作出更多、更丰富的文字效果。

在 Photoshop CS6 中，文字具有极为特殊的属性，当用户输入文字后，文字表现为一个文字图层，文字图层具有与普通图层不一样的可操作性。例如，在文字图层中无法使用画笔、铅笔、渐变等工具，只能对文字进行变换、更改颜色等操作，当用户对文字图层使用上述工具操作时，则需要将文字进行栅格化操作。

除了上述特征外，在图像中输入文字栅格化操作，文字图层的名称将与输入的内容相同，这使用户很容易在"图层"面板中辨认出该文字图层。本节主要介绍横排 / 直排文字、段落文字及选区文字的基础知识。

## 237　横排/直排文字

**实例解析：** 在Photoshop CS6中，用户可以根据需要在编辑图像时输入横排文字和直排文字。

**知识点睛：** 掌握横排/直排文字的基本概念。

横排文字是一个水平的文本行，每行文本的长度随着文字的输入而不断增加，但是不会换行。输入横排文字的方法很简单，使用工具箱中的横排文字工具 ◎ 或横排文字蒙版工具 ◎，即可在图像编辑窗口中输入横排文字。图 12-1 所示为横排文字效果。

直排文字是一个垂直的文本行，每行文本的长度随着文字的输入而不断增加，但是不会换行。选取工具箱中的直排文字工具 ◎ 或直排文字蒙版工具 ◎，将鼠标指针移动到图像编辑窗口中，单击确定插入点，图像中出现闪烁的光标之后，即可输入文字。图 12-2 所示为直排文字效果。

图12-1 横排文字效果

图12-2 直排文字效果

**专家提醒**

　　在Photoshop CS6中，在英文输入法状态下，按【T】键，也可以快速切换至横排文字工具，然后在图像编辑窗口中输入相应文本内容即可，如果输入的文字位置不能满足用户的需求，此时用户可以通过移动工具移动文字位置。

## 238 段落文字

实例解析：在Photoshop CS6中，用户可以根据需要在编辑图像时输入段落文字。

知识点睛：掌握段落文字的基本概念。

　　段落文字是一类以段落文字定界框来确定文字的位置与换行情况的文字，当用户改变段落文字定界框时，定界框中的文字会根据定界框的位置自动换行。图 12-3 所示为段落文字效果。

## 239 选区文字

实例解析：在Photoshop CS6中，用户可以根据需要在编辑图像时输入选区文字。

知识点睛：掌握选区文字的基本概念。

　　运用工具箱中的横排文字蒙版工具 🔲 和直排文字蒙版工具 🔲 ，可以在图像编辑窗口中创建文字的形状选区。图 12-4 所示为选区文字效果。

图12-3　段落文字效果　　　　　　　　　图12-4　选区文字效果

## 12.2　熟悉"字符"和"段落"面板

　　在"字符"面板中，可以精确地调整文字图层中的个别字符，但在输入文字之前要设置好文字属性；而"段落"面板可以用来设置整个段落选项。本节主要介绍"字符"面板和"段落"面板的基础知识。

# 240 了解 "字符" 面板

**实例解析：** 在Photoshop CS6中，用户可以根据需要使用 "字符" 面板调整文字属性。

**知识点睛：** 掌握 "字符" 面板的基本概念。

单击文字工具组对应属性栏中的 "显示 / 隐藏字符和段落调板" 按钮，或单击 "窗口" | "字符" 命令，弹出 "字符" 面板，如图 12-5 所示。

图12-5 "字符" 面板

"字符" 面板中各主要选项含义如下。

➢ 行距：行距是指文本中各个文字行之间的垂直间距，同一段落的行与行之间可以设置不同的行距，但文字行中的最大行距决定了该行的行距。

➢ 字距微调：用来调整两字符之间的间距，在操作时首先在要调整的两个字符之间单击，设置插入点，然后再调整数值。

➢ 字距调整：选择了部分字符时，可以调整所选字符间距，没有选择字符时，可调整所有字符的间距。

➢ 水平缩放 / 垂直缩放：水平缩放用于调整字符的宽度，垂直缩放用于调整字符的高度，这两个百分比相同时，可以进行等比缩放；不同时，则不能进行等比缩放。

➢ 基线偏移：用来控制文字与基线的距离，它可以升高或降低所选文字。

➢ 语言：可以对所选字符进行有关连字符和拼写规则的语言设置。

# 241 了解 "段落" 面板

**实例解析：** 在Photoshop CS6中，用户可以根据需要使用 "段落" 面板调整文字段落属性。

**知识点睛：** 掌握 "段落" 面板的基本概念。

使用 "段落" 面板可以改变或重新定义文字的排列方式、段落缩进及段落间距等。单击 "窗口" | "段落" 命令，弹出 "段落" 面板，如图 12-6 所示。

"段落" 面板中各主要选项含义如下。

➢ 文本对齐方式：文本对齐方式从左到右分别为左对齐文本 、居中对齐文本 、右对齐文本 、最后一行左对齐 、最后一行居中对齐 、最后一行右对齐 和全部对齐 。

➢ 左缩进：设置段落的左缩进。

➢ 右缩进：设置段落的右缩进。

➤ 首行缩进：缩进段落中的首行文字，对于横排文字，首行缩进与左缩进有关；对于直排文字，首行缩进与顶端缩进有关，要创建首行悬挂缩进，必须输入一个负值。

➤ 段前添加空格：设置段落与上一行的距离，或全选文字的每一段的距离。

➤ 断后添加空格：设置每段文本后的一段距离。

图12-6　"段落"面板

# 12.3　编辑文字

当用户完成文字输入后，如果对文字的属性不满意，还可以继续对其进行格式设置，直至满意为止。本节主要介绍更改文字的字体类型、排列方向输入与调整区域文字的操作方法。

## 更改文字的字体类型

实例解析：在使用横排文字工具或直排文字工具输入文字时，可以在文字工具属性栏中设置文字属性，也可以使用"字符"面板或"段落"面板。

知识点睛：掌握更改文字字体类型的操作方法。

选取工具箱中的横排文字工具 ，移动鼠标指针至图像编辑窗口中文字上，单击并拖动，释放鼠标左键，即可选中该文字，在工具属性栏中设置"字体"，即可更改文字的字体类型。图 12-7 所示为更改文字字体类型的前后对比效果。

图12-7　更改文字字体类型的前后对比效果

## 243 更改文字的排列方向

**实例解析**：用户在Photoshop CS6中编辑文字时，还可以根据需要在输入的水平文字和垂直文字之间进行切换。

**知识点睛**：掌握更改文字排列方向的操作方法。

选取工具箱中的横排文字工具 ，移动鼠标指针至图像编辑窗口中文字上，单击并拖动，释放鼠标左键，即可选中该文字，在工具属性栏中单击"更改文字方向"按钮 ，即可更改文字的排列方向，再调整文字的位置。图12-8所示为更改文字排列方向的前后对比效果。

图12-8 更改文字排列方向的前后对比效果

**专家提醒**

除了运用上述方法可以切换文字方向外，单击"图层"|"文字"|"水平"（或"垂直"）命令也可以更改文字排列方向。

## 244 输入与调整文字属性

**实例解析**：在一些广告上经常会看到特殊排列的文字，既新颖又具有很好的视觉效果，用户可以根据需要通过调整文字的属性达到想要的效果。

**素材文件**：绿色生活.jpg

**效果文件**：绿色生活.psd/jpg

**视频文件**：244 输入与调整文字属性.mp4

难度级别：★★★☆☆

**STEP 01** 按【Ctrl+O】组合键，打开一幅素材图像，选取工具箱中的横排文字工具，在工具属性栏中设置"字体"为"汉仪圆叠体简"、"字体大小"为72点，设置"颜色"为白色，在图像上合适位置，单击，确认输入点，输入文字，如图12-9所示。

**STEP 02** 按【Ctrl+Enter】组合键确认输入，在"图层"面板中，双击文字图层，即可选中文字，在工具属性栏中设置"字体"为"华文行楷"、"字体大小"为60点、"消除锯齿的方法"为"平滑"，即可调整文字属性，效果如图12-10所示。

图12-9　输入文字

图12-10　调整文字属性

# 12.4　制作路径文字

在许多作品中，设计的文字呈连绵起伏的状态，这就是路径绕排文字的功劳。沿路径绕排文字时，可以先使用钢笔工具或形状工具创建直线或曲线路径，再进行文字的输入。本节主要介绍制作路径文字的操作方法。

### 输入沿路径排列文字

**245**

难度级别：★★★☆☆

| | |
|---|---|
| 实例解析： | 沿路径输入文字时，文字将沿着锚点方向输入，输入横排文字时，文字方向将与基线垂直；输入直排文字时，文字方向将与基线平行。 |
| 素材文件： | 色彩.jpg |
| 效果文件： | 色彩.psd/jpg |
| 视频文件： | 245 输入沿路径排列文字.mp4 |

STEP 01　按【Ctrl＋O】组合键，打开一幅素材图像，如图12-11所示。

STEP 02　选取工具箱中的钢笔工具，创建一条曲线路径，如图12-12所示。

图12-11　打开素材图像

图12-12　创建一条曲线路径

STEP 03　选取工具箱中的横排文字工具，在工具属性栏中设置"字体"为"华文琥珀"，设置"字体大小"为60点，"颜色"为暗红色（RGB参数值分别为219、69、20），如图12-13所示。

STEP 04　执行上述操作后，移动鼠标指针至图像编辑窗口中的曲线路径上，单击确定插入点并输入文字，按【Ctrl＋Enter】组合键确认，效果如图12-14所示。

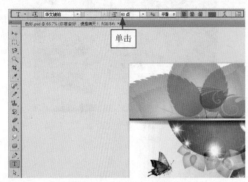

图12-13　设置各选项

图12-14　输入文字

## 246

难度级别：★★★☆☆

# 调整文字位置/路径形状

| | |
|---|---|
| 实例解析： | 沿路径输入文字时，文字将沿着锚点方向输入，输入横排文字时，文字方向将与基线垂直；输入直排文字时，文字方向将与基线平行。 |
| 素材文件： | 色彩1.psd |
| 效果文件： | 色彩1.psd/jpg |
| 视频文件： | 246 调整文字位置、路径形状.mp4 |

STEP 01　按【Ctrl＋O】组合键，打开一幅素材图像，如图12-15所示，单击"窗口"｜"路径"命令，展开"路径"面板，在"路径"面板中，选择文字路径，即可显示文字路径。

STEP 02　选取工具箱中的路径选择工具，移动鼠标指针至图像窗口的文字路径上，按住并拖动，即可调整文字排列的位置，并隐藏路径，效果如图12-16所示。

图12-15　打开素材图像

图12-16　调整文字排列的位置

STEP 03　执行上述操作后，在"路径"面板中选择文字路径，即可显示文字路径，如图12-17所示，选取工具箱中的直接选择工具。

STEP 04　拖动鼠标指针至文字路径上，单击并拖动节点或控制柄，即可调整文字路径的形状，并隐藏路径，效果如图12-18所示。

图12-17 显示文字路径

图12-18 调整文字路径的形状

## 247

难度级别：★★★☆☆

### 调整文字与路径距离

实例解析：调整路径文字的基线偏移距离，可以在不编辑路径的情况下轻松调整文字的距离。

素材文件：色彩2.jpg

效果文件：色彩2.psd/jpg

视频文件：247 调整文字与路径距离.mp4

STEP 01 按【Ctrl＋O】组合键，打开一幅素材图像，展开"路径"面板，在"路径"面板中，选择"路径1"路径，即可显示路径，如图12-19所示。

STEP 02 选取工具箱中的移动工具，移动鼠标指针至图像编辑窗口中的文字上，单击并拖动，即可调整文字与路径间的距离，效果如图12-20所示。

图12-19 显示路径

图12-20 调整文字与路径间的距离

## 12.5 制作变形文字

在 Photoshop CS6 中，通过"文字变形"对话框可以对选定的文字进行多种变形操作，使文字更加富有灵动感。

# 248

## 了解扭曲变形文字

**实例解析：** 在Photoshop CS6中，用户可以运用变形文字功能制作出富有动感的文字效果。

**知识点睛：** 掌握扭曲变形文字的基本概念。

对文字图层可以应用扭曲变形操作，利用此功能可以使设计作品中的文字效果更加丰富，如图 12-21 所示为使用扭曲变形文字得到的效果。

图12-21 扭曲文字效果

# 249

难度级别：★★★☆☆

## 创建变形文字样式

**实例解析：** 很多文字广告都采用了变形文字的效果，因此显得更美观，很容易就会引起人们的注意。

**素材文件：** 阳光沙滩.psd

**效果文件：** 阳光沙滩.psd/jpg

**视频文件：** 249 创建变形文字样式.mp4

STEP 01 按【Ctrl+O】组合键，打开一幅素材图像，如图12-22所示，在"图层"面板中选择文字图层，单击"文字"｜"文字变形"命令。

STEP 02 弹出"变形文字"对话框，设置"样式"为"上弧"，单击"确定"按钮，即可编辑变形文字效果，将文字移至合适位置，效果如图10-23所示。

图12-22 打开素材图像

图12-23 编辑变形文字效果

## 编辑变形扭曲文字效果

**实例解析：** 在Photoshop CS6中，用户可以对文字进行变形扭曲操作，以得到更好的视觉效果。

**素材文件：** 阳光沙滩1.psd

**效果文件：** 阳光沙滩1.psd/jpg

**视频文件：** 250 编辑变形扭曲文字效果.mp4

难度级别：★★★☆☆

**STEP 01** 按【Ctrl+O】组合键，打开一幅素材图像，如图12-24所示。

**STEP 02** 在"图层"面板中选择文字图层，如图12-25所示。

图12-22 打开素材图像

图12-23 编辑变形文字效果

**STEP 03** 单击"文字"|"文字变形"命令，弹出"变形文字"对话框，设置相应参数，如图12-26所示。

**STEP 04** 执行上述操作后，单击"确定"按钮，即可编辑变形文字效果，效果如图12-27所示。

图12-26 设置相应参数

图12-27 编辑变形文字效果

# 12.6　文字转换

在 Photoshop CS6 中，文字可以被转换成路径、形状和图像三种形态，在未对文字进行转换的情况下，只能够对文字及段落属性进行设置，而通过将文字转换为路径、形状或图像后，则可以对其进行更多更为丰富的编辑，从而得到艺术的文字效果。

## 将文字转换为路径

实例解析：在Photoshop CS6中，可以直接将文字转换为路径，从而可以通过此路径进行描边、填充等操作，制作出特殊的文字效果。

知识点睛：掌握将文字转换为路径的操作方法。

选择文字图层，单击"文字"｜"创建工作路径"命令，即可将文字转换为工作路径，在将文字转换为路径后，原文字属性不变，生成的工作路径可以应用填充和描边，或者通过调整描点得到变形文字。图12-28所示为文字转换为路径的前后对比图。

图12-28 文字转换为路径的前后对比图

## 将文字转换为形状

实例解析：将文字转换为形状后，原文字图层将被形状图层取代，将无法再对文字属性进行设置。

知识点睛：掌握将文字转换为形状的操作方法。

选择文字图层，单击"文字"｜"转换为形状"命令，即可将文字转换为有矢量蒙版的形状。将文字转换为形状后，只能够使用钢笔工具、添加锚点工具等路径编辑工具对其进行调整，而无法再为其设置文字属性。图12-29所示为文字转换为形状的前后对比图。

图12-29 文字转换为形状的前后对比图

# 253 将文字转换为图像

**实例解析：** 文字图层具有不可编辑的特性，如果需要在文本图层中进行绘画、颜色调整或滤镜等操作，首先需要将文字图层转换为普通图层。

**知识点睛：** 掌握将文字转换为图像的操作方法。

在文字图层上单击鼠标右键，从弹出的快捷菜单中选择"栅格式文字"选项，即可将文字转换为图像。图 12-30 所示为文字图层转换为图像的对比图。

图12-30 文字图层转换为图像的对比图

**专家提醒**

除了上述复制路径的操作方法外，还可以单击"图层"｜"栅格化"｜"文字"命令，即可将文字栅格化，转换为图像。

# 第13章 图层对象的创建与编辑

## 学习提示

图层作为Photoshop的核心功能，其功能的强大自然不言而喻。管理图层时，可更改图层的不透明度、混合模式以及快速创建特殊效果的图层样式等，为图像的编辑操作带来了极大的便利。本章主要介绍图层对象创建与编辑的操作方法。

## 主要内容

- 图层简介
- 了解图层类型
- 创建图层/图层组

- 图层基本操作
- 选择图层
- 编辑图层

## 重点与难点

- 合并图层
- 了解调整图层
- 编辑调整图层

## 学完本章后你会做什么

- 掌握了创建普通图层、填充图层、调整图层及创建图层组的操作方法
- 掌握了调整图层顺序、复制与隐藏图层及删除与重命名图层等的操作方法
- 掌握了选择单个图层、选择多个连续图像及选择多个间隔图层的操作方法

## 视频文件

# 13.1 图层简介

图像都是基于图层来进行处理的，图层就是图像的层次，可以将一幅作品分解成多个元素，即每一个元素都以图层的方式进行管理。本节主要介绍图层的基本概念及"图层"面板的基础知识。

## 254 图层的基本概念

实例解析：在Photoshop CS6中，用户可以根据需要，建立多个图层对图像进行编辑。

知识点睛：掌握图层的基本概念。

图层可以看作是一张独立的透明胶片，其中每张胶片上都绘有图像，将所有的胶片按"图层"面板中的排列次序，自上而下进行叠加，最上层的图像遮住下层同一位置的图像，而在其透明区域则可以看到下层的图像，最终通过叠加得到完整的图像。

## 255 "图层"面板

实例解析：在Photoshop CS6中，"图层"面板是进行图层编辑操作时必不可少的工具。

知识点睛：掌握"图层"面板的基本概念。

"图层"面板显示了当前图像的图层信息，从中可以调节图层叠放顺序、图层不透明度及图层混合模式等参数。单击"窗口"｜"图层"命令，即可展开"图层"面板，如图13-1所示。

图13-1 "图层"面板

"图层"面板中各主要选项含义如下。

- ➤ "混合模式"列表框 正常 ： 在该列表框中设置当前图层的混合模式。
- ➤ "不透明度"文本框 不透明度: 100% ： 通过在该数值框中输入相应的数值，可以控制当前图层的透明属性。
- ➤ "锁定"选项区 锁定: ⊠ ✎ ✛ 🔒 ： 该选项区主要包括锁定透明像素、锁定图像像素、锁定位置及锁定全部 4 个按钮，单击各个按钮，即可进行相应的锁定设置。
- ➤ "填充"文本框 填充: 100% ： 在数值框中输入相应的数值可以控制当前图层中非图层样式部分的透明度。
- ➤ "指示图层可见性"图标 👁 ： 用来控制图层中图像的显示与隐藏状态。
- ➤ "链接图层"按钮 🔗 ： 单击该按钮可以将所选择的图层进行链接，当选择其中的一个图层并进行移动或变换操作时，可以对所有与此图层链接的图像进行操作。
- ➤ "添加到图层样式"按钮 📖 ： 单击该按钮，在弹出的列表框中选择相应的选项，将弹出相应的"图层样式"对话框，通过设置可以为当前图层添加相应的样式效果。
- ➤ "添加图层蒙版"按钮 ◻ ： 单击该按钮，可以为当前图层添加图层蒙版。
- ➤ "创建新的填充或调整图层"按钮 ◧ ： 单击该按钮，可以在弹出的列表中为当前图层创建新的填充或调整图层。
- ➤ "创建新组"按钮 ▢ ： 单击该按钮，可以新建一个图层组。
- ➤ "创建新图层"按钮 ◇ ： 单击该按钮，可以创建一个新图层。
- ➤ "删除图层"按钮 ▢ ： 选中一个图层后，单击该按钮，在弹出的信息提示框中单击"是"按钮，即可将该图层删除。

# 13.2　了解图层类型

在 Photoshop CS6 中，图层类型主要有背景图层、普通图层、文字图层、形状图层和填充图层等。本节主要介绍这几种图层的基础知识。

## 256　了解背景图层

实例解析：在 Photoshop CS6 中打开一幅素材图像，"图层"面板中会自动生成一个背景图层。

知识点睛：掌握背景图层的基本概念。

当用户在 Photoshop CS6 中打开一幅素材图像时，"图层"面板中会自动默认图像的图层为背景图层，并且呈不可编辑的状态。

# 257 了解普通图层

实例解析：在Photoshop CS6中，用户可以根据需要，创建一个或多
个普通图层。

知识点睛：掌握普通图层的基本概念。

普通图层是最基本的图层，新建、粘贴、置入、文字或形状图层都属于普通图层，在
普通图层上可以设置图层混合模式和不透明度。

# 258 了解文字图层

实例解析：在Photoshop CS6中，用户可以根据需要，对文字图层进
行操作，制作出丰富的文字效果。

知识点睛：掌握文字图层的基本概念。

用户使用文字工具在图像编辑窗口中确认插入点时，系统将会自动生成一个新的文字
图层，如图 13-2 所示。

图13-2 "字符"面板

# 259 了解形状图层

实例解析：在Photoshop CS6中，用户可以根据需要选取工具箱中的
形状工具，创建形状图层。

知识点睛：掌握形状图层的基本概念。

用户使用形状工具，在图像编辑窗口中创建图像后，"图层"面板中会自动创建一个
新的形状图层。

## 260 了解填充图层

实例解析：填充图层是指在原图层上新建填充相应颜色的图层，用户可以根据需要为图层填充颜色、渐变色或图案。

知识点睛：掌握填充图层的基本概念。

在填充图层上，通过调整填充图层的混合模式和不透明度，使其与原图层进行叠加，以创建更加丰富的效果。

# 13.3 创建图层/图层组

在 Photoshop CS6 中，用户可根据需要创建不同的图层。本节主要介绍创建普通图层、填充图层、调整图层及图层组的操作方法。

## 261 创建普通图层

实例解析：普通图层是Photoshop中最基本的图层，在创建和编辑图像时，新建的图层都是普通图层。

知识点睛：掌握创建普通图层的操作方法。

单击"图层"面板底部的"创建新图层"按钮 🖺，即可新建"图层1"图层，如图13-3所示，在普通图层上可以设置图层混合模式和调节图层的不透明度，从而改变图层内的图像效果。

图13-3 新建"图层1"图层

# 262

## 创建填充图层

**实例解析：** 用户可以根据需要为新图层填充纯色、渐变色或图案，通过调整图层的混合模式和不透明度使其与底层图层叠加，产生特殊效果。

**知识点睛：** 掌握创建填充图层的操作方法。

单击"图层"｜"新建填充图层"｜"纯色"命令，弹出"新建图层"对话框，单击"确定"按钮，即可创建填充图层，在填充图层上可以调节不同的填充颜色，从而改变图层效果。

**专家提醒**

除了运用上述方法可以创建填充图层外，单击"图层"面板底部的"创建新的填充或调整图层"按钮，也可以创建填充图层。填充图层也是图层的一类，因此可以通过改变图层的混合模式、不透明度为图层增加蒙版或将其应用与剪贴蒙版的操作，以此来获得不同的图像效果。

# 263

## 创建调整图层

**实例解析：** 调整图层可以使用户对图像进行颜色填充和色调调整，而不会永久直接修改图像中的像素。

**知识点睛：** 掌握创建调整图层的操作方法。

在对图像进行调整时，颜色和色调更改位于调整图层内，该图层像一层透明的膜一样，下层图像及其调整后的效果可以透过它显示出来。

单击"图层"｜"新建调整图层"｜"色相/饱和度"命令，弹出"新建图层"对话框，单击"确定"按钮，即可创建调整图层，展开"属性"面板，设置各选项，即可调整图像。

# 264

## 创建图层组

**实例解析：** 图层组的概念类似于文件夹，用户可以将图层按照类别放在不同的组内，当关闭图层组后，在"图层"面板中就只显示图层组的名称。

**知识点睛：** 掌握创建图层组的操作方法。

单击"图层"｜"新建"｜"组"命令，弹出"新建组"对话框，如图13-4所示，单击"确定"按钮，即可创建新图层组，如图13-5所示。

图13-4　"新建组"对话框　　　　　　图13-5　创建新图层组

**专家提醒**

图层组可以像普通图层一样移动、复制、链接、对齐和分布，也可以合并，以减小文件的大小。

# 13.4　图层的基本操作

图层的基本操作是最常用的操作之一，例如调整图层顺序、复制与隐藏图层、删除与重命名图层、设置图层不透明度等。本节主要介绍图层的基本操作方法。

## 265　调整图层顺序

**实例解析**：由于图像中的图层是自上而下排列的，因此，在编辑图像时调整图层顺序便可获得不同的图像效果。

**知识点睛**：掌握调整图层顺序的操作方法。

在 Photoshop CS6 的图像编辑窗口中，位于上方的图像会将下方同一位置的图像遮掩，用户可以通过调整各图像的顺序改变整幅图像的显示效果，如图 13-6 所示。

图13-6　调整图层顺序

**专家提醒**

利用"图层"｜"排列"子菜单中的命令也可以执行改变图层顺序的操作。

➤ 命令1：单击"图层"｜"排列"｜"置为顶层"命令将图层置为最顶层，快捷键为【Shift＋
Ctrl＋]】。

➤ 命令2：单击"图层"｜"排列"｜"后移一层"，快捷键为【Ctrl＋[】。

➤ 命令3：单击"图层"｜"排列"｜"置为底层"命令，将图层置为图像的最底层，快捷键为
【Shift＋Ctrl＋[】。

# 266 复制与隐藏图层

实例解析：　"图层"面板中的"指示图层可见性"图标用于图层的
显示/隐藏切换，复制图层是在图像文件中复制图层中的
图像。

知识点睛：　掌握复制与隐藏图层的操作方法。

在 Photoshop CS6 中展开"图层"面板，移动鼠标指针至"图层 1"图层上，单击并
拖动至面板右下方的"创建新图层"按钮 ▣ 上，即可复制图层，并生成"图层 1 副本"
图层。

图层缩览图前面的"指示图层可见性"图标 ◉ 可以用来控制图层的可见性，有该图
标的图层为可见图层，无该图标的图层为隐藏图层。单击图层前的"指示图层可见性"图
标，便可以隐藏该图层，如果要显示图层，在原图标处单击即可。

# 267 删除与重命名图层

实例解析：　"图层"面板中每个图层都有默认名称，用户可以根据
需要自定义图层的名称，对于多余图层可以将其从图像
中删除，以减小文件大小。

知识点睛：　掌握删除与重命名的操作方法。

在 Photoshop CS6 中展开"图层"面板，单击并拖动要删除的图层至面板底部的"删
除图层"按钮 🗑 上，释放鼠标左键，即可删除图层。

在"图层"面板中，每个图层都有默认的名称，用户可以根据需要自定义图层的名称，
以利于操作。选择要重命名的图层，双击激活文本框，输入新名称，按【Enter】键，即可
重命名图层。

**专家提醒**

删除图层的方法还有两种，分别如下。

➤ 命令：单击"图层"｜"删除图层"命令。

➤ 快捷键：在选取移动工具并且当前图像中不存在选区的情况下，按【Delete】键，删除图层。

## 设置图层不透明度

实例解析：不透明度用于控制图层中所有对象（包括图层样式和混合模式）的透明属性，设置图层的不透明度，能够使图像主次分明，主体突出。

知识点睛：掌握设置图层不透明度的操作方法。

在 Photoshop CS6 中展开"图层"面板，单击选择"图层 1"图层，设置"不透明度"为 50%，即可调整图层的不透明度。图 13-7 所示为调整图层不透明度的前后对比效果。

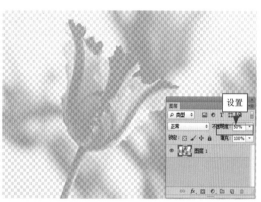

图13-7 调整图层不透明度的前后对比效果

# 13.5 选择图层

正确地选择图层是正确操作的前提条件，只有选择了正确的图层，所有基于此图层的操作才有意义。本节主要介绍选择单个图层、多个连续图层及多个间隔图层的操作方法。

## 选择单个图层

实例解析：在Photoshop CS6中，用户如果要对某一个图层中的图像进行编辑，必须要先选择该图层。

知识点睛：掌握选择单个图层的操作方法。

单击"图层"面板中的任一图层，即可选择该图层为当前图层，该方法是最基本的选择方法。

专家提醒

除了上述方法外，还有其他5种选择图层的方法。

➤ 选择多个图层：如果要选择多个相邻的图层，可以单击第一个图层，按住【Shift】键的同时单击最后一个图层；如果要选择多个不相邻的图层，可以在按【Ctrl】键同时单击相应图层。

➤ 选择所有图层：单击"选择"｜"所有图层"命令，即可选择"图层"面板中的所有图层。

➤ 选择相似图层：单击"选择"｜"选择相似图层"命令，即可选择类型相似的所有图层。

➤ 选择链接图层：选择一个链接图层，单击"图层"｜"选择链接图层"命令，即可链接所选图层。

➤ 取消选择图层：如果不想选择任何图层，可以在面板中最下面的灰色空白处单击鼠标左键即可。

## 270 选择多个连续图层

实例解析：在Photoshop CS6中编辑图像时，用户可以根据需要选择多个连续图层进行编辑。

知识点睛：掌握选择多个连续图层的操作方法。

展开"图层"面板，移动鼠标至第一个要选择的图层上，单击，按住【Shift】键的同时，移动鼠标至需要选择的最后一个图层上，单击，即可选中第一个图层至最后一个图层之间的所有连续图层。

## 271 选择多个间隔图层

实例解析：在Photoshop CS6中编辑图像时，用户可以根据需要，选择多个间隔图层进行编辑。

知识点睛：掌握选择多个间隔图层的操作方法。

在"图层"面板中，移动鼠标指针至需要选择的图层上，单击，按住【Ctrl】键的同时，再次移动鼠标指针至其他需要选择的图层，单击，即可选中多个间隔图层。

# 13.6　编辑图层

灵活运用图层的相关操作可以帮助用户制作层次分明、结构清晰的图像效果。本节主要介绍对齐图层、查看图层属性及拼合图层的操作方法。

# 272 对齐图层

**实例解析:** 如果要将多个图层中的图像内容对齐,可以在"图层"面板中选择图层对象,单击"图层"|"对齐"命令,即可对齐图层对象。

**知识点睛:** 掌握对齐图层的操作方法。

对齐图层是将图像文件中包含的图层按照指定的方式(沿水平或垂直方向)对齐。

**专家提醒**

Photoshop CS6提供的对齐方式有以下6种。

➢ 顶边: 所选图层对象将以位于最上方的对象为基准,进行顶部对齐。

➢ 垂直居中: 所选图层对象将以位置居中的对象为基准,进行垂直居中对齐。

➢ 底边: 所选图层对象将以位于最下方的对象为基准,进行底部对齐。

➢ 左边: 所选图层对象将以位于最左侧的对象为基准,进行左对齐。

➢ 水平居中: 所选图层对象将以位于中间的对象为基准,进行水平居中对齐。

➢ 右边: 所选图层对象将以位于最右侧的对象为基准,进行右对齐。

# 273 分布图层

**实例解析:** 如果要将多个图层中的图像内容分布,可以在"图层"面板中选择图层对象,单击"图层"|"分布"命令,即可分布图层对象。

**知识点睛:** 掌握分布的操作方法。

分布图层是将图像文件中的几个图层中的内容按照指定的方式(沿水平或垂直方向)平均分布,将当前选择的多个图层或链接图层进行等距排列。

**专家提醒**

Photoshop CS6提供的分布方式有以下6种。

➢ 顶边: 可以均匀分布各链接图层或所选择的多个图层的位置,使它们最上方的图像相隔同样的距离。

➢ 垂直居中: 可将所选图层对象间垂直方向的图像相隔同样的距离。

➢ 底边: 可将所选图层对象间最下方的图像相隔同样的距离。

➢ 左边: 可将所选图层对象间最左侧的图像相隔同样的距离。

➢ 水平居中: 可将所选图层对象间水平方向的图像相隔同样的距离。

➢ 右边: 可将所选图层对象间最右侧的图像相隔同样的距离。

**274**

难度级别：★★★☆☆

## 拼合图层

实例解析：在Photoshop CS6编辑图像文件时，用户可以根据工作需要对图层进行拼合操作。

素材文件：婚纱相片处理.psd

效果文件：婚纱相片处理.psd/jpg

视频文件：274 拼合图层.mp4

STEP 01 按【Ctrl＋O】组合键，打开一幅素材图像，在"图层"面板中选择"背景"图层，如图13-8所示。

STEP 02 单击"图层"｜"拼合图像"命令，即可合并"图层"面板中所有的图层，如图13-9所示。

图13-8 选择"背景"图层

图13-9 合并"图层"面板中所有图层

# 13.7　合并图层

在编辑图像文件时，经常会创建多个图层，占用的磁盘空间也随之增加，因此对于没必要分开的图层，可以将它们合并，这样有助于减少图像文件对磁盘空间的占用，可以提高系统的处理速度。

**275**

## 合并图层

实例解析：图层越多图像文件就越复杂，用户可以将不必分开或相似的图层进行合并，这样不仅可以使图层井然有序，也会减小文件大小。

知识点睛：掌握合并图层的操作方法。

在"图层"面板中移动鼠标指针至需要合并的图层上，单击，按住【Ctrl】键的同时拖动鼠标至另一个需要合并的图层上，再次单击，同时选择两个图层，单击"图层"｜"合并图层"命令，即可合并选中的图层。

# 276

## 合并可见图层

实例解析：在"图层"面板中，除了合并所选择的图层外，用户还可以对可见的图层进行合并。

知识点睛：掌握合并可见图层的操作方法。

在"图层"面板中选择"背景"图层，如图 13-10 所示，单击"图层"｜"合并可见图层"命令，即可合并可见图层，如图 13-11 所示。

图13-10 选择"背景"图层

图13-11 合并可见图层

## 13.8　调整图层

调整图层可以对图像进行颜色填充和色调调整，而不会永久地修改图像中的像素，即颜色和色调更改位于调整图层内，该图层像一层透明的膜一样，下层图像及其调整后的效果可以透过它显示出来。本节主要介绍调整图层、调整面板、删除调整图层、编辑调整图层及更改调整图层参数的基础知识和操作方法。

# 277

## 了解调整图层

实例解析：调整图层是一类比较特殊的图层，它所产生的效果是作用于其他图层的，调整图层的功能与图像调整命令类似。

知识点睛：掌握调整图层的基本概念。

图 13-12 所示为原图，图 13-13 所示为在所有图层上方创建一个"亮度／对比度"调整图层后得到的图像效果。

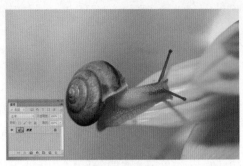
图13-12 原图

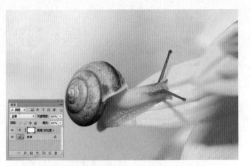
图13-13 创建调整图层后的图像效果

# 278 了解调整面板

实例解析：在运用调整面板进行操作前，用户可以先对调整面板进行初步的了解。

知识点睛：掌握调整面板的基本操作。

选择"窗口"｜"调整"命令，即可展开调整面板，如图 13-14 所示，创建调整图层后，会自动展开调整图层"属性"面板，如图 13-15 所示。

图13-14 "调整"面板

图13-15 调整图层"属性"面板

调整图层"属性"面板底部各个功能按钮的作用如下。

➢ "将面板切换到展开的视图"按钮 ：单击此按钮可以方便调整的工作空间，以便更好地查看、选择各个调整图层。

➢ "预览最近一次调整结果"按钮 ：在按住此按钮的情况下可以预览本次编辑调整图层参数时，最开始与刚刚调整完参数时的对比状态。

➢ "复位"按钮 ：单击此按钮，可以完全复位到调整图层默认的参数状态。

➢ "图层可见性"按钮 ：单击该按钮可以控制当前所选调整图层的显示状态。

➢ "删除调整图层"按钮 ：单击此按钮，并在弹出的对话框中单击"确定"按钮，则可以删除当前所选的调整图层。

# 279 删除调整图层

**实例解析：** 调整图层也可以像普通图层一样，在编辑过程中如果不需要了，可以将其删除，节约空间。

**知识点睛：** 掌握删除调整图层的操作方法。

在展开的"图层"面板中，单击并拖动要删除的调整图层至面板底部的"删除图层"按钮 🗑 上，释放鼠标左键，即可删除调整图层，如图 11-16 所示。

图13-16 删除调整图层

# 280 编辑调整图层

**实例解析：** 在Photoshop CS6中，用户可以根据需要，对创建的调整图层进行编辑，改变图像的显示效果。

**知识点睛：** 掌握编辑调整图层的操作方法。

调整图层具有图层属性，因此在需要的情况下可以通过编辑调整图层来改变其属性，从而得到丰富的图像调整效果。

# 281 更改调整图层参数

**实例解析：** 在创建了调整图层后，用户如果对当前的调整效果不满意，则可以对其进行修改直至满意为止，这也是调整图层的优点之一。

**知识点睛：** 掌握更改调整图层参数的操作方法。

要重新设置调整图层中的参数，可以直接选择并双击该调整图层的缩览图，或者选择"图层" | "图层内容选项"命令，即可弹出与调整图层相对应的对话框进行参数设置。

# 第14章 图层混合模式应用技巧

**学习提示**

　　混合模式就是一种使两个或多个图层之间相互融合的"手段"，同时又包括了许多种类，使用不同的"手段"得到的混合效果也各不相同。"图层样式"就是一系列能够为图层添加特殊效果的命令。本章主要介绍图层混合模式与图层样式的基础知识。

**主要内容**

- 了解图层混合模式
- 图层样式
- 隐藏图层样式
- 复制和粘贴图层样式
- 移动和缩放图层样式
- 清除图层样式

**重点与难点**

- 了解图层混合模式
- 图层样式
- 管理图层样式

**学完本章后你会做什么**

- 掌握了"正片叠底"、"溶解"、"变暗"及"变亮"图层混合模式等操作
- 掌握了"投影"、"内发光"、"斜面和浮雕"及"描边"图层样式等操作
- 掌握了隐藏图层样式、复制和粘贴图层样式及移动和删除图层样式等操作

**视频文件**

# 14.1　了解图层混合模式

图层混合模式用于控制图层之间像素颜色相互融合的效果，不同的混合模式会得到不同的图像效果，由于混合模式用于控制上下两个图层在叠加时所显示的总体效果，通常在上方图层的混合模式列表框中选择合适的混合模式。

## 282　了解"正片叠底"模式

实例解析："正片叠底"模式是将图像的原有颜色与混合色复合，任何颜色与黑色复合产生黑色，与白色复合保持不变。

知识点睛：掌握"正片叠底"模式的基本概念。

选择"正常"混合模式，上下图层间的混合与叠加关系依据上方图层的"不透明度"及"填充"数值而定，如果设置上方图层的"不透明度"数值为100%，则完全覆盖下方图层，随着"不透明度"数值的降低，下方图层的显示效果会越清晰。

**专家提醒**

选择"正片叠底"模式后，Photoshop CS6将上下两图层的颜色相乘再除以255，最终得到的颜色比上下两个图层的颜色都要暗一点。正片叠底模式可以用于添加阴影和细节，而不完全消除下方的图层阴影区域的颜色。

## 283　了解"溶解"模式

实例解析："溶解"混合模式用于图层中的图像出现透明像素的情况下，依据图像中透明像素的数量显示出颗粒化效果。

知识点睛：掌握"溶解"模式的基本概念。

图 14-1 所示为原图与使用图层混合模式混合而成的图像。

图14-1 原图与使用"溶解"混合模式后的效果图

# 284

## 了解"变暗"模式

实例解析：在Photoshop CS6中，运用"变暗"混合模式会使叠加后的图像整体变暗，覆盖掉比较亮的像素。

知识点睛：掌握"变暗"模式的基本概念。

选择"变暗"混合模式，Photoshop CS6 将对上、下两层图像的像素进行比较，以上方图层中较暗像素代替下方图层中与之相对应的较亮像素，且以下方图层中的较暗像素代替上方图层中的较亮像素，因此叠加后整体图像变暗。

# 285

## 了解"颜色加深"模式

实例解析："颜色加深"混合模式可以降低颜色的亮度，将所选择的图像根据图像的颜色灰度而变暗，在与其他图像融合时，降低所选图像的亮度。

知识点睛：掌握"颜色加深"模式的基本概念。

图 14-2 所示为原图与设置混合模式为"颜色加深"后的效果图。

图14-2　原图与使用"颜色加深"混合模式后的效果图

# 286

## 了解"线性加深"模式

实例解析："线性加深"混合模式用于查看每一个颜色通道的颜色信息，加暗所有通道的基色，并通过提高其他颜色的亮度来反映混合颜色。

知识点睛：掌握"线性加深"模式的基本概念。

图 14-3 所示为原图与设置混合模式为"线性加深"后的效果图。

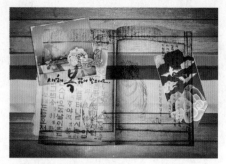

图14-3 原图与使用"线性加深"混合模式后的效果图

## 了解"变亮"模式

# 287

实例解析：在Photoshop CS6中运用"变亮"混合模式，会使图像效果的色调变亮。

知识点睛：掌握"变亮"模式的基本概念。

　　选择"变亮"混合模式时，Photoshop CS6 会以上方图层中较亮像素代替下方图层中与之相对应的较暗像素，且以下方图层中的较亮像素代替上方图层中的较暗像素，因此叠加后整体图像呈亮色调。

## 了解"滤色"模式

# 288

实例解析："滤色"混合模式可以将所选择的图形与其下方的图形进行叠加，从而使层叠区域变亮，同时会对混合图形的色调进行均匀处理。

知识点睛：掌握"滤色"模式的基本概念。

图 14-4 所示为原图与设置混合模式为"滤色"后的效果图。

图14-4 原图与使用"滤色"混合模式后的效果图

## 289 了解"明度"模式

实例解析："明度"模式可以将当前图层的亮度应用于底层图像的颜色中，可以改变底层图像的亮度，但不会对其色相与饱和度产生影响。

知识点睛：掌握"明度"模式的基本概念。

图 14-5 所示为原图与设置混合模式为"明度"后的效果图。

图14-5 原图与使用"明度"混合模式后的效果图

## 290 了解"强光"模式

实例解析："强光"模式产生的效果与耀眼的聚光灯照在图像上的效果相似。

知识点睛：掌握"强光"模式的基本概念。

运用"强光"混合模式时，当前图层中比 50% 灰色亮的像素会使图像变亮；比 50% 灰色暗的像素会使图像变暗。

# 14.2 图层样式

"图层样式"可以为当前图层添加特殊效果，如投影、内阴影、外发光及浮雕等样式，在不同的图层中应用不同的图层样式，可以使整幅图像更加富有真实感和突出性。本节主要介绍各图层样式功能的基础知识。

各类图层样式集和于一个对话框中，其参数结构基本相似，在此以"投影"图层样式为例讲解"图层样式"对话框。

在 Photoshop CS6 中单击"图层"｜"图层样式"｜"投影"命令，弹出"图层样式"对话框，如图 14-6 所示。

"图层样式"对话框中主要选项的含义如下。

> 图层样式列表框：该区域中列出了所有的图层样式，如果要同时应用多个图层样式，只需要选中与图层样式相对应的的名称复选框，即可在对话框中间的参数控制区域显示其参数。

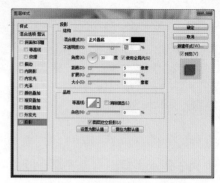

图14-6 "图层样式"对话框

> 参数控制区：在选择不同图层样式的情况下，该区域会即时显示与之对应的参数选项。在 Photoshop CS6 中，"图层样式"对话框中增加了 "设置为默认值" 和 "复位为默认值" 两个按钮，前者可以将当前的参数保存为默认的数值，以便后面应用，而后者则可以复位到系统或之前保存过的默认参数。

> 预览区：可以预览当前所设置的所有图层样式叠加在一起时的效果。

## 291 "投影"样式

实例解析：在Photoshop CS6中使用 "投影" 图层样式可以模拟有光源照射并生成的阴影效果。

知识点睛：掌握 "投影" 样式的基本概念。

应用 "投影" 图层样式会为图层中的对象下方制造一种阴影效果，阴影的 "不透明度"、"角度"、"距离"、"扩展"、"大小"、及 "等高线" 等，都可以在 "图层样式" 对话框中进行设置，单击 "图层" ｜ "图层样式" ｜ "投影" 命令，即可弹出 "图层样式" 对话框。

## 292 "内发光"样式

难度级别：★★★☆☆

实例解析：在Photoshop CS6中使用 "内发光" 图层样式可以使图层中的图像产生内发光的图像效果。

素材文件：雏菊.psd

效果文件：雏菊.psd/jpg

视频文件：292 "内发光"样式.mp4

STEP 01 按【Ctrl+O】组合键，打开一幅素材图像，如图14-7所示，选择"图层1"图层，单击"图层"|"图层样式"|"内发光"命令，弹出"图层样式"对话框。

STEP 02 设置"颜色"为淡黄色（RGB参数值分别为255、255、190）、"阻塞"为73、"大小"为3，单击"确定"按钮，即可添加"内发光"图层样式，如图14-8所示。

图14-7 打开素材图像

图14-8 添加"内发光"样式

## "斜面和浮雕"样式

**293**

难度级别：★★★☆☆

实例解析：在Photoshop CS6中，"斜面和浮雕"图层样式可以使图层中的图像产生立体图像效果。

素材文件：童年的乐趣.psd

效果文件：童年的乐趣.psd/jpg

视频文件：293 "斜面和浮雕"样式.mp4

STEP 01 按【Ctrl+O】组合键，打开一幅素材图像，如图14-9所示，选择"图层1"图层，单击"图层"|"图层样式"|"斜面和浮雕"命令，弹出"图层样式"对话框。

STEP 02 设置"样式"为"外斜面"、"大小"为10、"角度"为70，单击"确定"按钮，即可添加"斜面和浮雕"图层样式，如图14-10所示。

图14-9 打开素材图像

图14-10 添加"斜面和浮雕"样式

# 294

难度级别：★★★☆☆

## "渐变叠加"样式

**实例解析：** "渐变叠加"图层样式可以为图层添加渐变效果，单击"图层"|"图层样式"|"渐变叠加"命令，弹出"图层样式"对话框。

**素材文件：** 贝壳沙滩.psd

**效果文件：** 贝壳沙滩.psd/jpg

**视频文件：** 294 "渐变叠加"样式.mp4

**STEP 01** 按【Ctrl+O】组合键，打开一幅素材图像，如图14-11所示，选择"图层1"图层，单击"图层"|"图层样式"|"渐变叠加"命令，弹出"图层样式"对话框。

**STEP 02** 设置"渐变"为"红、绿渐变"、"样式"为"对称的"、"角度"为90，单击"确定"按钮，即可添加"渐变叠加"图层样式，如图14-12所示。

图14-11 打开素材图像

图14-12 添加"渐变叠加"样式

# 295

难度级别：★★★☆☆

## "外发光"样式

**实例解析：** 在Photoshop CS6中，"外发光"图层样式可以为所选图层中的图像外边缘增添发光效果。

**素材文件：** love.psd

**效果文件：** love.psd/jpg

**视频文件：** 295 "外发光"样式.mp4

**STEP 01** 按【Ctrl+O】组合键，打开一幅素材图像，如图14-13所示，选择"图层1"图层，单击"图层"|"图层样式"|"外发光"命令，弹出"图层样式"对话框。

**STEP 02** 设置"不透明度"为100%、"扩展"为100、"大小"为24，单击"确定"按钮，即可添加"外发光"图层样式，效果如图14-14所示。

图14-13 打开素材图像

图14-14 添加"外发光"样式

## 296 "颜色叠加"样式

实例解析:在Photoshop CS6中,"颜色叠加"样式可以为图层叠加颜色图像效果。

知识点睛:掌握"颜色叠加"样式的基本概念。

　　单击"图层"|"图层样式"|"颜色叠加"命令,即可弹出"图层样式"对话框,在对话框中单击"混合模式"右侧的色块,在弹出的"拾色器(叠加颜色)"对话框中选择一种颜色,并设置所需要的混合模式及不透明度即可。

## 297 "内阴影"样式

难度级别:★★★☆☆

实例解析:在Photoshop CS6中,"内阴影"图层样式可以使图层中的图像产生凹陷的图像效果。

素材文件:天鹅湖.psd

效果文件:天鹅湖.psd/jpg

视频文件:297 "内阴影"样式.mp4

STEP 01 按【Ctrl+O】组合键,打开一幅素材图像,如图14-15所示,选择"图层1"图层,单击"图层"|"图层样式"|"内阴影"命令,弹出"图层样式"对话框。

STEP 02 设置"颜色"为深蓝色(RGB参数值分别为2、63、125)、"距离"为6、"阻塞"为42,单击"确定"按钮,即可添加"内阴影"图层样式,如图14-16所示。

图14-13 打开素材图像

图14-14 添加"外发光"样式

# 298

难度级别：★★★☆☆

## "图案叠加"样式

实例解析：在Photoshop CS6中，"图案叠加"图层样式可以为图层内的图像添加叠加图案效果。

素材文件：蒲公英.psd

效果文件：蒲公英.psd/jpg

视频文件：298 "图案叠加"样式.mp4

**STEP 01** 按【Ctrl＋O】组合键，打开一幅素材图像，如图14-17所示，选择"图层1"图层，单击"图层"｜"图层样式"｜"图案叠加"命令，弹出"图层样式"对话框。

**STEP 02** 设置"不透明度"为73%、"图案"为"水平排列"、"缩放"为295，单击"确定"按钮，即可添加"图案叠加"样式，如图14-18所示。

图14-17 打开素材图像

图14-18 添加"图案叠加"样式

# 299

## "描边"样式

实例解析："描边"图层样式可以使图像的边缘产生描边效果，用户可以设置外部描边、内部描边或居中描边。

视频文件：掌握"描边"样式的操作方法。

单击"图层"｜"图层样式"｜"描边"命令，即可弹出"图层样式"对话框。图14-19所示为原图与设置"描边"图层样式后的效果图。

图14-19 原图与设置"描边"图层样式后的效果图

# 14.3　管理图层样式

正确地对图层样式进行操作，可以使用户在工作中更方便地查看和管理图层样式。本节主要介绍管理各图层样式的基本知识。

## 隐藏图层样式

**300**

实例解析：在Photoshop CS6中，隐藏图层样式后，可以暂时将图层样式进行清除，并可以重新显示。

视频文件：掌握隐藏图层样式的操作方法。

隐藏图层样式可以执行以下3种操作方法。

➤ 方法1：在"图层"面板中单击图层样式名称左侧的眼睛图标 ，可将显示的图层样式隐藏。

➤ 方法2：在任意一个图层样式名称上单击鼠标右键，在弹出的菜单列表中选择"隐藏所有效果"即可隐藏当前图层样式效果。

➤ 方法3：在"图层"面板中单击所有图层样式上方"效果"左侧的眼睛图标 ，即可隐藏所有图层样式效果。

## 复制和粘贴图层样式

**301**

实例解析：在Photoshop CS6中，用户可以根据需要对图层样式进行复制和粘贴操作。通过复制与粘贴图层样式操作，可以减少重复操作。

视频文件：掌握复制和粘贴图层样式的操作方法。

首先选择包含要复制的图层样式的源图层，在该图层的图层名称上单击鼠标右键，在弹出的快捷菜单中，选择"拷贝图层样式"命令，选择要粘贴图层样式的图层，它可以是当前图层也可以是多个图层，在图层名称上单击右键，在弹出的快捷菜单中选择"粘贴图层样式"命令即可。

# 302

难度级别：★★★☆☆

## 移动和缩放图层样式

实例解析：在Photoshop CS6中，用户可以根据需要移动或缩放已添加的图层样式。

素材文件：礼品.psd

效果文件：礼品.psd/jpg

视频文件：302 移动和缩放图层样式.mp4

**STEP 01** 按【Ctrl+O】组合键，打开一幅素材图像，如图14-20所示，在"图层"面板中选择"图层1"图层。

**STEP 02** 单击"指示图层效果"图标，并拖动至"图层2"图层上，释放鼠标左键，即可移动图层样式，如图14-21所示。

图14-20 打开素材图像

图14-21 移动图层样式

**STEP 03** 选择"图层2"图层，单击"图层"|"图层样式"|"缩放效果"命令，弹出"缩放图层效果"对话框，如图14-22所示。

**STEP 04** 设置"缩放"为50%，单击"确定"按钮即可缩放图层样式，效果如图14-23所示。

图14-22 "缩放图层效果"对话框

图14-23 缩放图层样式

# 303

## 清除图层样式

实例解析：用户需要清除某一图层样式，只需要在"图层"面板中将其拖动至"图层"面板删除图层按钮上，即可删除图层样式。

视频文件：掌握删除图层样式的操作方法。

　　如果要一次性删除应用于图层的所有图层样式，则可以在"图层"面板中拖动图层名称下的"效果"至删除图层按钮  上。

　　在任意一个图层样式上单击右键，在弹出的菜单列表中选择"清除图层样式"命令，也可以删除当前图层中所有的图层样式。

# 304　将图层样式转换为图层

实例解析：在Photoshop CS6中将图层样式转换为普通图层有利于对图层样式进行编辑。

视频文件：掌握将图层样式转换为图层的操作方法。

　　在"图层"面板中选择需要转换的图层样式，如图 14-24 所示，右击"指示图层效果"图标，在弹出的快捷菜单中选择"创建图层"选项，弹出信息提示框，单击"确定"按钮，即可将图层样式转换为图层，如图 14-25 所示。

图14-24 选择需要转换的图层样式

图14-25 将图层样式转换为图层

**专家提醒**

　　单击"图层"｜"图层样式"｜"创建图层"命令，同样可以将图层样式转换为图层。

# 第15章 通道的管理与应用技巧

## 学习提示

通道是Photoshop CS6的核心功能之一，它是用于装载选区的一个载体，在这个载体中还可以像编辑图像一样编辑选区，从而得到更多的选区状态，最终制作出更为丰富的图像效果。本章主要介绍编辑与管理通道的操作。

## 主要内容

- 通道的作用
- 了解"通道"面板
- 了解通道的类型
- 互换通道与选区
- 管理通道
- 通道应用

## 重点与难点

- 快速抠选动物
- 快速抠选透明婚纱
- 制作放射图像

## 学完本章后你会做什么

- 掌握了保存选区到通道和将通道作为选区载入的操作方法
- 掌握了分离通道和使用"应用图像"命令合成图像等操作方法
- 掌握了快速抠选动物、快速抠选透明婚纱和选取纯黑背景的操作方法

## 视频文件

# 15.1  初识通道

通道的主要功能是保存图像的颜色信息，也可以存放图像中的选区，并通过对通道的各种运算来合成具有特殊效果的图像，由于通道功能强大，因而在制作图像特效方面应用广泛，但同时也最难理解和掌握。

**305** 通道的作用

实例解析：在Photoshop CS6中编辑图像时，用户可以根据需要对通道进行操作。

知识点睛：掌握通道的作用。

通道是一种很重要的图像处理方法，它主要用来存储图像色彩的信息和图层中选择的信息，使用通道可以复制扫描时失真严重的图像，还可以对图像进行合成，从而创作出一些意想不到的效果。

无论是新建文件、打开文件或扫描文件，当一个图像文件调入 Photoshop CS6 后，Photoshop CS6 就将为其创建图像文件固有的通道，即颜色通道或原色通道，原色通道的数目取决于图像的颜色模式。

**306** 了解"通道"面板

实例解析："通道"面板是存储、创建和编辑通道的主要场所。在默认情况下，"通道"面板显示的均为原色通道。

知识点睛：掌握"通道"面板的操作方法。

当图像的色彩模式为 CMYK 模式时，面板中将有 4 个原色通道，即"青"通道、"洋红"通道、"黄"通道和"黑"通道，每个通道都包含着对应的颜色信息。

当图像的色彩模式为 RGB 色彩模式时,面板中将有 3 个原色通道,即"红"通道、"绿"通道、"蓝"通道和一个合成通道，即 RGB 通道。只有将"红"通道、"绿"通道、"蓝"通道合成在一起，才能得到一幅色彩绚丽的 RGB 模式图像。

在 Photoshop CS6 界面中，单击"窗口"｜"通道"命令，弹出如图 15-1 所示的"通道"面板，在此面板中列出了图像所有的通道。

"通道"面板中各个按钮的含义如下。

➤ "将通道作为选区载入"：单击该按钮，可以调出当前通道所保存的选区。

➢ "将选区存储为通道"：单击该按钮，可以将当前选区保存为【Alpha】通道。

➢ "创建新通道"：单击该按钮，可以创建一个新的【Alpha】通道。

➢ "删除当前通道"：单击该按钮，可以删除当前选择的通道。

图15-1　"通道"面板

# 15.2　了解通道的类型

通道是一种灰度图像，每一种图像包括一些基于颜色模式的颜色信息通道。通道分为Alpha 通道、颜色通道、复合通道、单色通道和复色通道 5 种。本节主要介绍这 5 种通道的基础知识。

## 307 了解颜色通道

实例解析：在Photoshop CS6中，颜色通道又称为原色通道，它主要用于存储图像的颜色数据。

知识点睛：掌握颜色通道的基本概念。

RGB 图像有 3 个颜色通道，如图 15-2 所示；CMYK 图像有 4 个颜色通道，如图 15-3 所示，它们包含了所有将被打印或显示的颜色。

图15-2　RGB模式颜色通道　　　　　图15-3　CMYK模式颜色通道

专家提醒

　　RGB图像有4个颜色通道，分别是RGB、"红"、"绿"、"蓝"；CMYK图像有5个颜色通道，分别是CMYK、"青色"、"洋红"、"黄色"和"黑色"。

## 308

### 了解Alpha通道

实例解析：在Photoshop CS6中，通道除了可以保存颜色信息外，还可以保存选区的信息，此类通道被称为Alpha通道。

知识点睛：掌握Alpha通道的基本概念。

使用 Alpha 通道保存选区的优点在于可以用绘图的方式对通道进行编辑，从而获得使用其他方法无法获得的选区，而且可以长久地保存选区。

## 309

### 了解专色通道

实例解析：专色通道用于印刷，在印刷时每种专色油墨都要求使用专用的印版，以便单独输出。

知识点睛：掌握专色通道的基本概念。

专色通道设置只是用来在屏幕上显示模拟效果的，对实际打印输出并无影响。此外，如果新建专色通道之前创建了选区，则新建通道后，将在选区内填充专色通道颜色。

## 310

### 了解单色通道

实例解析：在Photoshop CS6中，用户可以删除"通道"面板中的任意颜色通道，即可形成单色通道。

知识点睛：掌握单色通道的基本概念。

在"通道"面板中随意删除其中一个通道，所有通道都会变成黑白色，原有彩色通道即使不删除也会变成灰度色，形成单色通道，如图 15-4 所示。

图15-4 形成单色通道

## 了解复合通道

实例解析：复合通道始终以彩色显示，是用于预览并编辑整个图像颜色通道的一个快捷方式。

知识点睛：掌握复合通道的基本概念。

在"通道"面板中，分别单击"青色"、"黄色"和"黑色"通道左侧的"指示通道可见性"图标，都可以复合其他 3 个通道，得到不同颜色显示。

# 15.3 互换通道与选区

在 Photoshop CS6 中，用户可以根据需要互换选区与通道。本节主要介绍将选区保存到通道和将通道作为选区载入的操作方法。

## 保存选区到通道

实例解析：用户在编辑图像时，将新建的选区保存到通道中，可方便用户对图像进行多次编辑和修改。

知识点睛：掌握保存选区到通道的操作方法。

选取工具箱中的魔棒工具，移动鼠标指针至图像编辑窗口中，创建选区，如图 15-5 所示，在"通道"面板中单击底部的"将选区存储为通道"按钮，即可保存选区到通道，显示 Alpha 通道并且隐藏 RGB 通道，如图 15-6 所示。

图15-5 创建选区

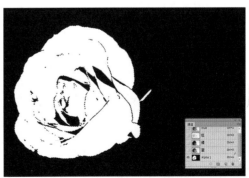
图15-6 显示Alpha通道并隐藏RGB通道

**专家提醒**

在图像编辑窗口中创建好选区后，单击"选择"｜"存储选区"命令，在弹出的"存储选区"对话框中设置相应的选项，单击"确定"按钮，也可将创建的选区存储为通道。

# 313

难度级别：★★★☆☆

## 将通道作为选区载入

| | |
|---|---|
| 实例解析： | 在Photoshop CS6中编辑图像时，用户可以根据需要将通道作为选区载入图像中。 |
| 素材文件： | 米奇.jpg |
| 效果文件： | 米奇.psd/jpg |
| 视频文件： | 313 将通道作为选区载入.mp4 |

**STEP 01** 按【Ctrl+O】组合键，打开一幅素材图像，在"通道"面板中创建一个Alpha通道，并显示RGB通道，效果如图15-7所示，选取工具箱中的画笔工具，单击工具箱下方的前景色色块，设置前景色为白色。

**STEP 02** 将鼠标指针移至图像编辑窗口中，涂抹米老鼠图像，单击"通道"面板底部的"将通道作为选区载入"按钮，即可将通道作为选区载入，隐藏Alpha通道，效果如图15-8所示。

图15-7 显示RGB通道

图15-8 隐藏Alpha通道

**专家提醒**

除了运用上述方法外，还可以使用快捷键进行操作，方法如下。

➤ 在选区已存在的情况下，按住【Ctrl+Shift】组合键的同时单击通道，则可在当前选区中增加该通道所保存的选区。

➤ 按住【Shift+Ctrl+Alt】组合键的同时单击通道，则可得到当前选区与该通道所保存的选区重叠的选区。

# 15.4 管理通道

"通道"面板用于创建并管理通道，以及监视编辑效果，通道的许多操作都需要在"通道"面板中执行。本节主要介绍分离通道、使用"应用图像"命令合成图像和使用"计算"命令合成图像的操作方法。

## 分离通道

**314**
难度级别：★★★☆☆

实例解析：为了便于图像的编辑处理，用户可以通过"分离"命令将图像文件中的通道分离出来，使各自成为一个单独的文件。

素材文件：教堂.jpg

效果文件：教堂 红.jpg、教堂 绿.jpg、教堂 蓝.jpg

视频文件：314 分离通道.mp4

STEP 01　按【Ctrl＋O】组合键，打开一幅素材图像，如图15-9所示，在"通道"面板中单击面板右上角的下三角形按钮，在弹出的面板菜单中选择"分离通道"选项。

STEP 02　执行上述操作后，即可将RGB模式图像的通道分离为3幅灰色图像，单击"窗口"|"排列"|"平铺"命令，平铺显示图像编辑窗口，如图15-10所示。

图15-9 打开素材图像

图15-10 平铺图像编辑窗口

**专家提醒**

　　用户可以将一幅图像中的各个通道分离出来，使其各自作为一个单独的文件存在。分离通道后，原文件被关闭，每一个通道均以灰度颜色模式成为一个独立的图像文件。

## 使用"应用图像"命令合成图像

**315**

实例解析：运用"应用图像"命令，可以在图像中选择一个或多个通道进行运算，然后将运算结果显示在目标图像中，以产生各种特殊的合成效果。

知识点睛：掌握使用"应用图像"命令合成图像的操作方法。

　　打开两幅素材图像，如图 15-11 所示，选择"人物"图像为当前编辑窗口，单击"图像"|"应用图像"命令，弹出"应用图像"对话框，设置"源"为"背景 .jpg"、"混合模式"为"变亮"、"不透明度"为80，单击"确定"按钮，即可合成图像，效果如图 15-12 所示。

图15-11 打开两幅素材图像　　　　　　　　图15-12 合成图像

# 316 使用"计算"命令合成图像

实例解析："计算"命令可以用来混合两个来自一个或多个源图像的单个通道，使用该命令可以创建新的通道和选区，也可以生成新的黑白图像。

知识点睛：掌握使用"计算"命令合成图像的操作方法。

打开两幅素材图像，如图 15-13 所示，选择"骏马"图像为当前编辑窗口，单击"图像"｜"计算"命令，弹出"计算"对话框，设置"源 1"为"野外 .jpg"、"混合模式"为"正片叠底"、"不透明度"为 80，单击"确定"按钮，即可合成图像，效果如图 15-14 所示。

图15-13 打开两幅素材图像　　　　　　　　图15-14 合成图像

"计算"对话框中各主要选项含义如下。

➢ "源 1"：选择要参与计算的第一幅图像，系统默认为当前编辑的图像。
➢ "图层"：选择要使用的图层。
➢ "通道"：选择第一幅图像中要进行计算的通道名。
➢ "源 2"：选择要参与计算的第二幅图像。
➢ "混合"：选择图像合成的模式。
➢ "结果"：选择如何应用混合模式结果。

# 15.5 通道应用

通道的功能很强大，在制作特殊的图像特效时，都离不开通道的协助。本节主要介绍快速抠选动物、快速抠选透明婚纱、选取纯黑背景及制作散点图像的操作方法。

## 317

难度级别：★★★☆☆

### 快速抠选动物

| | |
|---|---|
| 实例解析： | 通道中保存了图像最原始的颜色信息，合理使用通道可以建立其他方法无法创建的图像选区。 |
| 素材文件： | 动物.psd |
| 效果文件： | 动物.psd |
| 视频文件： | 317 快速抠选动物.mp4 |

**STEP 01** 按【Ctrl+O】组合键，打开一幅素材图像，展开"通道"面板，选择"蓝"通道，复制此通道，得到"蓝 副本"通道，如图15-15所示，按【Ctrl+I】组合键执行"反相"操作。

**STEP 02** 单击"图像"｜"调整"｜"色阶"命令，弹出"色阶"对话框，设置"输入色阶"文本框分别为0、2.01、53，单击"确定"按钮，效果如图15-16所示。

图15-16 调整图像色阶

图15-15 "蓝 副本"通道

**STEP 03** 单击"通道"面板底部的"将通道作为选区载入"按钮，即可载入选区，单击RGB通道左侧的"指示通道可见性"图标，显示RGB通道，如图15-17所示，隐藏"蓝副本"通道。

**STEP 04** 切换至"图层"面板，单击"编辑"｜"拷贝"命令，复制图像，单击"编辑"｜"粘贴"命令，粘贴图像，隐藏"背景"图层，效果如图15-18所示。

图14-17 显示RGB通道

图14-18 隐藏"背景"图层

# 318

难度级别：★★★☆☆

## 快速抠选透明婚纱

实例解析：在Photoshop CS6中，用户可以根据需要使用通道对有婚纱的图像进行抠图。

素材文件：婚纱照.jpg

效果文件：婚纱照.psd/jpg

视频文件：318 快速抠选透明婚纱.mp4

STEP 01 按【Ctrl+O】组合键，打开一幅素材图像，如图15-19所示，复制背景图层，切换至"通道"面板，复制"蓝"通道，按【Ctrl+L】组合键，弹出"色阶"对话框。

STEP 02 设置"输入色阶"分别为87、2.21、255，单击"确定"按钮，选取工具箱中的画笔工具，设置前景色为黑色，在图像上人物以外的区域涂抹，效果如图15-20所示。

图15-19 打开素材图像

图15-20 涂抹图像

STEP 03 按住【Ctrl】键的同时，在"通道"面板中单击"蓝副本"通道左侧的缩览图，调出选区，选取工具箱中的多边形套索工具，单击工具属性栏中的"添加到选区"按钮，在图像编辑窗口中加选选区，如图15-21所示。

STEP 04 显示RGB通道，切换到"图层"面板，按【Ctrl+Shift+I】组合键，将选区进行反向，隐藏"背景"图层，选择"背景图层副本"图层，按【Delete】键删除选区内的图像，取消选区，效果如图15-22所示。

图15-21 加选选区

图15-22 删除选区内的图像

# 319

难度级别：★★★☆☆

## 选取纯黑背景

实例解析：在Photoshop CS6中，用户可以使用通道进行快速抠像。下面介绍抠选纯黑背景艺术写真的操作方法。

素材文件：艺术写真.jpg

效果文件：艺术写真.psd/jpg

视频文件：319 选取纯黑背景.mp4

STEP 01 按【Ctrl+O】组合键，打开一幅素材图像，展开"通道"面板，按住【Ctrl】键的同时单击"通道"面板中的"绿"通道，调出选区，如图15-23所示。

STEP 02 在"图层"面板中新建"图层1"图层，设置前景色为绿色（RGB参数值分别为54、255、0），按【Alt+Delete】组合键填充颜色，并取消选区，如图15-24所示。

图15-23 调出选区

图15-24 取消选区

STEP 03 隐藏"图层1"图层，用相同的方法分别载入"红"和"蓝"通道选区，分别以红色（RGB参数值分别为255、0、0）和蓝色（RGB参数值分别为0、0、225）填充选区，并取消选区，如图15-25所示。

STEP 04 执行上述操作后，隐藏"背景"图层，显示"图层1"图层和"图层2"图层，设置"图层2"图层和"图层3"图层的混合模式为"滤色"，效果如图15-26所示。

图15-25 取消选取

图15-26 设置混合模式为"滤色"

# 320

难度级别：★★★☆☆

## 制作散点图像

实例解析：相框除了能让照片更加出彩外，还可以表达出一种艺术情感。在Photoshop CS6中，用户可以根据需要，使用通道制作散点相框。

素材文件：生活照.jpg

效果文件：生活照.psd/jpg

视频文件：320 制作散点图像.mp4

STEP 01 按【Ctrl+O】组合键，打开一幅素材图像，如图15-27所示，单击"通道"面板底部的"创建新通道"按钮，新建一个通道，单击"选择"|"全部"命令，创建一个与画布同等大小的选区，单击"编辑"|"描边"命令，弹出"描边"对话框。

STEP 02 设置"宽度"为150px、"颜色"为白色，单击"确定"按钮，取消选区，单击"滤镜"|"模糊"|"高斯模糊"命令，弹出"高斯模糊"对话框，设置"半径"为15像素，单击"确定"按钮，添加"高斯模糊"滤镜，效果如图15-28所示。

图15-27 打开素材图像

图15-28 添加"高斯模糊"滤镜

STEP 03 单击"滤镜"|"像素化"|"彩色半调"命令，弹出"彩色半调"对话框，设置"最大半径"为10像素，单击"确定"按钮，添加"彩色半调"滤镜，确定Alpha 1通道为当前通道，效果如图15-39所示，单击"选择"|"载入选区"命令。

STEP 04 弹出"载入选区"对话框，单击"确定"按钮，载入Alpha 1通道选区，展开"图层"面板，单击面板底部的"创建新图层"按钮，设置前景色为绿色（RGB参数值分别为40、246、24），选取油漆桶工具，填充颜色，取消选区，效果如图15-30所示。

图15-29 确定Alpha 1通道为当前通道

图15-30 取消选区

# 321

难度级别：★★★☆☆

## 制作放射图像

实例解析：在Photoshop CS6中，用户可以利用通道制作出放射图像。下面介绍制作放射图像的操作方法。

素材文件：影片.jpg

效果文件：影片.psd/jpg

视频文件：321 制作放射图像.mp4

STEP 01 按【Ctrl＋O】组合键，打开一幅素材图像，如图15-31所示，展开"通道"面板，选择"蓝"通道，复制此通道，得到"蓝副本"通道，选取工具箱中的画笔工具，将图像中影片胶带条擦除，单击"滤镜"|"模糊"|"径向模糊"命令。

STEP 02 弹出"径向模糊"对话框，设置"数量"为100，选中"缩放"单选按钮，适当调整"中心模糊"的位置，单击"确定"按钮，添加"径向模糊"滤镜，连续单击"滤镜"|"模糊"|"径向模糊"命令3次，如图15-32所示。

图15-31 打开素材图像

图15-32 添加"径向模糊"滤镜

STEP 03 按【Ctrl】键的同时单击"蓝副本"通道的缩览图，载入选区，如图15-33所示，切换至"图层"面板，并新建"图层1"图层，设置前景色为白色。

STEP 04 执行上述操作后，选取工具箱中的油漆桶工具，填充选区，并取消选区，设置"图层1"图层的混合模式为"叠加"，效果如图17-34所示。

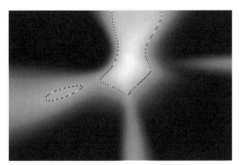

图15-33 载入选区

图15-34 设置"图层1"的混合模式为"叠加"

# 晋级篇

# 第16章　蒙版的创建与应用技巧

## 学习提示

　　图层蒙版是Photoshop CS6图层的精华,通过使用图层蒙版可以创建许多梦幻般的图像效果,是合成图像时必不可少的操作。本章主要介绍"蒙版"面板、创建与编辑剪贴蒙版、创建与编辑快速蒙版、创建矢量蒙版等操作方法。

## 主要内容

　　↓ 初识蒙版　　　　　　　　　　↓ 创建与编辑矢量蒙版
　　↓ 创建与编辑剪贴蒙版　　　　　↓ 创建图层蒙版
　　↓ 创建与编辑快速蒙版　　　　　↓ 编辑图层蒙版

## 重点与难点

　　↓ 管理图层蒙版
　　↓ 将矢量蒙版转换为选区
　　↓ 将矢量蒙版转换为图层蒙版

## 学完本章后你会做什么

　　↓ 掌握了蒙版的类型和蒙版的作用
　　↓ 掌握了创建剪贴蒙版和设置剪贴蒙版混合模式等的操作方法
　　↓ 掌握了通过选区创建图层蒙版和直接创建图层蒙版的操作方法

## 视频文件

# 16.1 初识蒙版

图像合成是 Photoshop CS6 标志性的应用领域，无论是平面广告设计、效果图修饰、数码相片后期处理还是视觉艺术创意，都无法脱离图像合成的操作。在利用 Photoshop 进行图像合成时，可以使用多种方法，其中使用得最多的还是蒙版技术。

## 322

### 蒙版的类型

实例解析：Photoshop CS6中的蒙版类型包括剪贴蒙版、快速蒙版、图层蒙版和矢量蒙版4种。

知识点睛：了解蒙版的类型。

在 Photoshop 中有以下 4 种类型的蒙版。

### 1．剪贴蒙版

这是一类通过图层与图层之间的关系，控制图层中图像显示区域与显示效果的蒙版，能够实现一对一或一对多的屏蔽效果。

### 2．快速蒙版

快速蒙版出现的意义是制作选择区域，而其制作方法则是通过屏蔽图像的某一个部分、显示另一个部分来达到制作精确选区的目的。

### 3．图层蒙版

图层蒙版是使用最为频繁的一类蒙版，绝大多数图像合成作品都需要使用图层蒙版。

### 4．矢量蒙版

矢量蒙版是图层蒙版的另一种类型，但两者可以共存，用于以矢量图像的形式屏蔽图像。

## 323

### 蒙版的作用

实例解析：蒙版突出的作用就是屏蔽，无论是什么样的蒙版，都可以对图像的某些区域起到屏蔽作用，这是蒙版存在的终极意义。

知识点睛：了解蒙版的作用。

Photoshop CS6 中蒙版有以下 4 种作用。

### 1．剪贴蒙版

对于剪贴蒙版而言，基层图层中的像素分布将影响剪贴蒙版的整体效果，基层中的像素不透明度越高分布范围就越大，则整个剪贴蒙版产生的效果也越不明显，反之则越明显。

### 2. 快速蒙版

快速蒙版通过不同的颜色对图像产生屏蔽作用，效果非常明显。

### 3. 图层蒙版

图层蒙版依靠蒙版中像素的亮度，使图层显示出被屏蔽的效果，亮度越高，图层蒙版的屏蔽作用越小，反之，图层蒙版中像素的亮度越低，则屏蔽效果越明显。

### 4. 矢量蒙版

矢量蒙版依靠蒙版中的矢量路径的形状与位置使图像产生被屏蔽的效果。

## 16.2 创建与编辑剪贴蒙版

图层蒙版是通道的另一种表现形式，可用于为图像添加遮盖效果。灵活运用蒙版与选区，可以制作出丰富多彩的图像效果。

### 创建剪贴蒙版

**324**

难度级别：★★★☆☆

| | |
|---|---|
| 实例解析： | 剪贴蒙版可以用一个图层中包含像素的区域来限制它上层图像的显示范围，它的最大优点是可以通过一个图层来控制多个图层的可见内容。 |
| 素材文件： | 绿色草地.psd |
| 效果文件： | 绿色草地.psd/jpg |
| 视频文件： | 324 创建剪贴蒙版.mp4 |

STEP 01 按【Ctrl+O】组合键，打开一幅素材图像，如图16-1所示。

STEP 02 单击"图层"｜"创建剪贴蒙版"命令，创建剪贴蒙版，效果如图16-2所示。

图16-1 打开素材图像

图16-2 创建剪贴蒙版

**专家提醒**

单击"图层"｜"释放剪贴蒙版"命令，即可从剪贴蒙版中释放出该图层，如果该图层上面还有其他内容图层，则这些图层也会一同被释放。

## 325 设置剪贴蒙版混合模式

**实例解析**：在Photoshop CS6中，图层的混合模式对剪贴蒙版的整体效果影响非常大。

**知识点晴**：掌握设置剪贴蒙版混合模式的操作方法。

混合模式对剪贴蒙版的影响分为两类，一类是内容图层应用混合模式所产生的影响；另一类是基层应用混合模式所产生的影响。

打开一幅素材图像，如图 16-3 所示，在"图层"面板中选择"图层 2"图层，设置图层的混合模式为"明度"，效果如图 16-4 所示。

图16-3  素材图像　　　　　图16-4  设置图层的混合模式为"明度"

## 326 设置剪贴蒙版不透明度

**实例解析**：在Photoshop CS6中，用户可以根据需要设置剪贴蒙版的不透明度。

**知识点晴**：掌握设置剪贴蒙版不透明度的操作方法。

与设置剪贴蒙版的混合模式一样，在设置基层的不透明度属性后，将影响整个剪贴蒙版。基层不透明度值越大，则图层内容显示也越清晰，反之基层的不透明度值越小则图层内容也越暗淡，如果基层的不透明度为 0，则整个剪贴蒙版不可见。

打开一幅素材图像，如图 16-5 所示，在"图层"面板中选择"图层 2"图层，设置图层的"不透明度"为 58%，效果如图 16-6 所示。

图16-5 素材图像

图16-6 设置图层的"不透明度"为58%

# 16.3 创建与编辑快速蒙版

快速蒙版是一种手动创建选区的方法，其特点是与绘图工具结合起来创建选区，较适用于对选择要求不高的情况。本节主要介绍创建快速蒙版与编辑快速蒙版的操作方法。

## 创建快速蒙版

**327**

难度级别：★★★☆☆

| | |
|---|---|
| 实例解析： | 快速蒙版是一种手动间接创建选区的方法，其特点是与绘图工具结合起来创建选区，较适用于对选择要求不高的情况。 |
| 素材文件： | 花朵.jpg |
| 效果文件： | 花朵.psd/jpg |
| 视频文件： | 327 创建快速蒙版.mp4 |

STEP 01 按【Ctrl+O】组合键，打开一幅素材图像，选取工具箱中的磁性套索工具，在图像编辑窗口中创建选区，如图16-7所示。

STEP 02 单击工具箱底部的"以快速蒙版模式编辑"按钮，即可创建快速蒙版，效果如图16-8所示。

创建

图16-7 在图像编辑窗口中创建选区

图16-8 创建快速蒙版

**专家提醒**

快速蒙版的特点是与绘图工具结合起来创建选区，较适合用于对选择要求不高的情况。

# 328

## 编辑快速蒙版

**实例解析：** 创建好快速蒙版后，根据工作需要，用户可以对快速蒙版进行"切换至正常编辑状态"操作。

**知识点睛：** 掌握编辑快速蒙版的操作方法。

在图像上建立了快速蒙版后，单击底部的"以标准模式编辑"按钮 ，即可切换至正常编辑状态，如图 16-9 所示。

图16-9 原图与切换至正常编辑状态的效果图

> **专家提醒**
>
> 进入快速蒙版后，运用黑色绘图工具进行作图时，将在图像中得到红色的区域，即是非选区区域；当运用白色绘图工具进行作图时，可以去除红色的区域，则生成的选区，用灰色绘图工具进行作图，且生成的选区将会带有一定的羽化。

# 16.4 创建与编辑矢量蒙版

与图层蒙版非常相似，矢量蒙版也是一种控制图层中图像显示与隐藏的方法，不同的是，矢量蒙版是依靠路径来限制图像的显示与隐藏，因此，它创建的都是具有规则边缘的蒙版。本节主要介绍创建与删除矢量蒙版的操作方法。

# 329

难度级别：★★★☆☆

## 创建矢量蒙版

**实例解析：** 矢量蒙版是由钢笔、自定义等矢量工具创建的蒙版，矢量蒙版与分辨率无关，常用来制作Logo、按钮或其他Web设计元素。

**素材文件：** 海底世界.psd

**效果文件：** 海底世界.psd/jpg

**视频文件：** 329 创建矢量蒙版.mp4

STEP 01 按【Ctrl＋O】组合键，打开一幅素材图像，选取工具箱中的自定形状工具，设置"形状"为"网格"，在图像编辑窗口中的合适位置绘制一个网格路径，如图16-10所示。

STEP 02 单击"图层"｜"矢量蒙版"｜"当前路径"命令，即可创建矢量蒙版，在"图层"面板中即可查看到基于当前路径创建的矢量蒙版，如图16-11所示。

图16-10 绘制一个网格路径

图16-11 创建矢量蒙版

## 330 删除矢量蒙版

**实例解析：** 在Photoshop CS中，如果创建的矢量蒙版不需要了，用户可以根据需要删除多余的矢量蒙版。

**知识点睛：** 掌握删除矢量蒙版的操作方法。

删除图层矢量蒙版，可以选择"图层"｜"删除矢量蒙版"命令，或者在"图层"面板中单击图层矢量蒙版并拖动至删除图层按钮上。如果要删除图层矢量蒙版中的某一条或某几条路径，可以使用工具箱中路径选择工具将路径选中，然后按【Delete】键删除。

# 16.5 创建图层蒙版

图层蒙版依靠蒙版中像素的亮度，使图层显示出被屏蔽的效果，亮度越高，屏蔽作用越小，反之，亮度越低，则屏蔽效果越明显。本节主要介绍通过选区创建图层蒙版及直接创建图层蒙版的操作方法。

## 331 通过选区创建图层蒙版

**实例解析：** 在Photoshop CS6中，如果当前图像存在选区，用户可以根据需要将选区转换为图层蒙版。

**素材文件：** 笔记本.psd

**效果文件：** 笔记本.psd/jpg

**视频文件：** 331 通过选区创建图层蒙版.mp4

难度级别：★★★☆☆

STEP 01 按【Ctrl+O】组合键, 打开一幅素材图像, 在 "图层" 面板中选择 "图层1" 图层, 选取工具箱中的套索工具, 移动鼠标指针至图像编辑窗口, 创建一个心形选区, 如图16-12所示。

STEP 02 按【Shift+F6】组合键, 弹出 "羽化选区" 对话框, 设置 "羽化半径" 为10, 单击 "确定" 按钮, 在 "图层" 面板中单击底部的 "添加图层蒙版" 按钮, 即可创建图层蒙版, 效果如图16-13所示。

图16-12 创建一个心形选区

图16-13 创建图层蒙版

专家提醒

# 332

## 直接创建图层蒙版

实例解析: 在Photoshop CS6中编辑图像时, 若当前不存在选区, 用户可以直接为某个图层或图层添加图层蒙版。

知识点睛: 掌握直接创建图层蒙版的操作方法。

打开一幅素材图像, 展开 "图层" 面板, 选择 "图层 1" 图层, 如图 16-14 所示, 单击 "图层" 面板底部的 "添加图层蒙版" 按钮, 即可直接创建图层蒙版, 如图 16-15 所示。

图16-14 素材图像

图16-15 直接创建图层蒙版

# 16.6 编辑图层蒙版

图层蒙版就是一个灰度格式的图像，用户可以使用多种多样的方式对其进行编辑。本节主要介绍隐藏图像和显示图像的操作方法。

## 333 隐藏图像

难度级别：★★★☆☆

实例解析：在图层蒙版存在的情况下，用户根据需要可以对图层蒙版进行隐藏。

素材文件：风景.psd

效果文件：风景.psd/jpg

视频文件：333 隐藏图像.mp4

STEP 01 按【Ctrl+O】组合键，打开一幅素材图像，如图16-16所示，在"图层"面板中，选择"图层2"图层。

STEP 02 单击"图层" | "图层蒙版" | "隐藏全部"命令，即可隐藏图像，如图16-17所示。

图16-16 打开素材图像

图16-17 隐藏图像

**专家提醒**

不同图层蒙版使用的命令也将有所区别，若图像中添加的是"矢量蒙版"，则需单击"图层" | "矢量蒙版" | "隐藏全部"命令，才可隐藏矢量蒙版。

## 334 显示图层蒙版

难度级别：★★★☆☆

实例解析：在图层蒙版存在的状态下，只能观察未被图层蒙版隐藏的部分图像，因此不利于对图像进行编辑。

素材文件：落叶.psd

效果文件：落叶.psd/jpg

视频文件：334 显示图层蒙版.mp4

STEP 01 按【Ctrl+O】组合键，打开一幅素材图像，如图16-18所示，将鼠标指针移至"图层"面板中的"图层蒙版缩览图"图标上。

STEP 02 选择图标，设置前景色为白色，按【Alt+Delete】组合键填充前景色，即可显示图像，如图16-19所示。

图16-18 打开素材图像

图16-19 显示图像

# 16.7 管理图层蒙版

为了节省存储空间和提高图像处理速度，用户可通过执行停用图层蒙版、应用图层蒙版或删除图层蒙版等操作来减小图层文件的大小。

## 335

### 停用/启用图层蒙版

**实例解析：** 在图像编辑窗口中添加蒙版后，如果后面的操作不再需要蒙版，用户可以将其关闭以节省对系统资源的占用。

**知识点睛：** 掌握停用/启用图层蒙版的操作方法。

在"图层"面板中右击"图层 1"图层蒙版，在弹出的快捷菜单中选择"停用图层蒙版"选项，停用图层蒙版，效果如图 16-20 所示，再次右击"图层"面板，在弹出的快捷菜单中选择"启用图层蒙版"选项，即可启用图层蒙版，如图 16-21 所示。

图16-20 停用图层蒙版

图16-21 启用图层蒙版

## 336

### 删除图层蒙版

**实例解析：** 在Photoshop CS6中，用户可以将创建的图层蒙版删除，图像即可还原为设置图层蒙版之前的效果。

**知识点睛：** 掌握停用/启用图层蒙版的操作方法。

在"图层"面板中选择"图层1"图层,如图16-22所示,右击"图层"面板中"图层1"图层的图层蒙版,在弹出的快捷菜单中选择"删除图层蒙版"选项,即可删除图层蒙版,效果如图16-23所示。

图16-22 选择"图层1"图层

图16-23 删除图层蒙版

## 337 应用图层蒙版

**实例解析:** 在Photoshop CS6中,用户在编辑图像过程中,如果创建了图层蒙版,可以应用图层蒙版来减小文件大小。

**知识点睛:** 掌握应用图层蒙版的操作方法。

图层蒙版起到显示及隐藏图像的作用,并非删除了图像。因此,如果某些图层蒙版效果已无须再进行改动,可以应用图层蒙版,使图层转换为普通图层,从而减小图像文件大小。

**专家提醒**

应用图层蒙版效果后,图层蒙版中的白色区域对应的图层图像被保留,而蒙版中黑色区域对应的图层图像被删除,灰色过度区域所对应的图层图像部分像素被删除。

## 338 选择/移动图层蒙版

**实例解析:** 在Photoshop CS6中,用户在编辑图像过程中,可以根据需要选择或移动图层蒙版。

**知识点睛:** 掌握选择/移动图层蒙版的操作方法。

选择图层蒙版的操作非常简单,只需要单击图层蒙版的缩览图即可。在图层蒙版被选中的情况下,蒙版周围将显示出一个方框,移动鼠标指针至蒙版上,单击并向下拖动,移动蒙版至其他图层上,释放鼠标左键,即可移动图层蒙版。

# 339

## 查看图层蒙版

实例解析：在Photoshop CS6中编辑图像时，用户可以根据需要查看图层蒙版。

知识点睛：掌握查看图层蒙版的操作方法。

在 Photoshop CS6 中，默认情况下，图层蒙版不会显示在图像中，但如果按【Alt】键的同时单击图层蒙版缩览图，则可以在图像中显示蒙版，在此状态下可以更加直观地对蒙版进行编辑操作；如果需要恢复图像显示状态，则再次按住【Alt】键的同时单击图层蒙版缩览图即可。

# 16.8　互换图层蒙版、矢量蒙版与选区

在需要的情况下，用户可以像载入选区一样，将图层蒙版中的图像作为选区载入。本节主要介绍取消图层与图层蒙版链接、链接图层与图层蒙版、将图层蒙版转换为选区、将选区转换为图层蒙版、将矢量蒙版转换为选区及将矢量蒙版转换为图层蒙版的操作方法。

# 340

## 取消图层与图层蒙版链接

实例解析：在Photoshop CS6中，用户可以对图层与图层蒙版链接进行取消的操作。

知识点睛：掌握取消图层与图层蒙版链接的操作方法。

在"图层"面板中移动鼠标指针至"图层"面板中的"指示图层蒙版链接到图层"图标上，如图 16-24 所示，单击即可取消图层与图层蒙版的链接，如图 16-25 所示。

图16-24 移动鼠标指针至相应位置

图16-25 取消图层与图层蒙版的链接

# 341

## 链接图层与图层蒙版

实例解析：在Photoshop CS6中，用户可以根据需要，链接图层与图层蒙版。

知识点睛：掌握链接图层与图层蒙版的操作方法。

在 Photoshop CS6 中，如果图层与图层蒙版未被链接，移动鼠标指针至"图层"面板中的"指示图层蒙版链接到图层"图标上，单击鼠标左键即可链接图层与图层蒙版。默认图层与图层蒙版之间是相互链接的，因而当对其中的一方进行移动、缩放或变换操作时，另一方也会发生变化。

# 342

难度级别：★★★☆☆

## 将图层蒙版转换为选区

实例解析：在Photoshop CS6中，用户可以根据工作需要将图层蒙版转换为选区。

素材文件：杯子.psd

效果文件：杯子.psd/jpg

视频文件：342 将图层蒙版转换为选区.mp4

STEP 01　按【Ctrl＋O】组合键，打开一幅素材图像，如图16-26所示，在"图层"面板中选择"图层1"图层。

STEP 02　单击鼠标右键，在弹出的快捷菜单中选择"添加蒙版到选区"选项，即可将图层蒙版转换为选区，如图16-27所示。

图16-26　打开素材图像

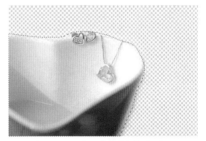

图16-27　图层蒙版转换为选区

# 343

## 将选区转换为图层蒙版

实例解析：在Photoshop CS6中，用户可以根据工作需要将选区转换为图层蒙版。

知识点睛：掌握将选区转换为图层蒙版的操作方法。

在当前图像中存在选区的情况下,移动鼠标指针至"图层"面板中,单击添加图层蒙版按钮 ⬜ ,即可从当前选区所选择的范围来显示或隐藏图像,选择范围在转换为图层蒙版后将变为白色图像。

# 344

## 将矢量蒙版转换为选区

实例解析:普通图层的矢量蒙版与形状图层的矢量蒙版,两者的特性是完全相同的,用户可以像载入形状图层的选区一样载入矢量蒙版的选区。

知识点睛:掌握将矢量蒙版转换为选区的操作方法。

打开一幅素材图像,在"图层"面板中选择"图层 1"图层,如图 16-28 所示,在"图层 1"矢量蒙版缩览图上,按住【Ctrl】键的同时,单击鼠标左键,即可将矢量蒙版转换为选区,如图 16-29 所示。

图16-28 选择"图层1"图层　　　　　　　　图16-29 将矢量蒙版转换为选区

# 345

## 将矢量蒙版转换为图层蒙版

实例解析:在Photoshop CS6中,用户可以根据需要将矢量蒙版转换为图层蒙版。

知识点睛:掌握将矢量蒙版转换为图层蒙版的操作方法。

对于一个矢量蒙版,它较适合于为图像添加边缘界限明显的蒙版效果,但仅能使用钢笔、矩形等工具对其进行编辑,此时用户可以通过将矢量蒙版栅格化,从而将其转换为图层蒙版,再继续使用其他绘图工具继续进行编辑。在"图层"面板中选择相应图层,单击鼠标右键,在弹出的快捷菜单中单击"栅格化矢量蒙版"命令,即可将矢量蒙版转换为图层蒙版。

**专家提醒**

除了运用上述方法外,选择菜单"图层"|"栅格化"|"矢量蒙版"命令,也可以将矢量蒙版转换为图层蒙版。

# 第17章 智能滤镜的创建与编辑

## 学习提示

　　在Photoshop CS6中，滤镜是一种插件模块，能对图像中的像素进行操作，也可以模拟一些特殊的光照效果或带有装饰的纹理效果。本章主要介绍滤镜的应用基础、滤镜库、智能滤镜及特殊滤镜的基础知识。

## 主要内容

- 滤镜的基本原则
- 使用滤镜的方法和技巧
- 认识滤镜库图层
- 滤镜效果图层的操作
- 使用智能滤镜
- 特殊滤镜

## 重点与难点

- 创建智能滤镜
- 液化效果
- 消失点效果

## 学完本章后你会做什么

- 掌握了使用滤镜的方法和使用滤镜的技巧
- 掌握了添加滤镜效果图层和调整滤镜效果图层的顺序等操作方法
- 掌握了创建智能滤镜、编辑智能滤镜及停用/启用智能滤镜的操作方法

## 视频文件

# 17.1 滤镜应用基础

"滤镜"这一专业术语源于摄影，通过它可以模拟一些特殊的光照效果，或者带有装饰形的纹理效果。Photoshop CS6 提供了多种滤镜效果，且功能强大，被广泛应用于各种领域，合理地应用滤镜可以使用户在处理图像时能轻而易举地制作出绚丽的图像效果。

## 346 滤镜的基本原则

实例解析：在Photoshop CS6中，所有的滤镜都有相同之处，掌握好相关的操作要领，才能更加准确地、有效地使用各种滤镜特效。

知识点睛：了解滤镜的基本原则。

掌握滤镜的使用原则必不可少，具体内容如下。

➤ 上一次使用过的滤镜显示在"滤镜"菜单顶部，按【Ctrl＋F】组合键，可再次以相同参数应用上一次的滤镜；按【Ctrl＋Alt＋F】组合键，可再次打开相应的滤镜对话框。

➤ 滤镜可应用于当前选择范围、当前图层或通道，若需要将滤镜应用于整个图层，则不要选择任何图像区域或图层。

➤ 有些滤镜只对 RGB 颜色模式图像起作用，而不能将滤镜应用于整个图层，则不要选择任何图像区域或图层。

➤ 有些滤镜完全是在内存中进行处理的，因此在处理高分辨率图像时非常消耗内存。

## 347 使用滤镜的方法和技巧

实例解析：Photoshop CS6中的滤镜种类多样，功能和应用也各不相同，因此，所产生的效果也不尽相同。

知识点睛：了解使用滤镜的方法和技巧。

### 1．使用滤镜的方法

在应用滤镜的过程中，使用快捷键十分方便，下面是快捷键的使用方法。

➤ 按【Esc】键，可以取消当前正在操作的滤镜。

➤ 按【Ctrl＋Z】组合键，可以还原滤镜操作执行前的图像。

➤ 按【Ctrl＋F】组合键，可以再次应用滤镜。

➤ 按【Ctrl＋Alt＋F】组合键，可以弹出上一次应用的滤镜对话框。

### 2. 使用滤镜的技巧

滤镜的功能非常强大，掌握以下使用技巧可以提高工作效率。

➤ 在图像的部分区域应用滤镜时，可创建选区，并对选区设置羽化值，再使用滤镜，以使选区图像与源图像较好地融合。

➤ 可以对单独的某一图层中的图像使用滤镜，通过色彩混合合成图像。

➤ 可以对单一色彩通道或 Alpha 通道使用滤镜，然后合成图像，或者将 Alpha 通道中的滤镜效果应用到主图像中。

➤ 可以将多个滤镜组合使用，从而制作出漂亮的效果。

➤ 一般在工具箱中设置前景色和背景色不会对滤镜命令的使用产生作用，不过在滤镜组中有些滤镜是例外的，它们创建的效果是通过使用前景色或背景色来设置的，所以用户在应用这些滤镜前，需要先设置好当前的前景色和背景色的色彩。

## 17.2　滤镜库

Photoshop CS6 中的滤镜库是功能最为强大的一个命令，此功能允许用户重叠或重复使用某几种或某一种滤镜，从而使滤镜的应用变换更加繁多，所获得的效果也更加复杂。

**348　认识滤镜库图层**

实例解析：Photoshop CS6提供了多种滤镜效果，用户可以根据需要运用滤镜库改变图像效果。

知识点睛：了解滤镜库的组成。

单击菜单栏中的"滤镜"｜"滤镜库"命令，弹出"滤镜库"对话框，如图 17-1 所示。在"滤镜库"对话框中包括"风格化"、"画笔描边"、"扭曲"、"素描"、"纹理"和"艺术效果"6 类滤镜效果，该对话框的左侧是预览区，中间是 6 类滤镜，右侧是参数设置区。

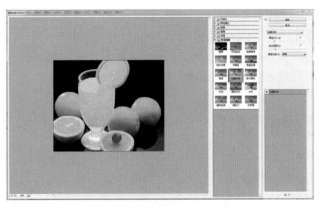

图17-1　"滤镜库"对话框

"滤镜库"对话框中各选项区域的含义如下。

➤ 预览区：用来预览滤镜效果。

➤ 缩放区：单击 ▣ 按钮，可放大预览区图像的显示比例；单击 ▣ 按钮，则缩小显示
比例。单击文本框右侧的下拉按钮 ▣ ，即可在打开的下拉菜单中选择显示比例。

➤ 显示 / 隐藏滤镜缩览图：单击该按钮，可以隐藏滤镜组，将窗口空间留给图像预览
区，再次单击则显示滤镜组。

➤ 弹出式菜单：单击 ▣ 按钮可在打开的下拉菜单中选择一个滤镜。

➤ 参数设置区："滤镜库"中共包含 6 组滤镜，单击滤镜组前的 ▣ 按钮，可以展开该
滤镜组；单击滤镜组中的滤镜可使用该滤镜，与此同时，右侧的参数设置会显示
该滤镜的参数选项。

➤ 效果图层：显示当前使用的滤镜列表。单击"眼睛"图标 ▣ 可以隐藏或显示滤镜。

➤ 当前使用的滤镜：显示当前使用的滤镜。

# 349 滤镜效果图层的操作

**实例解析**：滤镜效果图层的操作也跟图层一样灵活，其中包括添加、隐藏及删除滤镜效果图层等操作。

**知识点睛**：了解滤镜效果图层的操作。

### 1．添加滤镜效果图层

要添加滤镜效果图层，可以在参数调整区的下方单击"新建效果图层"按钮 ▣ ，此
时所添加的新滤镜效果图层延续上一个滤镜图层的参数。

### 2．调整滤镜效果图层的顺序

除了添加效果图层外，用户也可以像改变图层顺序一样更改各个效果图层的顺序，其
操作方法与调整图层顺序完全相同。选择要调整顺序的滤镜效果图层，单击并拖动至相应
位置，即可调整滤镜效果图层的顺序。

### 3．隐藏及删除滤镜效果图层

在 Photoshop CS6 中，如果用户需要查看某一个或某几个滤镜效果图层添加前的效果，
可以单击该滤镜效果图层左侧的眼睛 ▣ 图标，以将其隐藏起来。

对于不再需要的滤镜效果图层，用户可以将其删除，要删除这些图层可以通过选择该
图层，然后单击"删除效果图层"按钮 ▣ 即可。

# 17.3 使用智能滤镜

智能滤镜是 Photoshop CS6 中的一个强大功能，当所选择的图像为智能对象并运用滤
镜后，即可生成一个智能滤镜。通过智能滤镜可以进行反复编辑、修改、删除或停用等操
作，但图像所应用的滤镜效果不会被保存。

# 创建智能滤镜

实例解析：将图层转换为智能对象才能应用智能滤镜，"图层"面板中的智能对象可以直接将滤镜添加到图像中，但不破坏图像本身的像素。

素材文件：果汁.psd

效果文件：果汁.psd/jpg

视频文件：350 创建智能滤镜.mp4

STEP 01 按【Ctrl+O】组合键，打开一幅素材图像，如图17-2所示，设置前景色为白色，在"图层"面板中选择"图层1"图层。

STEP 02 单击鼠标右键，在弹出的快捷菜单中选择"转换为智能对象"选项，将图像转换为智能对象，如图17-3所示。

图17-2 打开素材图像

图17-3 将图像转换为智能对象

STEP 03 单击"滤镜"｜"扭曲"｜"球面化"命令，弹出"球面化"对话框，在其中设置各选项，如图17-4所示。

STEP 04 执行上述操作后，单击"确定"按钮，即可生成一个对应的智能滤镜图层，效果如图17-5所示。

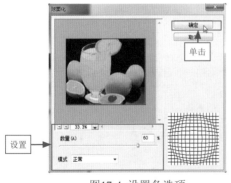

图17-4 设置各选项

图17-5 生成一个对应的智能滤镜图层

专家提醒

　　如果选择的是没有参数的滤镜，则可以直接对智能对象图层中的图像进行处理，并创建对应的智能滤镜。

# 编辑智能滤镜

**实例解析：** 在Photoshop CS6中为图像创建智能滤镜后，可以根据需要反复编辑所应用的滤镜参数。

**素材文件：** 牛奶草莓.psd

**效果文件：** 牛奶草莓.psd/jpg

**视频文件：** 351 编辑智能滤镜.mp4

**STEP 01** 按【Ctrl+O】组合键，打开一幅素材图像，将鼠标指针移至"图层1"图层中的"马赛克"滤镜效果图层上，如图17-6所示。

**STEP 02** 双击，弹出"马赛克"对话框，设置"单元格大小"为2，单击"确定"按钮，即可编辑智能滤镜，效果如图17-7所示。

图17-6 移动鼠标至相应位置

图17-7 编辑智能滤镜

**专家提醒**

在添加了多个智能滤镜的情况下，用户编辑先添加的智能滤镜，将会弹出信息提示框，提示用户需要在修改参数后才能看到这些滤镜叠加在一起应用的效果。

# 停用/启用智能滤镜

**实例解析：** 停用/启用智能滤镜可分为两种操作，即对所有的智能滤镜操作和对某个单独的智能滤镜操作。

**素材文件：** 机器人.psd

**效果文件：** 机器人.psd/jpg

**视频文件：** 352 停用、启用智能滤镜.mp4

**STEP 01** 按【Ctrl+O】组合键，打开一幅素材图像，如图17-8所示，在"图层"面板中选择"图层1"图层。

**STEP 02** 单击"图层"面板中"镜头光晕"智能滤镜左侧的"切换单个智能滤镜可见性"图标，如图17-9所示。

图17-8　打开素材图像

图17-9　单击"切换单个智能滤镜可见性"图标

**STEP 03** 执行上述操作后，即可停用智能滤镜，如图17-10所示，在"图层"面板中选择"图层1"图层。

**STEP 04** 再次单击"镜头光晕"智能滤镜左侧的"切换单个智能滤镜可见性"图标，即可启用智能滤镜，如图17-11所示。

图17-10　停用智能滤镜

图17-11　启用智能滤镜

**专家提醒**

要停用所有智能滤镜，可以在其所属的智能对象图层最右侧的"指示滤镜效果"按钮上单击鼠标右键，在弹出的快捷菜单中选择"停用智能滤镜"选项，即可隐藏所有智能滤镜生成的图像效果，再次在该位置上单击鼠标右键，在弹出的快捷菜单上选择"启用智能滤镜"选项，将显示所有智能滤镜。

# 删除智能滤镜

**实例解析：** 在滤镜名称上单击鼠标右键，在弹出的快捷菜单中选择"删除智能滤镜"命令，或者将要删除的滤镜拖动至"图层"面板底部的删除图层按钮上即可。

难度级别：★★★☆☆

素材文件：水中花.psd

效果文件：水中花.psd/jpg

视频文件：353 删除智能滤镜.mp4

**STEP 01** 按【Ctrl+O】组合键，打开一幅素材图像，如图17-12所示，在"图层"面板中选择"图层1"图层。

**STEP 02** 在"拼贴"智能滤镜上单击鼠标右键，在弹出的快捷菜单中选择"删除智能滤镜"选项，即可删除智能滤镜，如图17-13所示。

图17-12 打开素材图像

图17-13 删除智能滤镜

**专家提醒**

需要清除所有的智能滤镜，可以使用以下两种方法。

➢ 快捷菜单：在智能滤镜上单击鼠标右键，在弹出的快捷菜单中选择"清除智能滤镜"选项。

➢ 命令：单击"图层"｜"智能滤镜"｜"清除智能滤镜"命令。

# 17.4 特殊滤镜

在 Photoshop CS6 中，特殊滤镜是相对众多滤镜组中的滤镜而言的，它相对独立，但功能强大，使用频率也较高。本节主要介绍制作液化效果和消失点的操作方法。

## 354 难度级别：★★★☆☆

### 液化效果

实例解析：在Photoshop CS6中，使用"液化"滤镜可以逼真地模拟液化流动的效果，通过它用户可以对图像进行调整弯曲、旋转、扩展和收缩等操作。

素材文件：女孩.jpg

效果文件：女孩.jpg

视频文件：354 液化效果.mp4

STEP 01 按【Ctrl＋O】组合键，打开一幅素材图像，如图17-14所示，单击"滤镜"｜"液化"命令。

STEP 02 弹出"液化"对话框，单击"向前变形工具"按钮，移动鼠标指针至图像中人物衣服上，如图17-15所示。

图17-14　打开素材图像

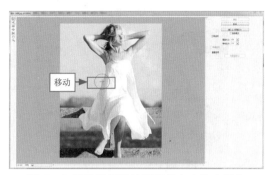

图17-15　移动鼠标指针至图像中人物衣服上

STEP
03　在缩略图人物衣服上单击并向内拖动，重复操作，如图17-16所示。

STEP
04　执行上述操作后，单击"确定"按钮即可液化图像，效果如图17-17所示。

图17-16　单击重复操作

图17-17　液化图像

# 355

难度级别：★★★☆☆

## 消失点效果

**实例解析：** 在Photoshop CS6中，使用"消失点"滤镜可以根据需要将选定的区域内的图像复制并移至图像上的任意位置，去除部分图像。

素材文件：海边.jpg

效果文件：海边.jpg

视频文件：355 消失点效果.mp4

STEP
01　按【Ctrl+O】组合键，打开一幅素材图像，如图17-18所示，单击"滤镜"｜"消失点"命令。

STEP
02　弹出"消失点"对话框，单击"创建平面工具"按钮，创建一个透视矩形框，并适当调整透视矩形框，如图17-19所示。

图17-18 打开素材图像

图17-19 适当调整透视矩形框

STEP 03 执行上述操作后，单击"选框工具"按钮，在透视矩形框中双击，按住【Alt】键的同时单击鼠标左键并拖动，如图17-20所示。

STEP 04 单击"变换工具"按钮，调出变换控制框，移动鼠标至控制柄上，单击并拖动，调整大小，单击"确定"按钮，即可去除部分图像，如图17-21所示。

图17-20 单击鼠标左键重复操作

图17-21 去除部分图像

专家提醒

使用"消失点"滤镜，用户可以自定义透视参考线，从而将图像复制、转换或移动到透视结构图上，图像进行透视校正编辑中，将通过消失点在图像中指定平面，然后可应用绘制、仿制、复制、粘贴及变换等编辑操作。

# 第18章 应用滤镜制作艺术效果

## 学习提示

在Photoshop CS6中有很多常用的滤镜，如"风格化"滤镜、"模糊"滤镜如"杂色"滤镜等。本章主要介绍扭曲、像素化、杂色、模糊、画笔描边、素描以及艺术效果滤镜效果的操作方法。

## 主要内容

- ↓ "扭曲"滤镜组
- ↓ "像素化"滤镜组
- ↓ "杂色"滤镜组

- ↓ "模糊"滤镜组
- ↓ "画笔描边"滤镜组
- ↓ "素描"滤镜组

## 重点与难点

- ↓ 添加中间值效果
- ↓ 壁画效果
- ↓ 水彩效果

## 学完本章后你会做什么

- ↓ 掌握了切变效果、极坐标效果及球面化效果的操作方法
- ↓ 掌握了马赛克效果、点状化效果及碎片效果的操作方法
- ↓ 掌握了强化边缘效果、喷溅效果、成角的线条效果及阴影线效果的操作方法

## 视频文件

# 18.1 "扭曲"滤镜组

　　"扭曲"滤镜的主要作用是将图像按照一定的方式在几何意义上进行扭曲。本节主要介绍"扭曲"滤镜组中的切变、极坐标及球面化效果的操作方法。

## 切变效果

实例解析："切变"滤镜是沿一条曲线扭曲图像，在"切变"对话框中，可以通过拖动框中的线条添加节点来设定扭曲曲线形状。

知识点睛：了解制作切变效果的操作方法。

难度级别：★★★☆☆

　　单击"滤镜"｜"扭曲"｜"切变"命令，弹出"切变"对话框，在其中设置各选项即可为图像添加切变效果。图18-1所示为图像添加切变效果的前后对比图。

图18-1 图像添加切变效果的前后对比图

　　"切变"对话框中各主要选项含义如下。
- "折回"：选中该单选按钮，将图像中的边缘填充定义的空白区域。
- "重复边缘像素"：选中该按钮，将按指定的方向扩充图像的边缘像素。

**专家提醒**

　　在"切变"对话框中沿一条曲线扭曲图像，通过拖动框中的线条来指定曲线，可以调整曲线上的任何一点，单击"默认"可将曲线恢复为直线。

## 极坐标效果

实例解析："极坐标"滤镜可使图像坐标从平面坐标转换为极坐标，或从极坐标转换为平面坐标，产生一种图像极度变形的效果。

素材文件：手拉手.jpg

效果文件：手拉手.jpg

视频文件：357 极坐标效果.mp4

难度级别：★★★☆☆

STEP 01　按【Ctrl＋O】组合键，打开一幅素材图像，如图18-2所示，单击"滤镜"｜"扭曲"｜"极坐标"命令。

STEP 02　弹出"极坐标"对话框，保持默认设置，单击"确定"按钮，即可为图像添加极坐标效果，如图18-3所示。

图18-2　打开素材图像

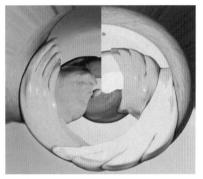

图18-3　为图像添加极坐标效果

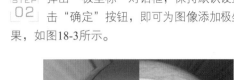

## 球面化效果

**358**

难度级别：★★★☆☆

| | |
|---|---|
| 实例解析： | "球面化"滤镜通过将选区膨胀成球形、扭曲图像及伸展图像使对象具有3D效果。 |
| 素材文件： | 蓝莲花.jpg |
| 效果文件： | 蓝莲花.jpg |
| 视频文件： | 358 球面化效果.mp4 |

STEP 01　按【Ctrl＋O】组合键，打开一幅素材图像，如图18-4所示，单击"滤镜"｜"扭曲"｜"球面化"命令。

STEP 02　弹出"球面化"对话框，设置"数量"为100%，单击"确定"按钮即可为图像添加球面化效果，如图18-5所示。

图18-4　打开素材图像

图18-5　为图像添加球面化效果

**专家提醒**

　　"球面化"对话框中的"数量"文本框用来调整球面化的缩放数值，数值大于0%时，图像向外放大；数值小于0%时，图像向内减小；"模式"列表框用于选择球面化的方向模式。

# 18.2 "像素化"滤镜组

"像素化"滤镜组主要是按照指定大小的点或块，对图像进行平均分块或平面化处理，从而产生特殊的图像效果。本节主要介绍"像素化"滤镜组中马赛克效果、点状化效果及碎片效果的操作方法。

## 马赛克效果

| | |
|---|---|
| 实例解析： | 在"像素化"滤镜组中，"马赛克"滤镜可以将画面分割成若干形状的小块，并在小块之间增加深色的缝隙。 |
| 素材文件： | 可爱狗狗.jpg |
| 效果文件： | 可爱狗狗.jpg |
| 视频文件： | 359 马赛克效果.mp4 |

难度级别：★★★☆☆

STEP 01 按【Ctrl＋O】组合键，打开一幅素材图像，如图18-6所示，单击"滤镜"｜"像素化"｜"马赛克"命令。

STEP 02 弹出"马赛克"对话框，设置"单元格大小"为10，单击"确定"按钮，即可为图像添加马赛克效果，如图18-7所示。

图18-6 打开素材图像

图18-7 为图像添加马赛克效果

"马赛克"对话框中个各主要选项含义如下。

➤ "单元格大小"：在该文本框中输入的数值将确定生成的块状图像大小，数值越大块状图像越大。

➤ "预览"：选中该复选框，可以在图像中预览马赛克效果。

**专家提醒**

"马赛克"滤镜使像素结为方形块，给定块中的像素颜色相同，块颜色代表选区中的颜色。

# 360

难度级别：★★★☆☆

## 点状化效果

实例解析："点状化"滤镜在晶块间产生空隙，空隙内用背景色填充，也是通过"单元格大小"选项来控制晶块的大小。

素材文件：桃花.jpg

效果文件：桃花.jpg

视频文件：360 点状化效果.mp4

STEP 01 按【Ctrl＋O】组合键，打开一幅素材图像，如图18-8所示，单击"滤镜"｜"像素化"｜"点状化"命令。

STEP 02 弹出"点状化"对话框，设置"单元格大小"为3，单击"确定"按钮，即可为图像添加点状化效果，如图18-9所示。

图18-8 打开素材图像

图18-9 为图像添加点状化效果

**专家提醒**

将图像中的颜色分解为随机分布的网点，如同点状化绘画一样，并使用背景色作为网点之间的画布区域。

# 361

难度级别：★★★☆☆

## 碎片效果

实例解析："碎片"滤镜是将图像的像素复制4次，并将它们平均和移位，然后降低不透明度，产生不聚散的效果。执行该命令不需要设置参数。

素材文件：冰淇淋.jpg

效果文件：冰淇淋.jpg

视频文件：361 碎片效果.mp4

STEP 01 按【Ctrl＋O】组合键，打开一幅素材图像，如图18-10所示。

STEP 02 单击"滤镜"｜"像素化"｜"碎片"命令，即可为图像添加碎片效果，如图18-11所示。

图18-10 打开素材图像

图18-11 为图像添加碎片效果

# 18.3 "杂色"滤镜组

应用"杂色"滤镜可以减少图像中的杂点，也可以增加杂点，从而使图像混合时产生色彩散漫的效果。本节主要介绍"杂色"滤镜组中添加杂色效果和中间值效果的操作方法。

## 添加杂色效果

**362**

难度级别：★★★☆☆

| | |
|---|---|
| 实例解析： | "添加杂色"滤镜可以将一定数量的杂点以随机的方式引入到图像中，并可以使混合时产生的色彩有散漫的效果。 |
| 素材文件： | 紫色玫瑰.psd |
| 效果文件： | 紫色玫瑰.psd/jpg |
| 视频文件： | 362 添加杂色效果.mp4 |

**STEP 01** 按【Ctrl+O】组合键，打开一幅素材图像，如图18-12所示，在"图层"面板中选择"图层1"图层，单击"滤镜"|"杂色"|"添加杂色"命令。

**STEP 02** 弹出"添加杂色"对话框，设置"数量"为12，选中"单色"复选框，单击"确定"按钮，即可为图像添加杂色，如图18-13所示。

图18-12 打开素材图像

图18-13 为图像添加杂色效果

"添加杂色"对话框中的各主要选项含义如下。

➢ "数量"：该值决定图像中所产生杂色的数量，数值越大，所添加的杂色越多。

➢ "分布"：该选项组中包括"平均分布"和"高斯分布"两个单选按钮，选择不同的分布选项时所添加杂色的方式也会不同。

➢ "单色"：选中该复选框，添加的色彩将会是单色。

**专家提醒**

"杂色"滤镜添加或移去杂色或带有随机分布色阶的像素，这有助于将选区混合到周围的像素中，"杂色"滤镜可创建与众不同的纹理或移去有问题的区域，如灰尘和划痕。

## 添加中间值效果

难度级别：★★★☆☆

实例解析：在"杂色"滤镜组中的"中间值"滤镜可以通过混合选区中像素的亮度来减少图像的杂色。

素材文件：花朵.jpg

效果文件：花朵.jpg

视频文件：363 添加中间值效果.mp4

**STEP 01** 按【Ctrl＋O】组合键，打开一幅素材图像，如图18-14所示，单击"滤镜"｜"杂色"｜"中间值"命令。

**STEP 02** 弹出"中间值"对话框，设置"半径"为5像素，单击"确定"按钮，即可为图像添加中间值效果，如图18-15所示。

图18-14 打开素材图像

图18-15 为图像添加中间值效果

**专家提醒**

　　"中间值"滤镜通过搜索像素选区的半径范围来查找亮度相近的像素，清除与相邻像素差异太大的像素，并将搜索到的像素的中间亮度替换为中心像素。"中间值"滤镜在消除或减弱图像的动感效果中非常适用。

# 18.4 "模糊"滤镜组

　　应用"模糊"滤镜可以使图像中清晰或对比度较强烈的区域产生模糊的效果。本节主要介绍"模糊"滤镜组中的径向模糊效果和高斯模糊效果的操作方法。

## 径向模糊效果

难度级别：★★★☆☆

实例解析：在Photoshop CS6中，用户应用"径向模糊"滤镜可以使图像产生旋转或放射的模糊运动效果。

素材文件：宇宙.jpg

效果文件：宇宙.jpg

视频文件：364 径向模糊效果.mp4

STEP 01 按【Ctrl+O】组合键，打开一幅素材图像，如图18-16所示，单击"滤镜"｜"模糊"｜"径向模糊"命令，弹出"径向模糊"对话框。

STEP 02 设置"数量"为5，选中"旋转"单选按钮，选中"好"单选按钮，单击"确定"按钮，即可为图像添加径向模糊效果，如图18-17所示。

图18-16 打开素材图像

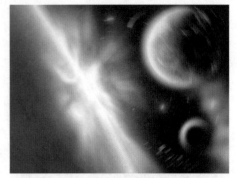

图18-17 为图像添加径向模糊效果

"径向模糊"对话框中的各主要选项含义如下。

➤ "数量"：该值确定图像模糊的程度，数值越大，模糊程度越强烈。

➤ "模糊方法"：该选项组中包括选择和缩放两种模糊方法，这两种模糊方法对图像所产生的模糊效果截然不同。

➤ "品质"：在该选项组中可以选择质量级别，其中包括草图、好和最好 3 个级别。

# 高斯模糊效果

## 365

难度级别：★★★☆☆

**实例解析：** "高斯模糊"滤镜的模糊程度比较强烈，它可以在很大的程度上对图像进行高斯模糊处理，使图像产生难以辨认的模糊效果。

素材文件：鸟语花香.jpg

效果文件：鸟语花香.jpg

视频文件：365 高斯模糊效果.mp4

STEP 01 按【Ctrl+O】组合键，打开一幅素材图像，如图18-18所示，单击"滤镜"｜"模糊"｜"高斯模糊"命令。

STEP 02 弹出"高斯模糊"对话框，设置"半径"为3，单击"确定"按钮，即可为图像添加高斯模糊效果，如图18-19所示。

图18-18 打开素材图像

图18-19 为图像添加高斯模糊效果

"高斯模糊"滤镜可以通过控制模糊半径对图像进行编辑，该对话框中的半径值决定了图像的模糊程度，数值越大，模糊越强烈；数值越小，模糊越微弱。

# 18.5 "画笔描边"滤镜组

通过应用"画笔描边"滤镜组中不同的画笔或油墨描边，可以在图像中增加颗粒、线条、杂色和锐化细节效果，从而制作出形式不同的绘画效果。本节主要介绍"画笔描边"滤镜组中的强化的边缘、喷溅、成角的线条及阴影线效果的操作方法。

## 强化的边缘效果

| | |
|---|---|
| 实例解析： | 在Photoshop CS6中的"滤镜库"对话框中选择"画笔描边"选项卡中的"强化的边缘"滤镜，可以在图像中产生颗粒飞溅的效果。 |
| 素材文件： | 可爱女孩.jpg |
| 效果文件： | 可爱女孩.jpg |
| 视频文件： | 366 强化的边缘效果.mp4 |

难度级别：★★★☆☆

STEP 01 按【Ctrl＋O】组合键，打开一幅素材图像，如图18-20所示，单击"滤镜"|"滤镜库"命令，弹出相应对话框。

STEP 02 展开"画笔描边"选项卡，选择"强化的边缘"选项，单击"确定"按钮，即可为图像添加强化的边缘效果，如图18-21所示。

图18-20 打开素材图像

图18-21 为图像添加强化的边缘效果

强化图像边缘、设置高的边缘亮度控制值时，强化效果类似白色粉笔；设置低的边缘亮度控制值时，强化效果类似黑色油墨。

# 367

难度级别：★★★☆☆

## 喷溅效果

**实例解析：** "喷溅"滤镜可以在图像中产生绘画效果，其工作原理为在图像中增加颗粒、杂色或纹理，从而使图像产生多种的绘图效果。

| | |
|---|---|
| 素材文件 | 鲜花.jpg |
| 效果文件 | 鲜花.jpg |
| 视频文件 | 367 喷溅效果.mp4 |

**STEP 01** 按【Ctrl+O】组合键，打开一幅素材图像，如图18-22所示，单击"滤镜"|"滤镜库"命令，弹出相应对话框。

**STEP 02** 执行上述操作后，展开"画笔描边"选项卡，选择"喷溅"选项，单击"确定"按钮，即可为图像添加喷溅效果，如图18-23所示。

图18-22 打开素材图像

图18-23 为图像添加喷溅效果

# 368

难度级别：★★★☆☆

## 成角的线条效果

**实例解析：** "成角的线条"滤镜用对角线来修描图像，在图像中较亮的区域用正方向的线条绘制，在较暗的区域用相反方向的线条绘制。

| | |
|---|---|
| 素材文件 | 华山.jpg |
| 效果文件 | 华山.jpg |
| 视频文件 | 368 成角的线条效果.mp4 |

**STEP 01** 按【Ctrl+O】组合键，打开一幅素材图像，如图18-24所示，单击"滤镜"|"滤镜库"命令，弹出相应对话框。

**STEP 02** 展开"画笔描边"选项卡，选择"成角的线条"选项，单击"确定"按钮，即可为图像添加成角的线条效果，如图18-25所示。

图18-24 打开素材图像

图18-25 为图像添加成角的线条效果

## 阴影线效果

**369**

难度级别：★★★☆☆

**实例解析：** "阴影线"滤镜的作用是模糊铅笔阴影，可以为图像添加纹理并粗糙化图像，同时彩色区域的边缘可以保留图像的细节和特征。

**素材文件：** 红玫瑰.jpg

**效果文件：** 红玫瑰.jpg

**视频文件：** 369 阴影线效果.mp4

STEP 01 按【Ctrl+O】组合键，打开一幅素材图像，如图18-26所示，单击"滤镜" | "滤镜库"命令，弹出相应对话框。

STEP 02 展开"画笔描边"选项卡，选择"阴影线"选项，设置"强度"为3，单击"确定"按钮，即可为图像添加阴影线效果，如图18-27所示。

图18-26 打开素材图像

图18-27 为图像添加阴影线效果

# 18.6 "素描"滤镜组

　　"素描"滤镜组中除了"水彩画纸"滤镜是以图像的色彩为标准外，其他的滤镜都是用黑、白、灰来替换图像中的色彩，从而产生多种绘画效果。本节主要介绍"素描"滤镜组中的炭精笔效果和水彩画纸效果的操作方法。

## 炭精笔效果

**370**

难度级别：★★★☆☆

**实例解析：** "炭精笔"滤镜的作用在于在图像上重复稠密的深色或纯白色，它将前景色用于较暗区域，将背景色用于较亮区域。

**素材文件：** 老店.jpg

**效果文件：** 老店.jpg

**视频文件：** 370 炭精笔效果.mp4

STEP 01　按【Ctrl+O】组合键，打开一幅素材图像，如图18-28所示，单击"滤镜"｜"滤镜库"命令，弹出相应对话框。

STEP 02　展开"素描"选项卡，选择"炭精笔"选项，单击"确定"按钮，即可为图像添加炭精笔效果，如图18-29所示。

图18-28　打开素材图像

图18-29　为图像添加炭精笔效果

# 371

难度级别：★★★☆☆

## 水彩画纸效果

实例解析：在"素描"滤镜组中选择"水彩画纸"滤镜可以产生在潮湿纸上作画时溢出的混合效果。

素材文件：别墅.jpg

效果文件：别墅.jpg

视频文件：371 水彩画纸效果.mp4

STEP 01　按【Ctrl+O】组合键，打开一幅素材图像，如图18-30所示，单击"滤镜"｜"滤镜库"命令，弹出相应对话框。

STEP 02　展开"素描"选项卡，选择"水彩画纸"选项，单击"确定"按钮，即可为图像添加水彩画纸效果，如图18-31所示。

图18-30　打开素材图像

图18-31　为图像添加水彩画纸效果

# 18.7 "艺术效果"滤镜组

　　"艺术效果"滤镜是模拟素描、蜡笔、水彩、油画及木刻石膏等手绘艺术的特殊效果，将不同的滤镜运用于不同的平面设计作品中，可以使图像产生不同的艺术效果。本节主要介绍"艺术效果"滤镜组中的壁画效果和水彩效果的操作方法。

## 壁画效果

**372**

难度级别：★★★☆☆

| | |
|---|---|
| 实例解析： | 在Photoshop CS6中，"艺术效果"滤镜组中的"壁画"滤镜用短的、圆的和潦草的斑点绘制风格粗犷的图像。 |
| 素材文件： | 水车.jpg |
| 效果文件： | 水车.jpg |
| 视频文件： | 372 壁画效果.mp4 |

STEP 01　按【Ctrl＋O】组合键，打开一幅素材图像，如图18-32所示，单击"滤镜"｜"滤镜库"命令，弹出相应对话框。

STEP 02　展开"艺术效果"选项卡，选择"壁画"选项，单击"确定"按钮，即可为图像添加壁画效果，如图18-33所示。

图18-32 打开素材图像

图18-33 为图像添加壁画效果

## 水彩效果

**373**

难度级别：★★★☆☆

| | |
|---|---|
| 实例解析： | 在Photoshop CS6中，"艺术效果"滤镜组中的"水彩"滤镜可以对图像产生水彩画的绘制效果。 |
| 素材文件： | 天空.jpg |
| 效果文件： | 天空.jpg |
| 视频文件： | 373 水彩效果.mp4 |

STEP 01 按【Ctrl+O】组合键，打开一幅素材图像，如图18-34所示，单击"滤镜"|"滤镜库"命令，弹出相应对话框。

STEP 02 展开"艺术效果"选项卡，选择"水彩"选项，单击"确定"按钮，即可为图像添加水彩效果，如图18-35所示。

图18-34 打开素材图像

图18-35 为图像添加水彩效果

**专家提醒**

　　"水彩"滤镜通过简化图像的细节改变图像边界的色调及饱和图像的颜色，使其产生一种类似于水彩风格的图像效果。

# 第19章 3D图像的创建与编辑

## 学习提示

Photoshop CS6添加了用于创建、编辑3D和基于动画内容的突破性工具，在Photoshop CS6中预设了3D模型，用户可以直接创建。除此之外，还可以从外部导入3D模型数据，也可以将3D图像转换为2D图像。本章主要介绍创建与编辑3D图像样式的操作方法。

## 主要内容

- ↓ 3D的概念
- ↓ 导入3D图层
- ↓ 移动、旋转与缩放模型
- ↓ 编辑3D面板
- ↓ 创建与导出3D场景
- ↓ 了解材料

## 重点与难点

- ↓ 渲染设置
- ↓ 材质设置
- ↓ 光源设置

## 学完本章后你会做什么

- ↓ 掌握了隐藏与显示3D场景、渲染设置、材质设置及光源设置等操作方法
- ↓ 掌握了存储3D文件、导出3D图层及从图层新建3D图像的操作方法
- ↓ 掌握了3D材质的概念、导入3D模型的材料特性及替换材料的操作方法

## 视频文件

# 19.1 初识3D图层

Photoshop CS6 可以打开并使用由 ADobe Acrobat 3D Version 8、3D StuDio Max、Alias、Maya 和 Google Earth 等格式的 3D 文件。

## 374 3D的概念

实例解析：在Photoshop CS6中，用户首先需要了解和掌握3D的概念与作用，才能使用Photoshop中的3D功能做出漂亮的三维图形。

知识点睛：了解3D的概念。

3D 也叫三维，图形内容除了有水平的 X 轴向与垂直的 Y 轴向外，还有进深的 Z 轴向，区别在于三维图形可以包含 360 度的信息，能从各个角度去表现。理论上看，三维图形的立体感、光影效果要比二维平面图形好得多，因为三维图形的立体、光线、阴影都是真实存在的。3D 技术是推进工业化与信息化"两化"融合的发动机，是促进产业升级和自主创新的推动力，是工业界与文化创意产业广泛应用的基础性、战略性技术，它嵌入了现代工业与文化创意产业的整个流程。

## 375 导入3D图层

实例解析：在Photoshop CS6中可以通过单击"文件"｜"打开"命令，直接将三维模型导入当前操作的Photoshop CS6图像编辑窗口中。

知识点睛：了解导入3D图层的操作方法。

单击"文件"｜"打开"命令，弹出"打开"对话框，在其中选择一幅 .3ds 格式的素材图像，单击"打开"按钮，即可导入 3D 图层。

**专家提醒**

新图层会显示已打开文件的尺寸，并在透明背景上显示3D模型。另外，Photoshop中支持三维模型文件的格式有.3ds、.obj、.u3d、.kmz和.dae4种格式。

## 376 移动、旋转与缩放模型

难度级别：★★★☆☆

实例解析：在Photoshop CS6中，用户可以根据需要使用3D对象工具来移动、旋转与缩放模型。

素材文件：烛台.3ds

效果文件：烛台.psd

视频文件：376 移动、旋转与缩放模型.mp4

STEP 01 按【Ctrl＋O】组合键，打开一幅素材图像，如图19-1所示，选取工具属性栏上的3D对象旋转工具 。

STEP 02 执行上述操作后，移动鼠标指针至图像编辑窗口中，单击并上下拖动，即可使模型围绕其X轴旋转，如图19-2所示。

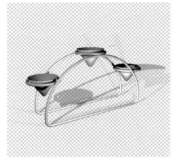

图19-1 打开素材图像

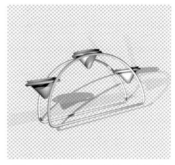

图19-2 使模型围绕其X轴旋转

STEP 03 选取工具属性栏上的3D对象平移工具 ，在两侧拖动鼠标即可将模型沿水平或垂直方向移动，如图19-3所示。

STEP 04 选取工具属性栏中的3D对象比例工具 ，上下拖动鼠标即可放大或缩小模型，如图19-4所示。

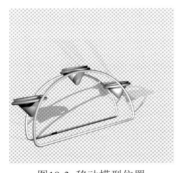

图19-3 移动模型位置

图19-4 调整模型大小

## 19.2 编辑3D面板

Photoshop CS6 中，3D 面板是每一个 3D 模型的控制中心，其作用类似于"图层"面板，不同之处在于"图层"面板显示当前图像中的所有图层，而 3D 面板仅显示当前选择的 3D 图层的模拟信息。默认情况下，3D 面板以场景模式显示，显示选中的 3D 物体的网格、材料和光源等信息。

## 377 隐藏与显示3D场景

**实例解析：** 在Photoshop CS6中，无论是导入还是创建3D模型，都会得到包含3D模型的3D图层。

**知识点睛：** 掌握隐藏与显示3D场景的操作方法。

展开 3D 面板，在 3D 面板中单击"滤镜：整个场景"按钮，单击"滤镜：整个场景"面板中相应场景图层左侧的"指示图层可见性"按钮，所选图层即可被隐藏，如图 19-5 所示，再次单击"滤镜：整个场景"面板中相应场景图层左侧的"指示图层可见性"按钮，可显示图层，如图 19-6 所示。

图19-5 隐藏图层

图19-6 显示图层

## 378 渲染设置

**实例解析：** Photoshop CS6提供了多种模型的渲染效果设置选项，用来帮助用户渲染出不同效果的三维模型。

**知识点睛：** 掌握渲染设置的操作方法。

在菜单栏上单击3D │ "连续渲染选区"命令，即可开始渲染图像，如图19-7所示。

图19-7 渲染图像

**专家提醒**

　　标准渲染预设为"默认"，显示模型的可见表面，"线框"和"顶点"预设会显示底层结构。要合并实色和线框渲染，可选择"实色线框"预设；要以反映其最外侧尺寸简单框来查看模型，可选择"外框"预设。

# 379

## 材质设置

实例解析：3D面板中的"滤镜：材质"面板可以为所创建的模型选择不同的材质。

知识点睛：掌握材质设置的操作方法。

　　单击 3D 面板中的"滤镜：材质"按钮，展开"滤镜：材质"面板，为图像添加"巴沙木"材质，效果如图 19-8 所示。

图19-8 为图像添加"巴沙木"材质

# 380

## 光源设置

实例解析：一个3D场景在默认情况下是不会显示光源的，用户可以根据需要运用"滤镜：光源"中的选项为3D模型增加光源效果。

知识点睛：掌握光源设置的操作方法。

单击 3D 面板中的"滤镜：光源"按钮，设置"预设"为"翠绿"，即可为图像添加翠绿灯光，如图 19-9 所示。

图19-9 为图像添加翠绿光

# 381

## 2D和3D转换

实例解析：在Photoshop中，对3D图层不能进行直接操作，当设置完3D模型的材质、光照后，用户可将3D图层转换为2D图层，再对其进行操作。

知识点睛：掌握2D和3D转换的操作方法。

在菜单栏上单击"图层"｜"栅格化"｜3D 命令，即可栅格化图层，使 3D 图层转换为 2D 图层，如图 19-10 所示。

图19-10 3D图层转换为2D图层

**专家提醒**

栅格化的图像会保留3D场景的外观，但格式为平面化的2D格式。除了运用上述方法可以栅格化3D图层外，用户还可以直接在3D图层中单击鼠标右键，在弹出的快捷菜单中选择"栅格化"命令。

# 19.3 创建与导出3D图层

Photoshop CS6 中，用户可以根据需要创建和导出 3D 图层，从而轻松实现建模、光源处理等操作。本节主要介绍存储 3D 文件、导出 3D 图层及从图层新建 3D 图像的操作方法。

## 存储3D文件

**382**
难度级别：★★★☆☆

| | |
|---|---|
| 实例解析： | 在Photoshop CS6中，用户可以根据需要对制作完成的3D文件进行存储。 |
| 素材文件： | 雕像.psd |
| 效果文件： | 无 |
| 视频文件： | 382 存储3D文件.mp4 |

STEP 01 按【Ctrl＋O】组合键，打开一幅素材图像，如图19-11所示。

STEP 02 单击3D |"导出3D图层"命令，弹出"存储为"对话框，如图19-12所示，单击"保存"按钮，即可保存3D图层。

图19-11 打开素材图像

图19-12 "存储为"对话框

## 导出3D图层

**383**
难度级别：★★★☆☆

| | |
|---|---|
| 实例解析： | 3D图层在Photoshop CS5中编辑完成后，用户可通过"导出"命令将其导出。 |
| 素材文件： | 台灯.psd |
| 效果文件： | 无 |
| 视频文件： | 383 导出3D图层.mp4 |

STEP 01 按【Ctrl＋O】组合键，打开一幅素材图像，如图19-13所示，单击"文件"|"导出"|"渲染视频"命令。

STEP 02 弹出"渲染视频"对话框，设置各选项，如图19-14所示，单击"渲染"按钮，即可渲染导出3D图层。

图19-13 打开素材图像

图19-14 设置各选项

# 384 从图层新建3D图像

**实例解析**：在Photoshop CS6中，单击3D丨"从图层新建形状"命令中选择3D形状，将素材图像表现在3D形状上。

**知识点睛**：掌握从图层新建3D图层的操作方法。

在菜单栏上单击 3D 丨"从图层新建网格"丨"网格预设"丨"帽子"命令，即可将素材图像环绕在立体形状表面，效果如图 19-15 所示。

图19-15 将素材图像环绕在立体形状表面

**专家提醒**

"从图层新建形状"命令中还可以选择创建锥形、帽形和环形等3D形状。

# 19.4 了解材料

在 Photoshop CS6 中，一个 3D 物体可以具有一个或多个材料属性，这些材料将控制 3D 物体的整体或局部外观。

# 385

## 3D材质的概念

**实例解析：** 由Photoshop CS6创建的基本3D模型都具有默认材质，这些材质已经被赋予了3D模型的对应部分。

**知识点睛：** 掌握3D材质的基本概念。

例如，由 Photoshop CS6 创建的一个圆锥具有两种材质，如图 19-16 所示，其中"底部材质"被赋予"底部"网格物体，"锥形材质"被赋予"锥形"网格物体，这可以从"3D"面板上方的列表中清晰地看出来。

实际上，这些材料就是 3D 面板下方各种纹理映射属性的总称，当纹理映射属性参数发生变化时，材料的外观就会发生变化，从而使 3D 模型的外观效果发生变化。

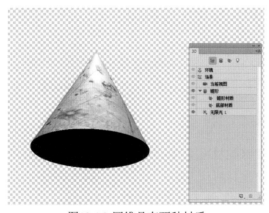

图19-16 圆锥具有两种材质

**专家提醒**

3D面板顶部列出了在3D文件中使用的材质，可以使用一种或多种材质来创建模型的整体外观。

如果模型包含多个网格，则每个网格可能会有与之关联的特定材质，或者模型可能是通过一个网格构建的，但在模型的不同区域中使用了不同的材质。

# 386

## 导入3D模型的材料特性

**实例解析：** 在Photoshop CS6中，用户可以根据需要导入3D模型的材料，对素材进行编辑。

**知识点睛：** 掌握导入3D模型的材料特性的基本概念。

如果导入的是由其他三维软件生成的 3D 模型，并在创建时已经为不同的部分设置了贴图，则 3D 面板在每一个 3D 网格组件的下方显示这些材料，如图 19-17 所示。

图19-17 由其他三维软件生成的模型

**387**

## 替换材料

实例解析：在Photoshop CS6中，用户可以根据需要对导入3D模型的材料进行替换。

知识点睛：掌握替换材料的操作方法。

替换材料是指用定义好的材料文件（该文件包括所有纹理映射属性的设置参数）替换当前选中的材料，通过替换材料的方法，可以快速将材料所具有的各种映射纹理属性及映射纹理贴图赋予一个 3D 物体，而不必再次调整相关参数。

在"图层"面板中选中一个 3D 图层，在 3D 面板中单击"滤镜：材质"按钮 ，以显示当前的 3D 图层中 3D 物体的材料。单击选中某一种材料，在属性面板中单击"单击可打开'材质'拾色器"按钮 ，在弹出的下拉列表框中，选择一种预设材质，即可替换材料，如图 19-18 所示。

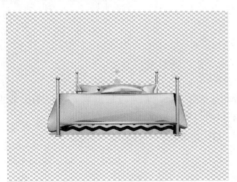 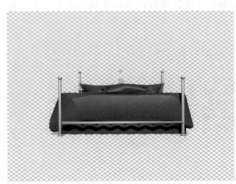

图19-18 替换材料

# 精通篇

# 第20章 动作对象的创建与编辑

## 学习提示

　　用户在使用Photoshop CS6处理图像时，有时需要对许多图像进行相同的效果处理，若是重复操作，将会浪费大量的时间，为了提高操作效率，用户可以通过Photoshop CS6提供的自动化功能，将编辑图像的许多步骤简化为一个动作，极大地提高设计师的工作效率。

## 主要内容

- 动作的基本功能
- 认识"动作"面板
- 创建与编辑动作
- 复制与删除动作
- 快速制作木质相框
- 快速制作暴风雪

## 重点与难点

- 插入停止
- 新增动作组
- 重新排列命令顺序

## 学完本章后你会做什么

- 掌握了动作的基本功能和认识"动作"面板
- 掌握了创建与录制动作、插入停止、复制和删除动作及保存和加载动作的操作
- 掌握了快速制作木质相框和快速制作暴风雪的操作方法

## 视频文件

# 20.1 了解动作的基本功能

"动作"在处理图像中是提高工作效率的专家，运用动作可以将重复执行的操作步骤录制下来，再应用于其他图像上，通过动画式的播放过程，增加图像的动感和趣味，从而更好地提高工作效率。本节主要介绍动作的基本功能和认识"动作"面板。

## 动作的基本功能

实例解析：在Photoshop CS6中，用户可以根据需要应用动作功能，可以更加方便快捷地对图像进行操作。

知识点睛：了解动作的基本功能。

"动作"实际上是一组命令，为用户提供了一条提高工作效率的捷径，其基本功能具体表现在以下两个方面。

➤ 将常用两个或多个命令及其他操作组合成一个动作，在对图像执行相同的操作时，可以直接执行该"动作"命令即可。

➤ Photoshop CS6 中最精彩的滤镜，若对其使用动作功能，则可以将多个滤镜操作录制成一个单独的动作，执行该动作，就像执行一个滤镜操作一样，可对图像快速执行多种滤镜的处理。

## 认识"动作"面板

实例解析："动作"面板是建立、编辑和执行动作的主要场所，在该面板中，用户可以记录、播放、编辑或删除单个动作，也可以存储或载入动作。

知识点睛：认识"动作"面板。

单击"窗口"｜"动作"命令，或按【Alt ＋ F9】组合键，即可展开"动作"面板。"动作"面板以标准模式或按钮模式显示，如图 20-1 和 20-2 所示。

图20-1 标准模式　　　　　　　图20-2 按钮模式

"动作"面板中各按钮的含义如下。

➤ "切换对话开/关"图标 ⚙：当面板中出现这个图标时，表示该动作执行到该步时会暂停。

➤ "展开/折叠"图标 ▼：单击该图标可以展开/折叠动作组，以便存放新的动作。

➤ "切换项目开/关"图标 ✓：可设置允许/禁止执行动作组中的动作、选定动作或动作中的命令。

➤ "播放选定的动作"按钮 ▢：单击该按钮，可以播放当前选择的动作。

➤ "开始记录"按钮 ◉：单击该按钮，可以开始录制动作。

➤ "停止播放/记录"按钮 ▣：该按钮只有在记录动作或播放动作时才可以使用，单击该按钮，可以停止当前的记录或播放操作。

➤ "创建新组"按钮 ▢：单击该按钮，可以创建一个新的动作组。

➤ "创建新动作"按钮 ▣：单击该按钮，可以创建一个新动作。

# 20.2  创建与编辑动作

运用动作可以将重复执行的操作录制下来，并进行相应的编辑，从而提高运用动作自动操作的灵活性。本节主要介绍创建与录制动作、插入停止及新增动作组等操作方法。

## 创建与录制动作

实例解析：在Photoshop CS6中，使用动作之前需要对动作进行创建动作和录制操作。

素材文件：特色小吃.3ds

效果文件：特色小吃.psd

视频文件：390 创建与录制动作.mp4

**STEP 01** 按【Ctrl+O】组合键，打开一幅素材图像，如图20-3所示，单击"窗口"|"动作"命令，展开"动作"面板。

**STEP 02** 单击面板底部的"创建新动作"按钮 ▣，弹出"新建动作"对话框，设置"名称"为"动作1"，如图20-4所示。

图20-3 打开素材图像

图20-4 设置"名称"为"动作1"

STEP 03 单击"记录"按钮，即可新建"动作1"动作，单击"图像"|"调整"|"亮度/对比度"命令，弹出"亮度/对比度"对话框，设置"亮度"为80、"对比度"为30，如图20-5所示。

STEP 04 单击"确定"按钮，单击"动作"面板底部的"停止播放/记录"按钮，完成新动作的录制，单击"动作"面板底部的"播放选定的动作"按钮，即可播放录制好的动作，效果如图20-6所示。

图20-5 设置各选项

图20-6 播放录制好的动作

# 插入停止

391

难度级别：★★★☆☆

实例解析：在进行动作录制时，并不是可以将所有的操作进行记录，若操作无法被录制且需要执行时可以插入一个"停止"提示，以提示手动操作。

素材文件：无

效果文件：无

视频文件：391 插入停止.mp4

STEP 01 单击"窗口"|"动作"命令展开"动作"面板，展开"淡出效果"动作，在其中选择"建立图层"选项，如图20-7所示。

STEP 02 单击面板右上角的下三角按钮，在弹出的面板菜单中选择"插入停止"选项，如图20-8所示。

图20-7 选择"建立图层"选项

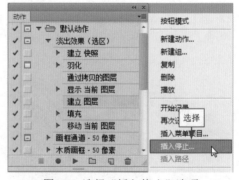

图20-8 选择"插入停止"选项

STEP 03 执行上述操作后，弹出"记录停止"对话框，在"信息"文本框中输入"停止动作效果！"，如图20-9所示。

STEP 04 单击"确定"按钮，即可在"建立图层"选项的下方插入一个"停止"选项，如图20-10所示。

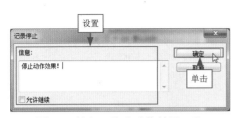

图20-9　输入"停止动作效果！"

图20-10　插入一个"停止"选项

"记录停止"对话框中各选项的含义如下。

➢ "信息"文本框：在该文本框中可以输入文字，当前动作播放到该命令时将自动停止，并弹出所输入的文字信息提示框。

➢ "允许继续"复选框：没有选中该复选框时，弹出的提示框中只有一个"停止"按钮；若选中该复选框，在播放至该命令弹出提示框时，将会显示一个"继续"按钮，单击该按钮会继续应用当前动作。

# 392　复制和删除动作

实例解析：在Photoshop CS6中进行动作操作时，有些动作是相同的，可以将其复制，以提高工作效率，还可以将不需要的动作删除。

知识点睛：掌握复制和删除动作的操作方法。

单击"窗口"｜"动作"命令，展开"动作"面板，在"动作"面板中选择"投影（文字）"动作，如图 20-11 所示，单击面板右上方的下三角按钮 ，在弹出的面板菜单中选择"复制"选项，即可得到"投影（文字）副本"动作，如图 20-12 所示。

图20-11　选择"投影（文字）"动作

图20-12　得到"投影（文字）副本"动作

在"动作"面板中选择"四分颜色"动作，如图 20-13 所示，单击"动作"面板右上方的下三角按钮 ，在弹出的面板菜单中选择"删除"选项，弹出信息提示框，单击"确定"按钮，即可删除动作，如图 20-14 所示。

图20-13 选择"四分颜色"动作　　　　　图20-14 删除动作

**专家提醒**

　　复制动作也可按住【Alt】键，将要复制的命令或动作拖动至"动作"面板中的新位置，或者将动作拖动至"动作"面板底部的"创建新动作"按钮上即可。

# 393 新增动作组

**实例解析：**"动作"面板中默认状态下只显示"默认动作"组，但是用户可以根据需要载入Photoshop CS6中预设的或其他用户录制的动作组。

**知识点睛：**掌握新增动作组的操作方法。

　　单击"窗口"｜"动作"命令，在展开的"动作"面板中单击右上角的控制按钮 ，在弹出的菜单面板中选择"图像效果"选项，如图 20-15 所示，执行上述操作后，即可新增"图像效果"动作组，如图 20-16 所示。

图20-15 选择"图像效果"选项　　　　　图20-16 新增"图像效果"动作组

保存和加载动作

实例解析：当录制了动作后，可以将其进行保存，方便以后的工作中使用。另外，用户也可以将磁盘中所存储的动作文件加载至当前动作列表中。

知识点睛：掌握保存和加载动作的操作方法。

在"动作"面板中选择"图像效果"动作组，单击面板右上方的下三角按钮 ，在弹出的面板菜单中选择"存储动作"选项，如图 20-17 所示，弹出"存储"对话框，如图 20-18 所示，单击"保存"按钮，即可存储动作。

图20-17 选择"存储动作"选项

图20-18 弹出"存储"对话框

在"动作"面板中单击面板右上方的三角形按钮 ，在弹出的面板菜单中选择"载入动作"选项，弹出"载入"对话框，如图 20-19 所示，选择需要载入的动作选项，单击"载入"按钮，即可在"动作"面板中载入"图像效果"动作组，如图 20-20 所示。

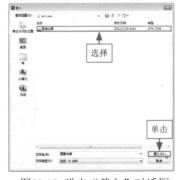

图20-19 弹出"载入"对话框

图20-20 载入"图像效果"动作组

**专家提醒**

"存储动作"选项只能存储动作组，而不能存储单个的动作，而载入动作可将在网上下载的或者磁盘中所存储的动作文件添加到当前的动作列表中。

插入菜单选项

实例解析：由于动作并不能记录所有的命令操作，此时就需要插入菜单命令，以在播放动作时正确地执行相应操作。

知识点睛：掌握保存和加载动作的操作方法。

在"动作"面板中选择"投影（文字）"动作，单击面板右上角的控制按钮 ，在弹出的面板菜单中选择"插入菜单项目"选项，弹出"插入菜单项目"对话框，如图 20-21 所示，单击"滤镜"｜"模糊"｜"径向模糊"命令，即可插入"径向模糊"选项，如图 20-22 所示，单击"确定"按钮，即可在面板中显示插入"径向模糊"选项。

图20-21 弹出"插入菜单项目"对话框

图20-22 插入"径向模糊"选项

重新排列命令顺序

实例解析：排列命令顺序与调整图层顺序相同，要改变动作中的命令顺序，只需要拖动此命令至新位置，当出现高光时释放鼠标，即可改变顺序。

知识点睛：掌握重新排列命令顺序的操作方法。

在"动作"面板中选择"投影（文字）"动作，单击并向下拖动，如图 20-23 所示，拖动至合适位置后，释放鼠标左键，即可改变"投影（文字）"动作命令的顺序，如图 20-24 所示。

图20-23 单击并向下拖动

图20-24 即可改变命令的顺序

　　如果要切换标准模式与按钮模式，可以将鼠标移至"动作"面板右上角的黑色小三角按钮 🗑 上，单击，在弹出的"动作"面板菜单中选择"标准模式"或"按钮模式"选项。

## 播放动作

实例解析：Photoshop CS6预设了一系列的动作，用户可以选择任意一种动作进行播放。

知识点睛：掌握播放动作的操作方法。

　　单击"窗口"｜"动作"命令，展开"动作"面板，选择"渐变映射"动作，单击面板底部的"播放选定的动作"按钮，即可播放动作。图20-25 所示为播放"渐变映射"动作的前后对比效果。

图20-25　播放"渐变映射"动作的前后对比效果

　　由于动作是一系列命令，因此单击"编辑"｜"还原"命令只能还原动作中的最后一个命令，若要还原整个动作系列，可在播放动作前在"历史记录"面板中创建新快照，即可还原整个动作系列。

## 替换动作

实例解析：在Photoshop CS6中，"替换动作"可以将当前所有动作替换为从硬盘中装载的动作文件。

知识点睛：掌握替换动作的操作方法。

　　在"动作"面板中选择"默认动作"动作组，单击面板右上方的下三角按钮 ，在弹出的面板菜单中，选择"替换动作"选项，如图 20-26 所示，弹出"载入"对话框，选择"图像效果"选项，单击"载入"按钮，即可替换动作，如图 20-27 所示。

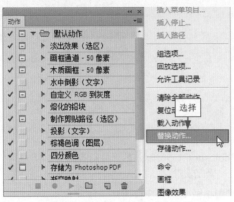 

图20-26 选择"替换动作"选项          图20-27 替换动作

## 399 复位动作

实例解析：在Photoshop CS6中，"复位动作"将使用安装时的默认动作代替当前"动作"面板中的所有动作。

知识点睛：掌握复位动作的操作方法。

在"动作"面板中单击面板右上方的下三角按钮 ▼≡，在弹出的面板菜单中选择"复位动作"选项，弹出信息提示框，如图 20-28 所示，单击"确定"按钮，即可复位动作，如图 20-29 所示。

图20-28 弹出信息提示框          图20-29 复位动作

## 20.3 预设动作应用

Photoshop CS6 提供了大量预设动作，利用这些动作可以快速制作各种字体、纹理、边框等效果。本节主要介绍快速制作木质相框、快速制作暴风雪等操作方法。

# 400

难度级别：★★★☆☆

## 快速制作木质相框

实例解析：在Photoshop CS6中编辑图像时，为图像添加精美的相框效果可以使单纯的照片或图像变得更加富有艺术感。

素材文件：塔.jpg

效果文件：塔.psd/jpg

视频文件：400 快速制作木质相框.mp4

**STEP 01** 按【Ctrl＋O】组合键，打开一幅素材图像，如图20-30所示，单击"窗口"｜"动作"命令，展开"动作"面板，在"动作"面板中单击面板右上方的下三角按钮，在弹出的面板菜单中选择"画框"选项，即可新增"画框"动作组。

**STEP 02** 执行上述操作后，在"动作"面板中的"画框"动作组中选择"木质画框-50像素"选项，单击面板底部的"播放选定的动作"按钮，弹出信息提示框，单击"继续"按钮，即可制作出木质相框效果，如图20-31所示。

图20-30 打开素材图像

图20-31 制作出木质相框效果

**专家提醒**

在播放动作时，可以有选择地跳过某个命令，从而使一个动作能够产生多个不同的效果，要跳过动作中的某个命令，可以单击该命令名称左侧的"切换项目开/关"图标，以取消命令。

# 401

难度级别：★★★☆☆

## 快速制作暴风雪

实例解析：在Photoshop CS6中，用户可以根据需要应用动作快速制作暴风雪效果。

素材文件：企鹅.jpg

效果文件：企鹅.psd/jpg

视频文件：401 快速制作暴风雪.mp4

**STEP 01** 按【Ctrl＋O】组合键，打开一幅素材图像，如图20-32所示，在"动作"面板中单击面板右上方的下三角按钮，在弹出的面板菜单中选择"图像效果"选项，即可新增"图像效果"动作组。

**STEP 02** 执行上述操作后，在"动作"面板中的"图像效果"动作组中选择"暴风雪"选项，单击面板底部的"播放选定的动作"按钮，动作播放完成后，即可制作出暴风雪效果，如图20-33所示。

图20-32 打开素材图像　　　图20-33 制作出暴风雪效果

# 第21章 网页动画的编辑与制作

## 学习提示

　　随着网络技术的飞速发展与普及，网页动画特效制作已经成为图像软件的一个重要应用领域。Photoshop CS6向用户提供了非常强大的图像制作功能，可以直接对网页图像进行优化操作。本章主要介绍网页动画的编辑与制作的操作方法。

## 主要内容

- 优化GIF图像
- 优化JPEG格式
- 创建切片图像
- 管理切片
- 创建过渡动画
- 制作照片切换动画

## 重点与难点

- 创建用户切片
- 创建动态图像
- 创建过渡动画

## 学完本章后你会做什么

- 掌握了创建用户切片和创建自动切片的操作方法
- 掌握了移动切片、调整切片、转换切片及锁定切片的操作方法
- 掌握了创建动态图像、制作动态图像、保存动画效果及创建过渡动画等操作

## 视频文件

# 21.1　优化网络图像

优化是微调图像显示品质和文件大小的过程，在压缩图像文件大小的同时又能优化在线显示的图像品质。Web 上应用的文件格式主要有 GIF 和 JPEG 两种。

## 402　优化GIF图像

实例解析：在Photoshop CS6中，GIF格式主要通过减少图像的颜色数目来优化图像，最多支持256色。

知识点睛：掌握优化GIF图像的操作方法。

将图像保存为 GIF 格式时，将丢失许多颜色，因此，将颜色和色调丰富的图像保存为 GIF 格式，会使图像严重失真，所以 GIF 格式只适合保存色调单一的图像，而不适合颜色丰富的图像。

单击"文件"｜"存储为 Web 所用格式"命令，弹出"存储为 Web 所用格式"对话框，如图 21-1 所示，在"优化的文件格式"列表框中选择 GIF 格式，单击"存储"按钮，弹出"将优化结果存储为"对话框，设置保存路径，单击"保存"按钮，弹出信息提示框，单击"确定"按钮，即可保存 GIF 格式。

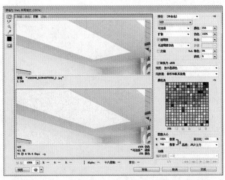

图21-1　"存储为Web所用格式"对话框

## 403　优化JPEG格式

实例解析：JPEG格式通过减少图像数据来压缩文件，是一种有损压缩，但JPEG格式支持真彩色24位，因此常用于保存人物、风景等图像。

知识点睛：掌握优化JPEG格式的操作方法。

在"存储为 Web 所用格式"对话框右侧的"预设"列表框中，选择"JPEG 高"选项，即可显示它的优化选项，如图 21-2 所示。

图21-2 显示优化选项

# 21.2 创建切片图像

切片主要用于定义一幅图像的指定区域，用户一旦定义好切片后，这些图像区域可以用于模拟动画和其他的图像效果。本节主要介绍创建用户切片和创建自动切片的操作方法。

## 404

难度级别：★★★☆☆

### 创建用户切片

实例解析：创建切片时，切片区域将包含图层中的所有像素数据，如果移动该图像或编辑其内容，切片区域将自动调整改变后图层的新像素。

素材文件：模板1.jpg

效果文件：模板1.jpg

视频文件：404 创建用户切片.mp4

STEP 01 按【Ctrl+O】组合键，打开一幅素材图像，如图21-3所示，选取工具箱中的切片工具 。

STEP 02 移动鼠标指针至图像编辑窗口中的左下方，单击并向右下方拖动，创建一个用户切片，如图21-4所示。

图21-3 打开素材图像

图21-4 创建一个用户切片

**专家提醒**

在Photoshop和Ready中都可以使用切片工具定义切片或将图层转换为切片，也可以通过参考线来创建切片。此外，Image Ready还可以将选区转化为定义精确的切片，在要创建切片的区域上按住【Shift】键并拖动鼠标，可以将切片限制为正方形。

# 405

难度级别：★★★☆☆

## 创建自动切片

| | |
|---|---|
| 实例解析： | 在Photoshop CS6中，通过使用切片工具创建用户切片后，将自动生成自动切片。 |
| 素材文件： | 模板2.jpg |
| 效果文件： | 模板2.jpg |
| 视频文件： | 405 创建自动切片.mp4 |

STEP 01　按【Ctrl＋O】组合键，打开一幅素材图像，如图21-5所示，选取工具箱中的切片工具 🔪，移动鼠标指针至合适位置。

STEP 02　单击并向右下方拖动，创建一个用户切片，同时自动生成自动切片，如图21-6所示。

图21-5 打开素材图像

图21-6 自动生成自动切片

**专家提醒**

　　当使用切片工具创建用户切片区域时，在用户切片区域之外的区域将生成自动切片，每次添加或编辑用户切片时都将重新生成自动切片，自动切片是由点线定义的。

　　可以将两个或多个切片组合为一个单独的切片，Photoshop CS6利用通过连接组合切片的外边缘创建的矩形来确定所生成切片的尺寸和位置，如果组合切片不相邻，或者比例或对齐方式不同，则新组合的切片可能会与其他切片重叠。

# 21.3　管理切片

　　运用切片工具，在图像中间的任意区域拖动出矩形边框，释放鼠标，会生成一个编号为 03 的切片（在切片左上角显示数字），在 03 号切片的左、右和下方会自动形成编号为 01、02、04 和 05 的切片，03 切片为"用户切片"，每创建一个新的用户切片，自动切片就会重新标注数字。本节主要介绍移动、调整、转换及锁定切片的操作方法。

## 移动切片

**实例解析:** 在Photoshop CS6中创建切片后,用户可运用切片选择工具移动切片。

**知识点睛:** 掌握移动切片的操作方法。

选取工具箱中的切片选择工具 ,移动鼠标指针至图像编辑窗口中的用户切片内,单击,调出变换控制框,如图 21-7 所示,在控制框内单击并向上方拖动,即可移动切片,如图 21-8 所示。

图21-7 调出变换控制框    图21-8 移动切片

## 调整切片

**实例解析:** 使用切片选择工具,选定要调整的切片,此时切片的周围会出现8个控制柄,可以对这8个控制柄进行拖移,来调整切片的位置和大小。

**知识点睛:** 掌握调整切片的操作方法。

选取工具箱中的切片选择工具 ,移动鼠标指针至图像编辑窗口中间的用户切片内,单击,调出变换控制框,如图 21-9 所示,拖动鼠标至变换控制框下方的控制柄上,此时鼠标指针呈双向箭头形状,单击并向下拖动,即可调整切片,如图 21-10 所示。

图21-9 调出变换控制框    图21-10 调整切片

# 408

## 转换切片

实例解析：使用切片选择工具，选定要转换的自动切片，单击工具属性栏上的"提升"按钮，也可以转换切片。

知识点睛：掌握转换切片的操作方法。

选取工具箱中的切片工具 ，移动鼠标指针至图像编辑窗口中右侧的自动切片内，如图 21-11 所示，单击鼠标右键，在弹出的快捷菜单中单击"提升到用户切片"命令，即可转换切片，如图 21-12 所示。

图21-11 移动鼠标指针至合适位置　　　　　图21-12 转换切片

# 409

## 锁定切片

实例解析：在Photoshop CS6中，运用锁定切片可阻止在编辑操作中重新调整尺寸、移动、甚至变更切片。

知识点睛：掌握锁定切片的操作方法。

在菜单栏中单击"视图"｜"锁定切片"命令，如图 21-13 所示，即可锁定切片，如图 21-14 所示。

图21-13 单击"锁定切片"命令　　　　　图21-14 锁定切片

# 21.4　制作动态图像

动画是在一段时间内显示的一系列图像或帧，当每一帧相对前一帧都有轻微的变化时，连续、快速地显示这些帧就会产生运动或其他变化的视觉效果。本节主要介绍"动画"面板、创建动态图像、制作动态图像、保存动态效果、创建过渡动画及制作照片切换动画的操作方法。

### "时间轴"面板

实例解析：在Photoshop CS6中，"时间轴"面板以帧模式出现，显示动画中的每个帧的缩览图。

知识点睛：了解"时间轴"面板。

单击"窗口"｜"时间轴"命令，展开"时间轴"面板，如果面板为帧模式，如图21-15所示，可单击"创建帧动画"按钮 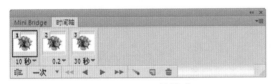 右侧的下三角按钮 ，将其切换为时间轴模式，如图21-16所示。

图21-15　帧模式　　　　　　图21-16　时间轴模式

"时间轴"面板中各个按钮的含义如下。

➢ 当前帧 ：当前选择的帧。
➢ 帧延迟时间 0.2▾ ：设置帧在回放过程中的持续时间。
➢ 循环选项 一次 ▾ ：设置动画在其作为 GIF 文件导出时的播放次数。
➢ 选择第一帧 ：可选择序列中的第一个帧作为当前帧。
➢ 选择上一帧 ：可选择当前帧的前一帧。
➢ 播放动画 ：可在窗口中播放动画，再次单击则停止播放。
➢ 选择下一帧 ：可选择当前帧的下一帧。
➢ 过渡动画帧 ：用于在两个现有帧之间添加一系列，让新帧之间的图层属性均匀化。
➢ 复制所选帧 ：可向面板中添加帧。
➢ 删除所选帧 ：可删除选择的帧。

## 411

### 创建动态图像

实例解析：动画的工作原理是将一些静止的、连续动作的画面以较快的速度播放出来，利用图像在人眼中具有暂存的原理产生连续的播放效果。

知识点睛：掌握创建动态图像的操作方法。

打开一幅素材图像，如图 21-17 所示，单击"窗口"|"动画"命令，展开"动画"面板，在面板底部连续单击"复制选中的帧"按钮两次，即可在"动画"面板中得到 3 个动画帧，如图 21-18 所示。

图21-17 素材图像

图21-18 得到3个动画帧

## 412

难度级别：★★★☆☆

### 制作动态图像

实例解析：在浏览网页时，会看到各式各样的动态图像，它为网页增添了动感和趣味性。

素材文件：海滩.psd

效果文件：海滩.psd

视频文件：412 制作动态图像.mp4

**STEP 01** 按【Ctrl＋O】组合键，打开一幅素材图像，如图21-19所示，单击"窗口"|"时间轴"命令，展开"时间轴"面板。

**STEP 02** 选择"帧2"选项，选取工具箱中的移动工具，在图像编辑窗口中调整"帧2"图像的位置，如图21-20所示。

图21-19 打开素材图像

图21-20 调整"帧2"图像的位置

STEP 03　选择"帧3"选项，调整"帧3"图像的位置，如图21-21所示，按住【Ctrl】键的同时，分别选择"帧1"和"帧2"选项。

STEP 04　同时选择3个动画帧，单击"选择帧延迟时间"下拉按钮，在弹出的时间列表中选择0.5选项，如图21-22所示。

图21-21　调整"帧3"图像的位置

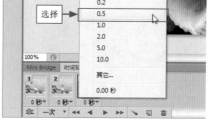

图21-22　选择0.5选项

STEP 05　在时间轴面板中，单击"一次"右侧的"选择循环选项"下拉按钮，在弹出的列表框中选择"永远"选项，如图21-23所示。

STEP 06　执行上述操作后，单击"时间轴"面板上的"播放动画"按钮，即可播放动画，效果如图21-24所示。

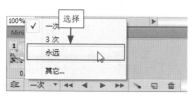

图21-23　选择"永远"选项

图21-24　播放动画

# 413 保存动画效果

实例解析：在Photoshop CS6中，动画制作完毕后，可将动画输出为GIF格式，保存动画效果。

知识点睛：掌握保存动画效果的操作方法。

单击"文件"｜"存储为 Web 和设备所用格式"命令，弹出"存储为 Web 和设备所用格式"对话框，在"优化的文件格式"列表框中选择 GIF 格式，如图 21-25 所示，单击"存储"按钮，弹出"将优化结果存储为"对话框，设置各选项，如图 21-26 所示，单击"保存"按钮，弹出信息提示框，单击"确定"按钮，即可将动画输出为 GIF 动画。

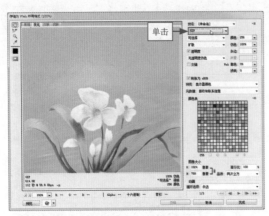

图21-25 选择GIF格式

图21-26 弹出"将优化结果存储为"对话框

## 创建过渡动画

**414**

难度级别：★★★☆☆

实例解析：除了可以逐帧地修改图像以创建动画外，也可以使用"过渡"命令让系统自动在两帧之间产生位置、不透明度或图层效果的变化动画。

素材文件：花朵.psd

效果文件：花朵.psd

视频文件：414 创建过渡动画.mp4

STEP 01 按【Ctrl＋O】组合键，打开一幅素材图像，如图21-27所示，单击"窗口"｜"时间轴"命令，展开"时间轴"面板，按住【Ctrl】键的同时，选择"帧1"和"帧2"选项。

STEP 02 单击"时间轴"面板底部的"过渡动画帧"按钮，弹出"过渡"对话框，在其中设置"要添加的帧数"为3，如图21-28所示。

图21-27 打开素材图像

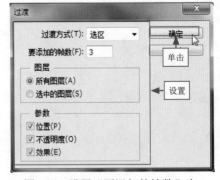

图21-28 设置"要添加的帧数"为3

STEP 03 单击"确定"按钮，设置所有的帧延迟时间为0.2秒，如图21-29所示。

STEP 04 单击"播放"按钮，即可浏览过渡动画效果，效果如图21-30所示。

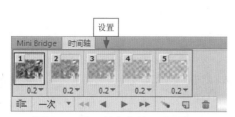

图21-29 设置所有的帧延迟时间为0.2秒

图21-30 浏览过渡动画效果

**专家提醒**

过渡动画是让系统自动在两帧之间产生位置、不透明度、方向或图层效果的变化动画。

## 制作照片切换动画

**415**

难度级别：★★★☆☆

实例解析：在Photoshop CS6中，用户可以根据需要，利用过渡动画制作出照片切换的动画效果。

素材文件：夜景.psd

效果文件：夜景.psd

视频文件：415 制作照片切换动画.mp4

STEP 01 按【Ctrl＋O】组合键，打开一幅素材图像，如图21-31所示，单击"窗口"｜"时间轴"命令，展开"时间轴"面板，按住【Ctrl】键的同时，选择"帧1"和"帧2"选项。

STEP 02 单击"时间轴"面板底部的"过渡动画帧"按钮 ，弹出"过渡"对话框，在其中设置"要添加的帧数"为2，如图21-32所示。

图21-27 打开素材图像

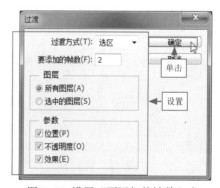

图21-28 设置"要添加的帧数"为3

STEP
03
单击"确定"按钮，设置所有的帧延迟时间为0.5秒，如图21-33所示。

STEP
04
单击"播放"按钮，即可浏览照片切换动画效果，效果如图21-34所示。

设置
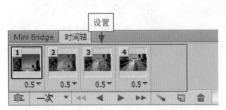

图21-33 设置所有的帧延迟时间为0.5秒

图21-34 浏览照片切换动画效果

# 第22章 图像文件的打印与输出

## 学习提示

用户在使用Photoshop CS6编辑图像时，需要经常用到图像资料。这些资料可以通过不同的途径获取，在制作好图像效果之后，有时需要以印刷品的形式输出图像，这就需要将其打印输出，在对图像进行打印输出之前，还需要对打印选项进行一些基本的设置。

## 主要内容

- 了解输入图像的3种方式
- 打印图像前的准备工作
- 了解图像印刷流程
- 设置打印位置及缩放比例
- 设置输出属性
- 输出作品

## 重点与难点

- 扫描仪输入图像
- 数码相机输入图像
- 通过素材盘获取图像

## 学完本章后你会做什么

- 掌握了扫描仪输入图像、数码相机输入图像及通过素材盘获取图像的操作方法
- 掌握了选择文件存储格式、转换图像色彩模式及检查图像的分辨率等操作
- 掌握了图像印刷前处理流程、图像的色彩校正及图像出片和打样的操作方法

## 视频文件

# 22.1 了解输入图像的3种方式

在 Photoshop CS6 中处理图像时，经常要用到素材图像，这些素材图像可以通过不同的途径获得，如扫描仪、数码相机、图像素材光盘和网络等。本节主要介绍扫描仪输入图像、数码相机输入图像及通过素材盘获取图像的操作方法。

**专家提醒**

扫描仪是一种较为常用的获取图像的途径，通过该途径可以将所需的图像素材扫描到电脑中。但是，用户的电脑中必须装有扫描仪驱动及扫描软件，如MiraScan，才能正常扫描图片。

难度级别：★★★☆☆

## 扫描仪输入图像

| | |
|---|---|
| 实例解析： | 扫描仪是一种较为常用的获取图像的途径，通过该途径可以将所需的素材图像扫描到计算机中，再进行修改和编辑。 |
| 素材文件： | 无 |
| 效果文件： | 无 |
| 视频文件： | 416 扫描仪输入图像.mp4 |

STEP 01 双击桌面上的扫描仪快捷图标，弹出"扫描仪"窗口，如图22-1所示，单击窗口中"扫描至"右侧的"浏览"按钮 ，弹出"另存为"对话框。

STEP 02 在其中设置路径和文件名称，单击"保存"按钮，单击"扫描"按钮 ，弹出信息提示框，显示扫描进程，如图22-2所示。

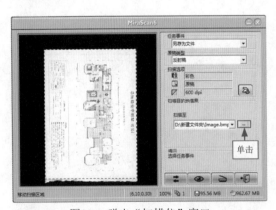

图22-1 弹出"扫描仪"窗口　　　　　图22-2 显示扫描进程

STEP 03 扫描完成后，弹出相应的保存路径对话框，显示保存的图片，如图22-3所示，在Photoshop CS6中单击"文件"｜"打开"命令。

STEP 04 在弹出的"打开"对话框中选择图片的存储路径，单击"打开"按钮，即可在图像编辑窗口中查看通过扫描输入的图像，如图22-4所示。

图22-3　显示保存的图片

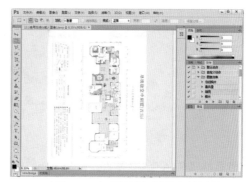

图22-4　查看通过扫描输入的图像

# 数码相机输入图像

**实例解析：** 数码相机是目前较为流行的一种高效快捷的图像获取工具，它具有数字化存取功能，并能与电脑进行信息交互。

**素材文件：** 无

**效果文件：** 无

**视频文件：** 417 数码相机输入图像.mp4

**STEP 01** 单击"文件" | "在Bridge中浏览……"命令，打开Bridge窗口，单击"文件" | "从相机获取照片"命令，弹出"Adobe Bridge CS6-图片下载工具"对话框，进行各选项设置，如图22-5所示。

**STEP 02** 单击"获取媒体"按钮，从数码相机中获取照片至Adobe Bridge中，如图22-6所示。

图22-5　设置各选项

图22-6　从数码相机中获取照片至Adobe Bridge中

# 418

## 通过素材盘获取图像

实例解析：目前，市场上的素材光盘很多，用户可以根据需要进行选购。下面介绍使用素材光盘中的图像的操作方法。

知识点睛：掌握通过素材盘获取图像的操作方法。

将素材盘放入光驱中，在 Photoshop CS6 中单击"文件"｜"打开"命令，弹出"打开"对话框，各选项设置如图 22-7 所示，选择所需的图片后单击"打开"按钮，即可从素材光盘中获取图像，如图 22-8 所示。

图22-7 "打开"对话框

图22-8 从素材光盘中获取图像

## 22.2 打印图像前的准备工作

为了获得高质量、高水准的作品，用户除了进行精心设计与制作外，还应了解一些关于打印的基本知识，这样能使打印工作更顺利地完成。本节主要介绍选择文件存储格式、转换图像色彩模式、检查图像的分辨率及识别色域范围外色调的操作方法。

# 419

难度级别：★★★☆☆

## 选择文件存储格式

实例解析：作品制作完成后，可以将图像存储为相应的格式，用于观看的图像可将其存储为JPGE格式，用于印刷的图像可以将其存储为TIFF格式。

素材文件：无

效果文件：无

视频文件：419 选择文件存储格式.mp4

STEP 01　按【Ctrl＋O】组合键，打开一幅素材图像，如图22-9所示，单击"文件"｜"存储为"命令，弹出"存储为"对话框，设置存储路径，单击"格式"右侧的下拉按钮。

STEP 02　在弹出的列表框中选择TIFF格式，如图22-10所示，单击"保存"按钮，弹出"TIFF选项"对话框，单击"确定"按钮，即可保存文件。

图22-9　打开素材图像

图22-10　选择TIFF格式

**专家提醒**

　　TIFF格式是印刷行业标准的图像格式，通用性很强，几乎所有的图像处理软件和排版软件都对该格式提供了很好的支持，因此其广泛用于程序之间和计算机平台之间进行图像数据交换。

## 420　转换图像色彩模式

实例解析：在Photoshop CS6中，用户可以根据需要，在编辑图像时转换图像的色彩模式。

知识点睛：掌握转换图像色彩模式的操作方法。

　　RGB 颜色模式是目前应用广泛的颜色模式，该模式由 3 个通道组成，而 CMYK 颜色模式比 RGB 颜色模式多一个颜色通道，用 RGB 模式处理图像比较方便，且文件小得多，但对于需要印刷的作品，必须使用 CMYK 颜色模式。因此，印刷的作品需要从 RGB 颜色模式转换为 CMYK 模式。在菜单栏中单击"图像"｜"模式"｜"CMYK 颜色"命令，如图 22-11 所示，弹出信息提示框，如图 22-12 所示，单击"确定"按钮，即可将 RGB 模式的图像转换成 CMYK 模式。

图22-11　单击"CMYK颜色"命令

图22-12　弹出信息提示框

# 421

## 检查图像的分辨率

**实例解析：** 用户为确保印刷出的图像清晰，在印刷图像之前，需检查图像的分辨率。下面介绍检查图像的分辨率的操作方法。

**知识点睛：** 掌握检查图像分辨率的操作方法。

在菜单栏中单击"图像"｜"图像大小"命令，如图 22-13 所示，弹出"图像大小"对话框，即可查看"分辨率"参数，如图 22-14 所示，如果图像不清晰，则需要设置高分辨率参数。

图22-13 单击"图像大小"命令

图22-14 查看"分辨率"参数

# 422

## 识别色域范围外色调

**实例解析：** 在Photoshop CS6中，用户可以根据需要，通过识别色域范围外色调查看打印的颜色范围。

**知识点睛：** 掌握识别色域范围外色调的操作方法。

色域范围是指颜色系统可以显示或打印的颜色范围，可以在将图像转换为 CMYK 模式之前，识别图像中的溢色或手动进行校正，使用"色域警告"命令来提高亮显示溢色。在菜单栏中单击"视图"｜"色域警告"命令，如图 22-15 所示，即可识别色域范围外的色调，如图 22-16 所示。

图22-15 单击"色域警告"命令

图22-16 识别色域范围外的色调

# 22.3 了解图像印刷流程

图像的印刷处理包括图像的印刷处理流程、色彩校正、出片和打样等。下面分别介绍其基础知识。

## 423 图像印刷前处理流程

实例解析：在对图像进行印刷前，用户应先了解图像在印刷前的处理流程，以便顺利完成图像印刷操作。

知识点睛：掌握图像印刷前的处理流程。

对于设计完成的图像作品，印刷前处理工作流程包括以下几个基本步骤。

➢ 色彩校正：对图像作品进行色彩校正。
➢ 校稿：对打印图像进行校对。
➢ 定稿：再次打印、校稿并修改，最后确定最终稿件。
➢ 打样：送印刷机构进行印前打样。
➢ 制版、印刷：校正打样，如无问题，送到印刷机构进行制版、印刷。

## 424 图像的色彩校正

实例解析：显示器或打印机在打印图像时颜色有偏差，将导致印刷出的图像色彩和原作品色彩不符。因此，进行色彩校正是印刷前的一个重要步骤。

知识点睛：掌握图像色彩校正的操作方法。

在菜单栏上单击"视图" | "校样颜色"命令，如图 22-17 所示，即可校正图像颜色，如图 22-18 所示。

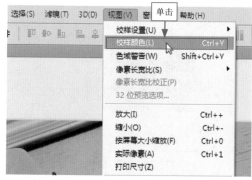

图22-17 单击"校样颜色"命令

图22-18 校正图像颜色

## 425 图像出片和打烊

实例解析：在Photoshop CS6中，用户可以根据需要，将设计出来的
作品进行出片和打烊。

知识点睛：掌握图像出片和打烊的操作方法。

印刷厂在印刷前，必须将所有交付印刷的作品交给出片中心进行出片，若设计的作品最终要求不是输出胶片，而是大型彩色喷绘样张，则可以直接用喷绘机输出。

设计稿在电脑中排版完成后，可以进行设计稿打烊。在印刷工作过程中，打烊的目的有两种，即设计阶段的设计稿打烊和印刷前的印刷胶片打烊。

# 22.4 设置打印位置及缩放比例

用户将创建的图像作品打印，首先要在 Photoshop CS6 中设置好打印位置及缩放比例。本节主要介绍定位图像打印位置和设置图像缩放比例的操作方法。

## 426 定位图像打印位置

难度级别：★★★☆☆

实例解析：在Photoshop CS6中单击"文件"｜"打印"命令，弹出
"Photoshop打印设置"对话框，在其中可以定位图像的
打印位置。

素材文件：双拱桥.jpg

效果文件：双拱桥.jpg

视频文件：426 定位图像打印位置.mp4

STEP 01 按【Ctrl+O】组合键，打开一幅素材图像，如图22-19所示，单击"文件"｜"打印"命令。

STEP 02 弹出"Photoshop打印设置"对话框，选中"居中"复选框，如图22-20所示，单击"完成"按钮，即可定位图像打印位置。

图22-19 打开素材图像

图22-20 选中"居中"复选框

专家提醒
按【Ctrl＋P】组合键，也可以弹出"Photoshop打印设置"对话框。

## 设置图像缩放比例

| | |
|---|---|
| 实例解析： | 设置图像的缩放比例，即是设置图像在打印纸张上缩放打印时的缩放比例。下面介绍设置图像缩放的操作方法。 |
| 素材文件： | 美食.jpg |
| 效果文件： | 美食.jpg |
| 视频文件： | 427 设置图像缩放比例.mp4 |

难度级别：★★★☆☆

STEP 01 按【Ctrl＋O】组合键，打开一幅素材图像，如图22-21所示，单击"文件"｜"打印"命令，弹出"Photoshop打印设置"对话框。

STEP 02 选中"缩放以适合介质"复选框，如图22-22所示，单击"完成"按钮，即可设置图像缩放比例。

图22-21 打开素材图像

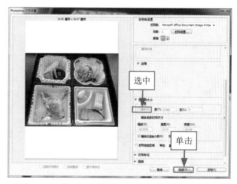

图22-22 选中"缩放以适合介质"复选框

# 22.5 设置输出属性

制作图像效果之后，有时需要以印刷品的形式输出图像，此时需要将其进行打印输出，在对图像进行打印输出之前，需要对打印选项做一些基本设置。本节主要介绍设置出血边、设置打印份数、设置双页打印及预览打印效果的操作方法。

## 设置出血边

428

| | |
|---|---|
| 实例解析： | "出血"是指印刷后的作品在经过裁切成为成品的过程中，4条边上都会被裁剪约3mm左右，这个宽度即被称为"血边"。 |
| 知识点睛： | 掌握设置出血边的操作方法。 |

在菜单栏上单击"文件"｜"打印"命令，弹出"Photoshop 打印设置"对话框，在右侧的列表框中选择"函数"选项，如图 22-23 所示，单击"出血"按钮 出血 ，弹出"出血"对话框，在其中设置出血边的宽度，如图 22-24 所示，单击"确定"按钮，设置图像出血边，单击"完成"按钮，即可完成操作。

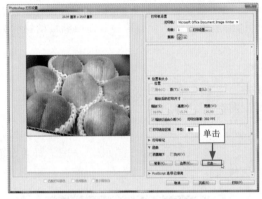

图22-23 单击"出血"按钮

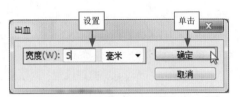

图22-24 设置出血边的宽度

# 429 设置打印份数

实例解析：在Photoshop CS6中打印图像时，可以对其设置打印的份数。下面介绍设置打印份数的操作方法。

知识点睛：掌握设置打印份数的操作方法。

在菜单栏上单击"文件"｜"打印"命令，弹出"Photoshop 打印设置"对话框，如图 22-25 所示，在"打印"对话框中"份数"文本框中输入 2，如图 22-26 所示，单击"完成"按钮，即可设置打印份数。

图22-25 弹出"Photoshop打印设置"对话框

图22-26 在"份数"文本框中输入2

**专家提醒**

一般情况下，较高的分辨率设置将打印出高质量的图片，但可能花费较多的打印时间。

## 430 设置双页打印

**实例解析：**在Photoshop CS6中，根据打印的需要，可以在"Photoshop CS6打印设置"对话框中设置双面打印图像。

**知识点睛：**掌握设置双页打印的操作方法。

在菜单栏上单击"文件"｜"打印"命令，弹出"Photoshop 打印设置"对话框，如图22-27所示，单击"打印设置"按钮，弹出"Microsoft Office Document Image Writer 属性"对话框，切换至"完成"选项卡，选中"双面打印"复选框，如图22-28所示，单击"确定"按钮，回到"打印"对话框，单击"完成"按钮，确认操作。

图22-27　弹出"Photoshop打印设置"对话框　　　　图22-28　选中"双面打印"复选框

## 431 预览打印效果

**实例解析：**在页面设置完成后，用户还需设置打印预览，查看图像在打印纸上的位置是否正确。

**知识点睛：**掌握预览打印效果的操作方法。

在菜单栏上单击"文件"｜"打印"命令，弹出"Photoshop 打印设置"对话框，该对话框左侧是一个图像预览窗口，可以预览打印的效果。

# 22.6　输出作品

在 Photoshop CS6 中，完成作品的设计后，可以将作品输出为其他软件兼容的格式，也可将其导出为适合在网页上浏览的图片格式。本节主要介绍导出为 Illustrator 文件和导出为 Zoomify 文件的操作方法。

## 432

难度级别：★★★☆☆

### 导出为Illustrator文件

| | |
|---|---|
| 实例解析： | 在Photoshop CS6中的文件导出为Illustrator文件后，可以直接在Illustrator中打开。 |
| 素材文件： | 木屋.jpg |
| 效果文件： | 木屋.ai |
| 视频文件： | 432 导出为Illustrator文件.mp4 |

**STEP 01** 按【Ctrl+O】组合键，打开一幅素材图像，如图22-29所示，单击"文件"|"导出"|"路径到Illustrator"命令，弹出"导出路径到文件"对话框，单击"确定"按钮。

**STEP 02** 执行上述操作后，弹出"选择存储路径的文件名"对话框，设置保存路径，如图22-30所示，单击"保存"按钮，即可将当前图像文件导出为Illustrator文件。

图22-29 打开素材图像

图22-30 设置保存路径

## 433

难度级别：★★★☆☆

### 导出为Zoomify文件

| | |
|---|---|
| 实例解析： | 在Photoshop CS6中，用户将图像文件导出Zoomify后，可以将导出后的文件直接上传到网页进行浏览。 |
| 素材文件： | 俯拍.jpg |
| 效果文件： | 海滩.psd |
| 视频文件： | 433 导出为Zoomify文件.mp4 |

STEP 01　按【Ctrl＋O】组合键，打开一幅素材图像，如图22-31所示，单击"文件"|"导出"|Zoomify命令，弹出"Zoomify导出"对话框。

STEP 02　单击"输出位置"选项区中的"文件夹"按钮，弹出"浏览文件夹"对话框，选择需要输出的文件的保存位置，如图22-32所示，单击"确定"按钮。

图22-31　打开素材图像

图22-32　选择需要输出的文件的保存位置

STEP 03　设置"基本名称"为1，在"浏览器选项"选项区的"宽度"文本框中输入600，单击"确定"按钮，系统将自动打开Web浏览器窗口，如图22-33所示。

STEP 04　移动鼠标指针至窗口的黄色信息条上，单击鼠标右键，在弹出的快捷菜单中选择"允许阻止的内容"选项，如图22-34所示。

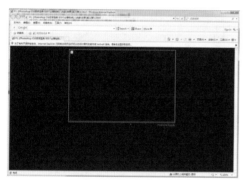

图22-33　系统将自动打开Web浏览器窗口

图22-34　选择"允许阻止的内容"选项

STEP 05　弹出"安全警告"信息提示框，对用户进行安全警告，如图22-35所示。

STEP 06　单击"是"按钮，即可预览导出的Zoomify文件，如图22-36所示。

图22-35　"安全警告"信息提示框

图22-36　预览导出的Zoomify文件

# 实战篇

# 第23章 案例实战——新功能体验

## 学习提示

在中，3D功能、动画功能、视频功能都得到了更好的完善，本章将引导读者通过具体案例体验Photoshop CS6的新增功能，如制作PS立体文字、下雨动画和烟花切换视频效果。

## 主要内容

- 制作PS立体文字背景效果
- 制作PS立体文字主体效果
- 制作下雨动画背景效果
- 制作下雨动画雨点效果
- 制作烟花切换视频背景效果
- 制作烟花切换视频主体效果

## 重点与难点

- 制作PS立体文字整体效果
- 制作下雨动画动态效果
- 制作烟花切换视频文字效果

## 学完本章后你会做什么

- 掌握了制作PS立体文字的操作，如制作PS立体文字背景效果等
- 掌握了制作下雨动画的操作，如制作下雨动画背景效果等
- 掌握了制作烟花切换视频的操作，如制作烟花切换视频背景效果等

## 视频文件

# 23.1 制作PS立体文字

　　随着电脑科技的快速发展，"三维立体技术"逐渐深入人心，书刊、电视、电影等都引用了三维技术，以带给观众强大的视觉冲击力。本节主要介绍将立体的感觉融入文字，使文字也拥有这种三维立体感觉的操作，效果如图23-1所示。

图23-1 PS立体文字效果

## 434

难度级别：★★★☆☆

### 制作PS立体文字背景效果

| | |
|---|---|
| 实例解析： | 在制作PS立体文字时，制作出一个满意的背景效果是至关重要的，背景效果直接影响整幅图像的效果。 |
| 素材文件： | 墙壁.jpg、蝴蝶.psd、手.psd |
| 效果文件： | 制作PS立体文字背景效果.psd/jpg |
| 视频文件： | 434 制作PS立体文字背景效果.mp4 |

STEP 01 按【Ctrl+O】组合键，打开一幅素材图像，如图23-2所示。

STEP 02 按【Ctrl+O】组合键，打开"蝴蝶"素材图像，并将其拖动至"墙壁"图像编辑窗口中的合适位置，如图23-3所示。

图23-2 打开素材图像

图23-3 置入素材图像

# 制作PS立体文字主体效果

**实例解析：** PS立体文字主体效果主要是通过运用文字的凸出为3D效果来制作的，并通过更改立体文字的材质，制作出理想的立体文字效果。

**素材文件：** 上一例效果

**效果文件：** 无

**视频文件：** 435 制作PS立体文字主体效果.mp4

**STEP 01** 选取横排文字工具，在图像上单击，确认插入点，设置"字体"为"Adobe黑体Std"、"字体大小"为400点、"颜色"为白色，输入文字，效果如图23-4所示。

**STEP 02** 执行上述操作后，单击"文字"｜"凸出为3D（D）"命令，弹出信息提示框，单击"是"按钮，创建3D立体效果，效果如图23-5所示。

图23-4 输入文字

图23-5 创建3D立体效果

**STEP 03** 单击工具属性栏上的"旋转3D对象"按钮，将3D文字旋转至合适角度，效果如图23-6所示。展开3D面板，在3D面板中选择"PS凸出材质"选项。

**STEP 04** 单击"属性"面板中的"漫射"右侧的"文件夹图标"按钮，在弹出的面板菜单中，选择"载入纹理"选项，如图23-7所示。

图23-6 将3D文字旋转至合适角度

图23-7 选择"载入纹理"选项

**STEP 05** 弹出"打开"对话框，选择"纹理"素材，单击"打开"按钮，单击"编辑漫射纹理"按钮，在弹出的面板菜单中选择"编辑UV属性"选项，如图23-8所示。

**STEP 06** 弹出"纹理属性"对话框，设置U、V比例均为10%，单击"确定"按钮，效果如图23-9所示，在3D面板中选择"PS前膨胀材质"选项。

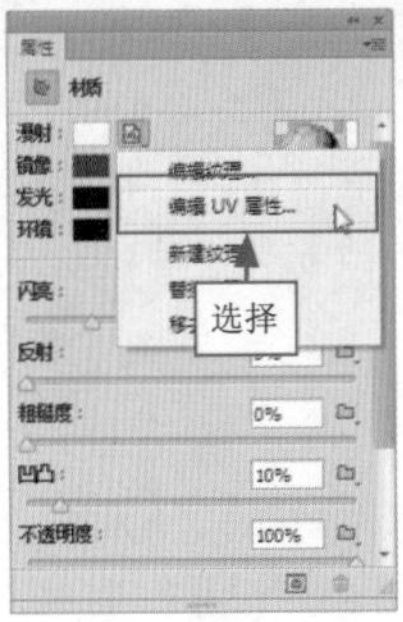

图23-8 选择"编辑UV属性"选项

图23-9 设置纹理属性

STEP 07 单击"属性"面板中的"漫射"右侧的"文件夹图标"按钮,在弹出的面板菜单中选择"载入纹理"选项,弹出"打开"对话框,选择"纹理"素材,单击"打开"按钮,效果如图23-10所示。

STEP 08 单击"编辑漫射纹理"按钮,在弹出的面板菜单中选择"编辑UV属性"选项,弹出"纹理属性"对话框,设置U、V比例均为100%,单击"确定"按钮,效果如图23-11所示。

图23-10 载入纹理

图23-11 设置纹理属性

## 制作PS立体文字整体效果

# 436

难度级别:★★★★★

**实例解析**:制作完PS立体文字的主体效果之后,用户可以根据需要,添加相应的素材,并输入文字,制作出PS立体文字的整体效果。

素材文件:上一例效果

效果文件:无

视频文件:436 制作PS立体文字整体效果.mp4

STEP 01 按【Ctrl+O】组合键,打开"手"素材图像,并将其拖动至"未命名-1"图像编辑窗口中的合适位置,如图23-12所示,双击"图层2"图层,弹出"图层样式"对话框。

STEP 02 在"图层样式"对话框中选中"投影"复选框,设置"角度"为120度、"距离"为14、"扩展"为13%、"大小"为56,单击"确定"按钮,如图23-13所示。

图23-12 置入素材图像

STEP 03 双击PS图层，弹出"图层样式"对话框，选中"投影"复选框，设置"角度"为111度、"距离"为14、"扩展"为13%、"大小"为56，单击"确定"按钮，效果如图23-14所示。

图23-13 添加图层样式

STEP 04 选取横排文字工具，在图像上单击，确认插入点，设置"字体"为"方正大黑简体"、"字体大小"为120点、"颜色"为深绿色（RGB参数值分别为48、113、50），分别输入文字，如图23-15所示。

图23-14 添加图层样式

STEP 05 新建"亮度/对比度1"调整图层，弹出"属性"面板，设置"亮度"为59、"对比度"为-25，单击"图层"|"创建剪贴蒙版"命令，即可创建剪贴蒙版，效果如图23-16所示。

图23-15 分别输入文字

STEP 06 新建"色相/饱和度1"调整图层，弹出"属性"面板，设置"色相"为12、"饱和度"为17，单击"图层"|"创建剪贴蒙版"命令，即可创建剪贴蒙版，最终效果如图23-17所示。

图23-16 创建剪贴蒙版

图23-17 最终效果

# 23.2 制作下雨动画

在 Photoshop CS6 中，用户可以根据需要，为图像制作出动画效果。本节主要介绍通过滤镜制作出下雨效果，然后将图片放大，通过移动图像制作动画效果，最后在动画帧之间添加过渡帧，让下雨的动画连贯自然，效果如图 23-18 所示。

图23-18 下雨动画效果

## 437

难度级别：★★★★★

### 制作下雨动画背景效果

实例解析：在制作下雨动画时，用户可以选择色调比较暗的图像作为背景，比较容易突出下雨的效果。

素材文件：房子.jpg

效果文件：制作下雨动画效果.psd/jpg

视频文件：437 制作下雨动画的背景效果.mp4

STEP 01 按【Ctrl＋O】组合键，打开素材图像，如图23-19所示，单击"图像"｜"调整"｜"亮度/对比度"命令。

STEP 02 弹出"亮度/对比度"对话框，设置"亮度"为100、"对比度"为40，单击"确定"按钮，效果如图23-20所示。

图23-19 打开素材图像　　　　　　图23-20 调整图像的亮度对比度

# 制作下雨动画雨点效果

## 438

难度级别：★★★☆☆

实例解析：运用"添加杂色"滤镜，为图像添加杂色制作雨点效果，并运用"动感模糊"滤镜，制作出下雨动画的雨点效果。

素材文件：上一例效果

效果文件：无

视频文件：438 制作下雨动画雨点效果.mp4

**STEP 01** 新建"图层1"图层，设置前景色为黑色，为"图层1"图层填充前景色，如图23-21所示，单击"滤镜"｜"杂色"｜"添加杂色"命令。

**STEP 02** 弹出"添加杂色"对话框，设置"数量"为40，选中"高斯分布"单选按钮和"单色"复选框，单击"确定"按钮，效果如图23-22所示。

图23-21 填充前景色

图23-22 为图像添加杂色

**STEP 03** 单击"滤镜"｜"模糊"｜"动感模糊"命令，弹出"动感模糊"对话框，设置"角度"为68、"距离"为40，单击"确定"按钮，效果如图23-23所示。

**STEP 04** 设置"图层1"图层的"混合模式"为"滤色"，按【Ctrl＋T】组合键，调出变换控制框，缩放图像至合适大小，如图23-24所示，按【Enter】键确认操作。

图23-23 动感模糊图像

图23-24 缩放图像至合适大小

# 制作下雨动画动态效果

| | |
|---|---|
| 实例解析: | 运用"时间轴"面板,控制动画每一帧的动作,制作出下雨动画的动态效果。 |
| 素材文件: | 上一例效果 |
| 效果文件: | 无 |
| 视频文件: | 438 制作下雨动画雨点效果.mp4 |

难度级别:★★★★★

STEP 01 展开"时间轴"面板,在帧延迟时间下拉列表中选择"0.1秒"选项,将循环次数设置为"永远",单击"复制所选帧"按钮 ,添加一个动画帧,如图23-25所示。

STEP 02 执行上述操作后,选择"帧2"动画帧,将"图层1"图层中的图像向左下角移动,移至合适的位置,效果如图23-26所示。

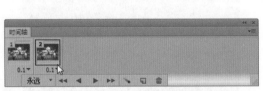

图23-25 添加一个动画帧

图23-26 移动图像至合适位置

STEP 03 在"时间轴"面板中单击"过渡动画帧"按钮 ,如图23-27所示。

STEP 04 弹出"过渡"对话框,保持默认设置,单击"确定"按钮,如图23-28所示。

图23-27 单击"过渡动画帧"按钮

图23-28 添加过渡动画帧

STEP 05 执行上述操作后,在第一个动画帧和第二个动画帧之间添加了5个过渡帧,单击"播放动画"按钮 ,即可观察下雨动画效果,最终效果如23-29所示。

图23-29 最终效果

# 23.3 制作烟花切换视频

在 Photoshop CS6 中，用户可以根据需要，运用"时间轴"面板调整图像的不透明度并添加过渡帧，制作出图像的切换视频效果，也可以将制作好的 MP4 格式视频导入 Photoshop 中，进行编辑和处理。本节主要介绍制作烟花切换视频效果的具体操作方法，效果如图 23-30 所示。

图23-30 烟花切换视频效果

## 制作烟花切换视频背景效果

**440**

难度级别：★★★★★

实例解析：为烟花切换视频制作一个黑色的背景效果，使画面看上去更加和谐。下面介绍制作烟花切换视频背景效果的操作方法。

素材文件：烟花1.jpg、烟花2.jpg、烟花3.jpg

效果文件：制作烟花切换视频效果.psd/jpg

视频文件：440 制作烟花切换视频背景效果.mp4

STEP 01 新建一幅"宽度"为10英寸、"高度"为8英寸、"分辨率"为72像素/英寸的空白图像，如图23-31所示。

STEP 02 执行上述操作后，选择"帧2"动画帧，将"图层1"图层中的图像向左下角移动，移至合适的位置，效果如图23-26所示。

图23-25 添加一个动画帧

图23-26 移动图像至合适位置

# 441

难度级别：★★★★★

## 制作烟花切换视频主体效果

| | |
|---|---|
| 实例解析： | 通过调整图层的不透明度，可以制作出烟花图像的切换效果。下面介绍制作烟花切换视频的主体效果。 |
| 素材文件： | 上一例效果 |
| 效果文件： | 无 |
| 视频文件： | 441 制作烟花切换视频主体效果.mp4 |

**STEP 01** 按【Ctrl+O】组合键，打开一幅素材图像，将其拖动至"未标题-1"图像编辑窗口中，适当缩放图像大小，并移至合适位置，如图23-33所示。

图23-33 移动图像至合适位置

**STEP 02** 展开"时间轴"面板，单击"复制所选帧"按钮，添加一个动画帧，选择"帧1"动画帧，设置"图层1"图层的"不透明度"为10%，效果如图23-34所示。

图23-34 设置图层的不透明度

**STEP 03** 选择"帧2"动画帧，设置"图层1"图层的"不透明度"为100%，效果如图23-33所示，如图23-35所示。

图23-35 设置图层的不透明度

**STEP 04** 单击"过渡动画帧"按钮，弹出"过渡"对话框，保持默认设置，单击"确定"按钮，如图23-36所示。

图23-36 添加过渡帧

**STEP 05** 单击"复制所选帧"按钮，添加一个动画帧，用同样方法置入素材图像，适当缩放图像大小，效果如图23-37所示，选择"帧1"动画帧，在"图层"面板中隐藏"图层2"图层，选择"帧8"动画帧，在"图层"面板中显示"图层2"图层。

**STEP 06** 执行上述操作后，设置"图层2"图层的"不透明度"为10%，效果如图23-38所示，单击"复制所选帧"按钮，添加一个动画帧，设置"图层2"图层的"不透明度"为100%，用同样方法，为其添加5个过渡帧。

图23-37 适当缩放图像大小

图23-38 设置图层的不透明度

STEP 07 单击"复制所选帧"按钮，添加一个动画帧，用同样方法，置入素材图像，适当缩放图像大小，效果如图23-39所示，选择"帧1"动画帧，在"图层"面板中隐藏"图层3"图层，选择"帧15"动画帧，在"图层"面板中显示"图层3"图层。

STEP 08 执行上述操作后，设置"图层3"图层的"不透明度"为10%，效果如图23-40所示，单击"复制所选帧"按钮，添加一个动画帧，设置"图层3"图层的"不透明度"为100%，用同样方法，为其添加5个过渡帧。

图23-39 适当缩放图像大小

图23-40 设置图层的不透明度

## 制作烟花切换视频文字效果

**442**

难度级别：★★☆☆☆

实例解析：制作完烟花切换视频的主体效果后，用户可以根据需要，添加一些文字效果，使图像效果变得更加丰富多彩。

素材文件：上一例效果

效果文件：无

视频文件：442 制作烟花切换视频文字效果.mp4

STEP 01 单击"复制所选帧"按钮，添加一个动画帧，选取横排文字工具，在图像上单击，确认插入点，设置"字体"为"华康海报体"、"字体大小"为60点、"颜色"为红色（RGB参数值分别为255、0、0），输入文字，效果如图23-41所示。

STEP 02 为文字图层添加"外发光"图层样式，选择"帧1"动画帧，在"图层"面板中隐藏文字图层，选择"帧22"动画帧，在"图层"面板中显示文字图层，效果如图23-42所示，单击"复制所选帧"按钮，添加一个动画帧。

图23-41 输入文字　　　　　　　　　图23-42 显示文字图层

STEP 03 将文字移至合适位置，单击"过渡动画帧"按钮，弹出"过渡"对话框，保持默认设置，单击"确定"按钮，添加过渡帧，如图23-43所示。

STEP 04 单击"复制所选帧"按钮，添加一个动画帧，在"图层"面板中设置文字图层的"不透明度"为10%，效果如图23-44所示。

图23-44 设置文字图层的不透明度

图23-43 添加过渡帧

STEP 05 单击"过渡动画帧"按钮，弹出"过渡"对话框，保持默认设置，单击"确定"按钮，添加过渡帧，如图23-45所示。

STEP 06 单击"复制所选帧"按钮，在"图层"面板中设置文字图层的"不透明度"为100%，如图23-46所示。

图23-46 设置文字图层的不透明度

图23-45 添加过渡帧

STEP 07 单击"过渡动画帧"按钮，弹出"过渡"对话框，保持默认设置，单击"确定"按钮，添加过渡帧，如图23-47所示。

STEP 08 单击"复制所选帧"按钮，添加一个动画帧，将文字移至合适位置，效果如图23-48所示，用同样方法，添加5个过渡帧。

图23-47 添加过渡帧

图23-48 移动文字至合适位置

**STEP 09** 在"时间轴"面板中,选择所有动画帧,设置帧延迟时间为0.2秒,将循环次数设置为"一次",单击"播放动画"按钮,即可观看烟花切换视频效果,最终效果如23-49所示。

图23-49 最终效果

# 第24章 案例实战——卡片设计

## 学习提示

随着时代的发展，各类卡片广泛应用于商务活动中，它们在推销各类产品的同时还具有展示、宣传企业信息的作用，运用Photoshop可以方便快捷地设计出各类卡片。本章通过3个案例，详细讲解各类卡片及名片的组成要素、构图思路及版式布局。

## 主要内容

- 制作会员卡轮廓效果
- 制作会员卡主体效果
- 制作银行卡轮廓效果
- 制作银行卡主体效果果
- 制作游戏卡轮廓效果
- 制作游戏卡主体效果

## 重点与难点

- 制作会员卡文字效果
- 制作银行卡文字效果
- 制作游戏卡文字效果

## 学完本章后你会做什么

- 掌握了会员卡设计，如制作会员卡轮廓效果和制作会员卡主体效果等
- 掌握了银行卡设计，如制作银行卡轮廓效果和制作银行卡主体效果等
- 掌握了游戏卡设计，如制作游戏卡轮廓效果和制作游戏卡主体效果等

## 视频文件

# 24.1 会员卡设计

会员卡是指普通身份识别卡，包括商场、宾馆、健身中心、酒家等消费场所的会员认证，其用途非常广泛，凡是涉及需要识别身份的地方，都可用到会员卡，因此会员卡在现今社会有其重要性。本节主要介绍制作会员卡的具体操作方法，效果如图24-1所示。

图24-1 会员卡设计效果

## 443

难度级别：★★★★☆

### 制作会员卡轮廓效果

| | |
|---|---|
| 实例解析： | 行业发行的会员卡相当于行业名片，在会员卡上可以印刷行业的名称或者标识，为形象作宣传，是进行广告宣传的理想载体。 |
| 素材文件： | 背景1.jpg、光芒.psd、喇叭.psd、文字.psd |
| 效果文件： | 会员卡.psd/jpg |
| 视频文件： | 443 制作会员卡轮廓效果.mp4 |

**STEP 01** 按【Ctrl+O】组合键，打开一幅素材图像，如图24-2所示，选取工具箱中的圆角矩形工具。

**STEP 02** 在图像上绘制一个"宽度"和"高度"分别为8厘米、5厘米，"半径"为40的圆角矩形路径，如图24-3所示。

图24-2 打开素材图像　　　　　　图24-3 创建一个圆角矩形路径

STEP 03　按【Ctrl+Enter】组合键，将路径转换为选区，按【Ctrl+Shift+I】组合键，反向选区，如图24-4所示。

STEP 04　执行上述操作后，按【Delete】键删除选区内的图像，并取消选区，效果如图24-5所示。

图24-4　反向选区

图24-5　删除选区内的图像

难度级别：★★★★★

## 制作会员卡主体效果

| | |
|---|---|
| 实例解析： | 作为一种视觉传达设计，排版设计必须保证作品所要传达的信息具有一致性和条理性。 |
| 素材文件： | 上一例效果 |
| 效果文件： | 无 |
| 视频文件： | 444 制作会员卡主体效果.mp4 |

STEP 01　按【Ctrl+O】组合键，打开"光芒"素材图像，并将该素材拖动至"背景1"图像编辑窗口中的合适位置，如图24-6所示。

STEP 02　按【Ctrl+O】组合键，打开"喇叭"素材图像，将该素材拖动至"背景1"图像编辑窗口中合适位置，如图24-7所示。

图24-6　置入素材图像

图24-7　置入素材图像

**专家提醒**

　　会员卡的标准规格85.5mm×54mm×0.76mm，版面可按顾客要求个性化设计，卡身可附封加磁条、条码、签名条。

## 制作会员卡文字效果

**445**

难度级别：★★★★★

实例解析：在制作会员卡的文字效果时，会员卡可以根据客户提供的素材进行版面设计，也可由客户提供设计稿。

素材文件：上一例效果

效果文件：无

视频文件：445 制作会员卡文字效果.mp4

**STEP 01** 选取工具箱中的横排文字工具，在图像上单击，确定插入点，设置"字体"为"汉仪简大宋"、"字体大小"为24点、"颜色"为橙色（RGB参数值分别为255、207、14），输入文字，效果如图24-8所示。

**STEP 02** 在"图层"面板中双击文字图层，在弹出的"图层样式"对话框中选中"斜面和浮雕"复选框和"外发光"复选框，单击"确定"按钮，即可为文字图层添加图层样式，效果如图24-9所示。

图24-8 输入文件

图24-9 为文字图层添加图层样式

**STEP 03** 用同样方法输入文字，并为文字图层添加相应的图层样式，效果如图24-10所示。

**STEP 04** 用同样方法设置相应属性，输入文字，设置LANGMAN文字图层的"不透明度"为50%，将该图层拖动至"图层3"图层的下方，效果如图24-11所示。

图24-10 为文字图层添加图层样式

图24-11 调整图层顺序

**STEP 05** 按【Ctrl+O】组合键，打开"文字"素材图像，在"图层"面板中选择所有图层，将素材图像拖动至"背景1"图像编辑窗口中的合适位置，最终效果如图24-12所示。

**STEP 06** 制作完会员卡的表面效果后，用户可以根据需要制作出会员卡的立体效果，如图24-13所示。

图24-12 最终效果

图24-13 会员卡立体效果

# 24.2 银行卡设计

生活中，银行卡是很常见的，大部分人都拥有自己的银行卡，不同的银行设计的银行卡是不同的。本节主要介绍制作银行卡的具体操作方法，效果如图 24-14 所示。

图24-14 银行卡设计效果

难度级别：★★★★★

## 制作银行卡轮廓效果

实例解析：银行卡规格一般都是85.5mm×54mm×0.76mm。下面主要介绍制作银行卡轮廓效果的操作方法。

素材文件：背景2.psd、标识.psd、标识1.psd

效果文件：银行卡.psd/jpg

视频文件：446 制作银行卡轮廓效果.mp4

STEP 01 按【Ctrl+O】组合键，打开一幅素材图像，如图24-15所示，选取工具箱中的圆角矩形工具。

STEP 02 在图像上绘制一个"宽度"和"高度"分别为8厘米、5厘米、"半径"为40的圆角矩形路径，如图24-16所示。

图24-15 打开素材图像

图24-16 创建一个圆角矩形路径

STEP 03 按【Ctrl+Enter】组合键，将路径转换为选区，按【Ctrl+Shift+I】组合键，反向选区，如图24-17所示。

STEP 04 执行上述操作后，按【Delete】键删除选区内的图像，并取消选区，效果如图24-18所示。

图24-17 反向选区

图24-18 删除选区内的图像

## 447

难度级别：★★☆☆☆

# 制作银行卡主体效果

实例解析：一张设计独特的银行卡，其主体效果是很重要的，其设计一般都比较大气美观。下面介绍制作银行卡主体效果的操作方法。

| | |
|---|---|
| 素材文件： | 上一例效果 |
| 效果文件： | 无 |
| 视频文件： | 447 制作银行卡主体效果.mp4 |

STEP 01 按【Ctrl+O】组合键，打开"标识"素材图像，并将该素材拖动至"背景2"图像编辑窗口中的合适位置，如图24-19所示。

STEP 02 按【Ctrl+O】组合键，打开"标识1"素材图像，将该素材拖动至"背景2"图像编辑窗口中合适位置，如图24-20所示。

图24-19 置入素材图像

图24-20 置入素材图像

## 制作银行卡文字效果

实例解析：银行卡上的文字包括银行卡名和银行卡账号等。下面介绍制作银行卡文字效果的操作方法。

素材文件：上一例效果

效果文件：无

视频文件：448 制作银行卡文字效果.mp4

**STEP 01** 选取工具箱中的横排文字工具，在图像上单击，确定插入点，设置"字体"为"迷你简水柱"、"字体大小"为10点、"颜色"为白色（RGB参数值均为255），输入文字"山水银行"，效果如图24-21所示。

**STEP 02** 在"图层"面板中双击文字图层，在弹出的"图层样式"对话框中选中"投影"复选框，设置"不透明度"为75%、"距离"为5、"扩展"为14、"大小"为5，单击"确定"按钮，效果如图24-22所示。

图24-21 输入文件

图24-22 为文字图层添加图层样式

**STEP 03** 用同样方法输入文字，为文字图层添加相应的图层样式，效果如图24-23所示。

**STEP 04** 用同样方法输入文字，为文字图层添加相应的图层样式，效果如图24-24所示。

图24-23 输入文字

图24-24 输入文字

**STEP 05** 用同样方法输入文字，为文字图层添加相应的图层样式，最终效果如图24-25所示。

**STEP 06** 制作完银行卡的表面效果后，用户可以根据需要制作出银行卡的立体效果，如图24-26所示。

图24-25 最终效果　　　　　　　　　　图24-26 银行卡的立体效果

# 24.3 游戏卡设计

现今电子游戏大部分是由玩家扮演游戏中的一个或多个角色，而一系列的游戏储值卡也随之诞生。本节主要介绍制作游戏卡的具体操作方法，效果如图 24-27 所示。

图24-27 游戏卡设计效果

## 449

难度级别：★★★☆☆

### 制作游戏卡轮廓效果

实例解析：用户制作一张游戏卡，首先要导入一张游戏素材图片，将其设置成卡片的形状。下面介绍制作游戏卡轮廓效果的操作方法。

素材文件：背景3.psd、光芒1.psd、彩条.psd、文字1.psd

效果文件：游戏卡.psd/jpg

视频文件：449 制作游戏卡轮廓效果.mp4

STEP 01 按【Ctrl＋O】组合键，打开一幅素材图像，如图24-28所示，选取工具箱中的圆角矩形工具。

STEP 02 在图像上绘制一个"宽度"和"高度"分别为8厘米、5厘米，"半径"为40的圆角矩形路径，如图24-29所示。

图24-28　打开素材图像

图24-29　创建一个圆角矩形路径

STEP 03　按【Ctrl+Enter】组合键，将路径转换为选区，按【Ctrl+Shift+I】组合键，反向选区，如图24-30所示。

STEP 04　执行上述操作后，按【Delete】键删除选区内的图像，并取消选区，效果如图24-31所示。

图24-30　反向选区

图24-31　删除选区内的图像

# 制作游戏卡主体效果

**450**

难度级别：★★★★★

实例解析：作为一种视觉传达设计，排版设计须保证作品所要传达的信息具有一致性和条理性。下面介绍制作游戏卡主体效果的操作方法。

素材文件：上一例效果

效果文件：无

视频文件：450 制作游戏卡主体效果.mp4

STEP 01　按【Ctrl+O】组合键，打开"光芒1"素材图像，并将该素材拖动至"背景3"图像编辑窗口中的合适位置，如图24-32所示。

STEP 02　按【Ctrl+O】组合键，打开"彩条"素材图像，将该素材拖动至"背景3"图像编辑窗口中的合适位置，如图24-33所示。

图24-32　置入素材图像

图24-33　置入素材图像

## 制作游戏卡文字效果

实例解析：在制作出卡片形状后，用户可以在图像上添加文字，并设置其文字的图层样式。下面介绍制作游戏卡文字效果的操作方法。

难度级别：★★★★★

| | |
|---|---|
| 素材文件： | 上一例效果 |
| 效果文件： | 无 |
| 视频文件： | 451 制作游戏卡文字效果.mp4 |

**STEP 01** 选取工具箱中的横排文字工具，在图像上单击，确定插入点，设置"字体"为"叶根友毛笔行书2.0版"、"字体大小"为18点、"颜色"为黑色（RGB参数值均为0），输入文字"游戏大世界"，效果如图24-34所示，在"图层"面板中，双击文字图层，弹出的"图层样式"对话框。

**STEP 02** 选中"斜面和浮雕"复选框，选中"描边"复选框，设置"颜色"为白色（RGB参数值均为255），选中"渐变叠加"复选框，设置"渐变"为"透明彩虹渐变"，选中"投影"复选框，设置"距离"为11、"杂色"为30，单击"确定"按钮，效果如图24-35所示。

图24-34 输入文字

图24-35 添加图层样式

**STEP 03** 选取工具箱中的横排文字工具，在图像上单击，确定插入点，设置"字体"为"汉仪圆叠简体"、"字体大小"为48点、"颜色"为白色（RGB参数值均为255），输入文字，并设置文字图层的"不透明度"为20%，效果如图24-36所示。

**STEP 04** 选取工具箱中的横排文字工具，在图像上单击，确定插入点，设置"字体"为"方正大标宋简体"、"字体大小"为8点、"颜色"为白色（RGB参数值均为255），输入文字，并为文字图层添加"投影"图层样式，效果如图24-37所示。

图24-36 设置文字图层的"不透明度"为20%

图24-37 添加"图层"样式

STEP 05　按【Ctrl+O】组合键，打开"文字1"素材图像，在"图层"面板中选择所有图层，将素材图像拖动至"背景3"图像编辑窗口中的合适位置，最终效果如图24-38所示。

STEP 06　制作完游戏卡的表面效果后，用户可以根据需要制作游戏卡的立体效果，如图24-39所示。

图24-38　最终效果

图24-39　游戏卡的立体效果

# 第25章 案例实战——画册设计

## 学习提示

　　随着当今社会竞争力日趋加强，各类企业或产品商家为增强市场竞争力，巩固品牌实力，运用了各种不同的宣传形式来扩大企业的宣传力度，而宣传册、画册就是最重要的表现形式之一，使用宣传册、画册的宣传方式可以将企业及产品信息直接传达给消费者。

## 主要内容

- 制作餐厅美食画册背景效果
- 制作餐厅美食画册主体效果
- 制作清香茶叶画册背景效果
- 制作清香茶叶画册主体效果
- 制作珠宝首饰画册背景效果
- 制作珠宝首饰画册主体效果

## 重点与难点

- 制作餐厅美食画册文字效果
- 制作清香茶叶画册文字效果
- 制作珠宝首饰画册文字效果

## 学完本章后你会做什么

- 掌握了制作餐厅美食画册，如制作餐厅美食画册背景效果等
- 掌握了制作清香茶叶画册，如制作清香茶叶画册背景效果等
- 掌握了制作珠宝首饰画册，如制作珠宝首饰画册背景效果等

## 视频文件

# 25.1 餐厅美食画册

在设计食品画册时，不仅要注意食品元素的组合，也需要从健康、营养的角度出发，再通过合理的色彩搭配，制作出精美的餐厅美食画册。本节主要介绍制作餐厅美食画册的具体操作方法，效果如图25-1所示。

图25-1 餐厅美食画册效果

## 制作餐厅美食画册背景效果

**452**

难度级别：★★★★☆

| | |
|---|---|
| 实例解析： | 制作餐厅美食画册的背景效果时，用户可以根据需要设计画册的款式。下面介绍制作餐厅美食画册的背景效果。 |
| 素材文件： | 背景1.jpg、美食1.psd、美食2.psd、美食3.psd等 |
| 效果文件： | 餐厅美食画册.psd/jpg |
| 视频文件： | 452 制作餐厅美食画册背景效果.mp4 |

STEP 01 按【Ctrl+O】组合键，打开一幅素材图像，如图25-2所示，新建"图层1"图层，选取工具箱中的矩形选框工具。

STEP 02 单击工具属性栏中的"从选区减去"按钮，在图像编辑窗口中创建一个从选区减去的矩形选区，效果如图25-3所示。

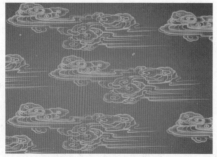

图25-2 打开素材图像

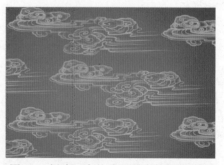

图25-3 创建一个从选区减去的矩形选区

STEP 03 设置前景色为白色，按【Alt＋Delete】组合键填充前景色，取消选区，效果如图25-4所示。

STEP 04 选取工具箱中的移动工具，按住【Alt】键的同时并拖动白色边框，复制两次白色边框，效果如图25-5所示。

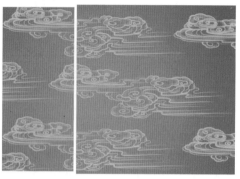

图25-4 填充前景色

图25-5 复制两次白色边框

STEP 05 选择"图层1"图层及复制的两个副本图层，按【Ctrl＋E】组合键合并图层，选取魔棒工具在两个白边框中间部位单击，选中两个白框中间的红色区域，如图25-6所示。

STEP 06 在"图层"面板中选择"背景"图层，复制并粘贴图像，得到"图层2"图层，效果如图25-7所示（为了方便读者查看效果，此处是隐藏"图层1"图层和"背景"图层后的效果）。

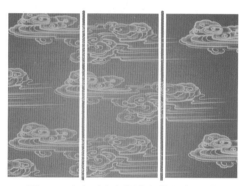

图25-6 选中两个白框中间的红色区域

图25-7 得到"图层2"图层

## 制作餐厅美食画册主体效果

难度级别：★★★★☆

| | |
|---|---|
| 实例解析： | 制作餐厅美食画册的主体效果时，用户可以根据需要添加一些素材图像。下面介绍制作餐厅美食画册的主体效果。 |
| 素材文件： | 上一例效果 |
| 效果文件： | 无 |
| 视频文件： | 453 制作餐厅美食画册主体效果.mp4 |

STEP 01 按【Ctrl＋O】组合键，打开"美食1"素材图像，将该素材拖动至"背景1"图像编辑窗口中，移动图像至合适位置，效果如图25-8所示。

STEP 02 按【Ctrl＋O】组合键，打开"美食2"素材图像，将该素材拖动至"背景1"图像编辑窗口中，移至合适位置，并将该图层移至"图层1"图层和"图层2"图层的下方，调整图层顺序，效果如图25-9所示。

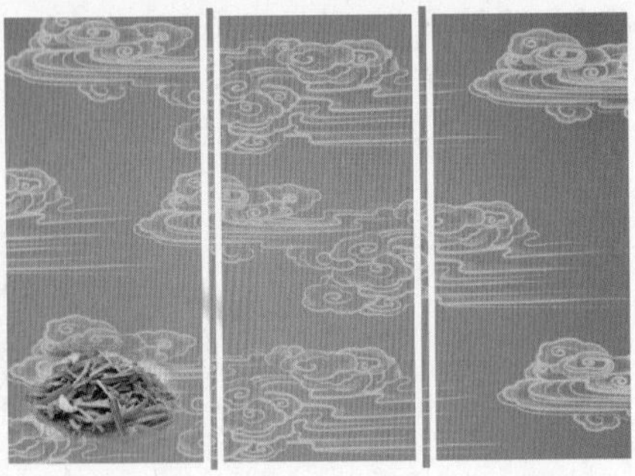

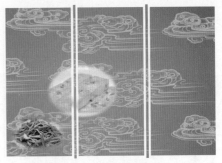

图25-8 置入素材图像

图25-9 调整图层顺序

STEP 03 按【Ctrl+O】组合键，打开"美食3"素材图像，将该素材拖动至"背景1"图像编辑窗口中，移至合适位置，设置该图层的"不透明度"为50%，效果如图25-10所示。

STEP 04 按【Ctrl+O】组合键，打开"美食4"和"美食5"素材图像，分别将素材拖动至"背景1"图像编辑窗口中，移动图像至合适位置，效果如图25-11所示。

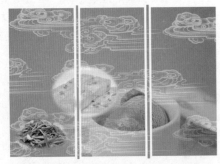

图25-10 设置图层"不透明度"为50%

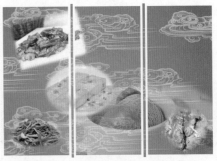

图25-11 移动图像至合适位置

## 制作餐厅美食画册文字效果

**454**

难度级别：★★★★★

| | |
|---|---|
| 实例解析： | 在制作餐厅美食画册时，用户可以根据需要为画册添加文字效果，包括餐厅的名称和简介，都可以添加到画册上。 |
| 素材文件： | 上一例效果 |
| 效果文件： | 无 |
| 视频文件： | 454 制作餐厅美食画册文字效果.mp4 |

STEP 01 选取工具箱中的直排文字工具，在图像上单击，确定插入点，设置"字体"为"微软简行楷"、"字体大小"为36点、"颜色"为白色（RGB参数值均为255），输入文字，选中"全新"文字，更改"字体大小"为60点，效果如图25-12所示。

STEP 02 在"图层"面板中双击文字图层，在弹出的"图层样式"对话框中选中"描边"复选框和"投影"复选框，切换至"投影"选项，设置"距离"为21、"杂色"为30%，单击"确定"按钮，即可为文字图层添加图层样式，效果如图25-13所示。

图25-12 输入文字

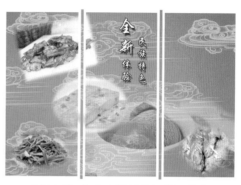

图25-13 为文字图层添加图层样式

STEP 03 选取工具箱中的横排文字工具，在图像上单击，确定插入点，设置"字体"为"长城特粗宋体"、"字体大小"为36点、"颜色"为白色（RGB参数值均为255），输入文字，效果如图25-14所示。

STEP 04 在"图层"面板中双击文字图层，在弹出的"图层样式"对话框中选中"斜面和浮雕"复选框和"投影"复选框，单击"确定"按钮，即可为文字图层添加图层样式，效果如图25-15所示。

图25-10 设置图层"不透明度"为50%

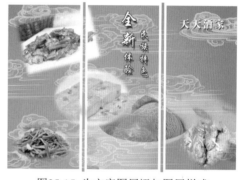

图25-15 为文字图层添加图层样式

STEP 05 选取工具箱中的横排文字工具，在图像上单击，确定插入点，设置"字体"为"长城大标宋体"、"字体大小"为14点、"颜色"为白色（RGB参数值均为255），输入文字，效果如图25-16所示。

STEP 06 在"图层"面板中双击文字图层，在弹出的"图层样式"对话框中选中"斜面和浮雕"复选框和"投影"复选框，单击"确定"按钮，即可为文字图层添加图层样式，最终效果如图25-17所示。

图25-16 输入文字

图25-17 最终效果

# 25.2 清香茶业画册

随着生活水平的不断提高，茶业的发展非常迅速，成为目前中国消费品市场中的发展热点和经济增长点。本节主要介绍制作清香茶业画册的具体操作方法，效果如图25-18所示。

图25-18 清香茶业画册效果

## 455
难度级别：★★★★★

### 制作清香茶业画册背景效果

| | |
|---|---|
| 实例解析： | 制作清香茶业画册时，用户可以根据需要制作一个合适的背景效果，背景效果是整幅图像的关键。 |
| 素材文件： | 背景2.psd、茶道图.psd、底纹图片.psd、飘带.psd等 |
| 效果文件： | 清香茶业画册.psd/jpg |
| 视频文件： | 455 制作清香茶业画册背景效果.mp4 |

STEP 01 按【Ctrl+O】组合键，打开一幅素材图像，如图25-19所示。

STEP 02 按【Ctrl+O】组合键，打开"茶道图"素材图像，将其拖动至"背景2"图像编辑窗口中的合适位置，如图25-20所示。

图25-19 打开素材图像

图25-20 置入素材图像

STEP 03 按【Ctrl+O】组合键，打开"底纹图片"素材图像，将其拖动至"背景2"图像编辑窗口中的合适位置，效果如图25-21所示。

STEP 04 按【Ctrl+O】组合键，打开"飘带"素材图像，将其拖动至"背景2"图像编辑窗口中，将"图层1"图层拖动至"图层4"图层的上方，效果如图25-22所示。

图25-21 置入素材图像

图25-22 调整图层顺序

## 制作清香茶业画册主体效果

| | |
|---|---|
| 实例解析： | 在制作清香茶业画册时，用户可以根据需要为画册添加更多的素材元素，使画册画面更加丰富多彩，主体突出。 |
| 素材文件： | 上一例效果 |
| 效果文件： | 无 |
| 视频文件： | 456 制作清香茶业画册主体效果.mp4 |

难度级别：★★☆☆☆

STEP 01 按【Ctrl+O】组合键，打开"茶杯"素材图像，并将该素材拖动至"背景2"图像编辑窗口中的合适位置，效果如图25-23所示。

STEP 02 按【Ctrl+O】组合键，打开"云朵"素材图像，将该素材拖动至"背景2"图像编辑窗口中合适位置，如图25-24所示。

图25-23 置入素材图像

图25-24 置入素材图像

STEP 03 按【Ctrl+O】组合键，打开"茶业1"素材图像，并将该素材拖动至"背景2"图像编辑窗口中的合适位置，效果如图25-25所示。

STEP 04 按【Ctrl+O】组合键，打开"茶业2"素材图像，并将该素材拖动至"背景2"图像编辑窗口中的合适位置，效果如图25-26所示。

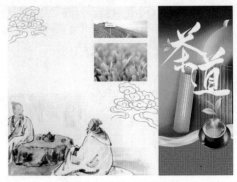

图25-25 置入素材图像　　　　　　　图25-26 置入素材图像

## 457

难度级别：★★☆☆☆

### 制作清香茶业画册文字效果

| | |
|---|---|
| 实例解析： | 在制作清香茶业画册时，用户可以根据需要为画册添加文字效果。 |
| 素材文件： | 上一例效果 |
| 效果文件： | 无 |
| 视频文件： | 457 制作清香茶业画册文字效果.mp4 |

STEP 01　选取工具箱中的横排文字工具，确定插入点，展开"字符"面板，设置"字体"为"方正黑体简体"、"字体大小"为24点、"颜色"为深绿色（RGB参数值分别为30、69、28），单击"字符"面板下方的"下画线"按钮，输入文字，效果如图25-27所示。

STEP 02　在"图层"面板中双击文字图层，在弹出的"图层样式"对话框中选中"外发光"复选框和"投影"复选框，单击"确定"按钮，即可为文字图层添加图层样式，效果如图25-28所示。

图25-27 输入文字　　　　　　　　　图25-28 为文字图层添加图层样式

STEP 03　用同样方法设置文字属性，输入文字，为文字图层添加相应的图层样式，效果如图25-29所示，选取工具箱中的横排文字工具，单击，确定插入点。

STEP 04　设置"字体"为"华文行楷"、"字体大小"为9.47点、"颜色"为白色（RGB参数值均为255），输入文字，效果如图25-30所示。

图25-29　输入文字

图25-30　输入文字

STEP 05　用同样方法设置文字属性，输入文字，效果如图25-31所示。

STEP 06　用同样方法设置文字属性，输入文字，最终效果如图25-32所示。

图25-31　输入文字

图25-32　最终效果

# 25.3　珠宝首饰画册

随着社会的发展，人们的消费观念由感性转向了理性，而首饰是爱情永远的象征。本节主要介绍制作珠宝首饰画册的具体操作方法，效果如图 25-33 所示。

图25-33　珠宝首饰画册效果

## 制作珠宝首饰画册背景效果

实例解析：珠宝画册设计要侧重于对品质、品位及爱情意义的演绎，以浪漫的紫色为主色调最合适不过了。

素材文件：背景3.psd、饰品.psd、饰品1.psd、饰品2.psd、戒指.psd等

效果文件：珠宝首饰画册.psd/jpg

视频文件：458 制作珠宝首饰画册背景效果.mp4

难度级别：★★★☆☆

STEP 01 按【Ctrl+O】组合键，打开一幅素材图像，如图25-34所示。

STEP 02 按【Ctrl+O】组合键，打开"饰品"素材图像，将其拖动至"背景3"图像编辑窗口中的合适位置，如图25-35所示。

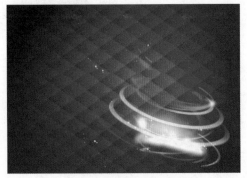

图25-34 打开素材图像

图25-35 置入素材图像

STEP 03 按【Ctrl+O】组合键，打开"饰品1"素材图像，将其拖动至"背景3"图像编辑窗口中的合适位置，为该图层添加图层蒙版，并隐藏部分图像，效果如图25-36所示，新建"图层4"图层。

STEP 04 选取工具箱中的矩形选框工具，在图像上绘制一个矩形选框，选取工具箱中的渐变工具，为选区填充白色到黑色的线性渐变，并取消选区，设置该图层的"不透明度"为50%，效果如图25-37所示。

图25-36 隐藏部分图像

图25-37 设置图层的"不透明度"为50%

# 制作珠宝首饰画册主体效果

实例解析：在制作珠宝首饰画册时，用户可以根据需要为画册添加素材图像，制作出画册的主体效果。

素材文件：上一例效果

效果文件：无

视频文件：459 制作珠宝首饰主体效果.mp4

难度级别：★★★★★

STEP 01 按【Ctrl+O】组合键，打开"饰品2"素材图像，并将该素材拖动至"背景3"图像编辑窗口中的合适位置，如图25-38所示。

STEP 02 按【Alt】键的同时，单击拖动图像，复制多个蝴蝶图案，适当缩放图像大小，移至合适位置，如图25-39所示。

图25-38 置入素材图像

图25-39 复制素材图像

STEP 03 按【Ctrl+O】组合键，打开"戒指"素材图像，并将该素材拖动至"背景3"图像编辑窗口中，效果如图25-40所示，按【Ctrl+O】组合键，打开"戒指1"素材图像。

STEP 04 将该素材拖动至"背景3"图像编辑窗口中，并将该图层移至"图层5副本3"图层的下方，调整图层顺序，效果如图25-41所示。

图25-40 置入素材图像

图25-41 调整图层顺序

STEP 05 按【Ctrl+O】组合键，打开"戒指2"素材图像，并将该素材拖动至"背景3"图像编辑窗口中的合适位置，如图25-42所示。

STEP 06 为该图层添加图层蒙版，运用黑色画笔工具涂抹图像，隐藏部分图像，效果如图25-43所示。

图25-42 置入素材图像

图25-43 隐藏部分图像

## 460

难度级别：★★★★★

## 制作珠宝首饰画册文字效果

| | |
|---|---|
| 实例解析： | 在制作珠宝首饰画册时，用户可以根据需要为画册添加文字图像，使画册内容更丰富。 |
| 素材文件： | 上一例效果 |
| 效果文件： | 无 |
| 视频文件： | 460 制作珠宝首饰文字效果.mp4 |

STEP 01 选取工具箱中的横排文字工具，单击鼠标左键，确定插入点，设置"字体"为"幼圆"、"字体大小"为12点、"颜色"为粉色（RGB参数值分别为255、197、215），输入文字，效果如图25-44所示。

STEP 02 在"图层"面板中双击文字图层，在弹出的"图层样式"对话框中选中"投影"复选框，设置"大小"为0，单击"确定"按钮，即可为文字图层添加图层样式，效果如图25-45所示。

图25-44 输入文字

图25-45 为文字图层添加图层样式

STEP 03 用同样方法设置文字属性，输入文字，为文字图层添加相应的图层样式，效果如图25-46所示，选取工具箱中的横排文字工具。

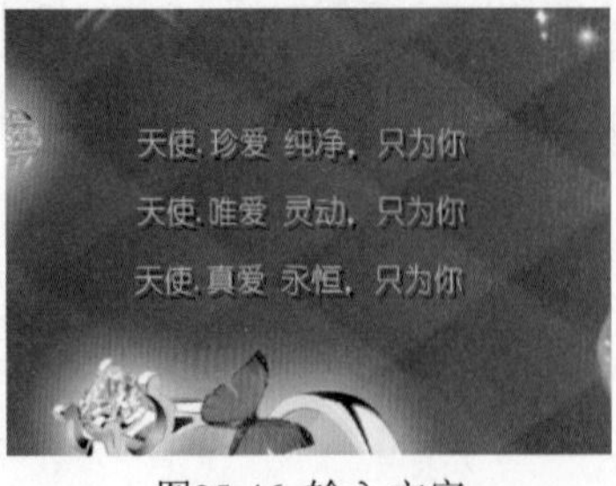

STEP 04 单击，确认插入点，设置"字体"为"长城特粗宋体"、"字体大小"为48点、"颜色"为白色（RGB参数值均为255），输入文字，效果如图25-47所示。

图25-46 输入文字

图25-47 输入文字

STEP
05
在"图层"面板中双击文字图层,在弹出的"图层样式"对话框中选中"投影"复选框,单击"确定"按钮,即可为文字图层添加图层样式,效果如图25-48所示。

STEP
06
按【Ctrl+O】组合键,打开"文字"素材图像,并将该素材拖动至"背景3"图像编辑窗口中的合适位置,最终效果如图25-49所示。

图25-48　为文字图层添加图层样式

图25-49　最终效果

# 第26章 案例实战——广告设计

## 学习提示

目前，各类广告频频出现在电视、报纸、杂志、路牌和互联网中，让人目不暇接，人们在不知不觉中接受着广告。广告在经过20世纪产业革命之后，日益成为新世纪各现代企业的营销手段和传递信息的重要方式。

## 主要内容

- 制作化妆品广告背景效果
- 制作化妆品广告主体效果
- 制作庆祝元旦广告背景效果
- 制作庆祝元旦广告主体效果
- 制作卓越汽车广告背景效果
- 制作卓越汽车广告主体效果

## 重点与难点

- 制作化妆品广告文字效果
- 制作庆祝元旦广告文字效果
- 制作卓越汽车广告文字效果

## 学完本章后你会做什么

- 掌握了化妆品蓝梦露广告设计，如制作化妆品广告背景效果等
- 掌握了庆祝元旦喜迎新年广告设计，如制作庆祝元旦广告背景效果等
- 掌握了卓越汽车广告设计，如制作卓越汽车广告背景效果等

## 视频文件

# 26.1 化妆品蓝梦露广告

本案例设计的是一款蓝梦露护肤套装，以清爽的浅蓝色为主色调，使得画面淡雅、柔和；浅蓝色的背景、白色的文字组成广告的主体和文字效果，使得画面层次感强，体现出清爽、阴柔之美，效果如图 26-1 所示。

图26-1 化妆品蓝梦露广告效果

## 461

难度级别：★★★★☆

### 制作化妆品广告背景效果

**实例解析：**以浅蓝色为整体色调，为化妆品蓝梦露广告制作背景效果。下面介绍制作化妆品广告的背景效果。

**素材文件：**背景1.psd、飘带.psd、饰品.psd、饰品1.psd、饰品2.psd等

**效果文件：**化妆品蓝梦露广告.psd/jpg

**视频文件：**461 制作化妆品广告背景效果.mp4

STEP 01 按【Ctrl+O】组合键，打开一幅素材图像，如图26-2所示。

STEP 02 按【Ctrl+O】组合键，打开"飘带"素材图像，将其拖动至"背景1"图像编辑窗口中的合适位置，如图26-3所示。

图26-2 打开素材图像

图26-3 置入素材图像

STEP 03 按【Ctrl+O】组合键，打开"饰品"素材图像，将其拖动至"背景1"图像编辑窗口中的合适位置，如图26-4所示。

STEP 04 按【Ctrl+O】组合键，打开"饰品1"素材图像，将其拖动至"背景1"图像编辑窗口中的合适位置，如图26-5所示。

图26-4 置入素材图像

图26-5 置入素材图像

## 制作化妆品广告主体效果

**462**
难度级别：★★★★☆

实例解析：制作化妆品广告主体效果时，用户可以置入素材图像，突出广告的主体效果。下面介绍制作化妆品广告的主体效果。

素材文件：上一例效果

效果文件：无

视频文件：462 制作化妆品广告主体效果.mp4

STEP 01 按【Ctrl+O】组合键，打开"饰品2"素材图像，将该素材拖动至"背景1"图像编辑窗口中，移动图像至合适位置，效果如图26-6所示。

STEP 02 按【Ctrl+O】组合键，打开"化妆品"素材图像，将该素材拖动至"背景1"图像编辑窗口中，移动图像至合适位置，效果如图26-7所示。

图26-6 置入素材图像

图26-7 置入素材图像

STEP 03 复制"图层6"图层，得到"图层6副本"图层，选择"图层6副本"图层，单击"编辑"|"变化"|"垂直翻转"命令，垂直翻转图像，效果如图26-8所示。

STEP 04 设置"图层6副本"图层的"不透明度"为80%，为"图层6副本"图层添加图层蒙版，选取工具箱中的渐变工具，从上至下填充白色到黑色的线性渐变，隐藏部分图像，效果如图26-9所示。

图26-8 垂直翻转图像

图26-9 隐藏部分图像

## 制作化妆品广告文字效果

**463**

难度级别：★★★★★

| | |
|---|---|
| 实例解析： | 字体设计在广告中有着不可代替的作用，文字不但是记录的符号，而且它的形体美给人以艺术的感觉，起着美化的作用。 |
| 素材文件： | 上一例效果 |
| 效果文件： | 无 |
| 视频文件： | 463 制作化妆品广告文字效果.mp4 |

STEP 01 选取工具箱中的横排文字工具，在图像上单击，确定插入点，设置"字体"为"黑体"、"字体大小"为24点、"颜色"为白色（RGB参数值均为255），输入文字，效果如图26-10所示。

STEP 02 在"图层"面板中双击文字图层，在弹出的"图层样式"对话框中选中"投影"复选框，单击"确定"按钮，即可为文字图层添加图层样式，效果如图26-11所示。

图26-10 输入文字

图26-11 为文字图层添加图层样式

STEP 03 用同样方法设置文字属性，输入文字，为文字图层添加相应的图层样式，效果如图26-12所示。

STEP 04 用同样方法设置文字属性，输入文字，为文字图层添加相应的图层样式，最终效果如图26-13所示。

图26-12　输入文字

图26-13　最终效果

# 26.2　庆祝元旦喜迎新年广告

元旦，是指公历的1月1日，也被称为"新年"，新的一年有新的希望。大红的主色调和有热闹场景的图像做陪衬，用来制作庆祝元旦喜迎新年的喜庆广告，其效果如图26-14所示。

图26-14　庆祝元旦喜迎新年广告效果

## 464

难度级别：★★★★☆

### 制作庆祝元旦广告背景效果

| | |
|---|---|
| 实例解析： | 以元旦为主题的广告设计，其画面呈现喜庆的红色调，热闹、和谐。 |
| 素材文件： | 背景2.jpg、烟花.psd、礼品.psd、帷幕.psd、金蛇.psd等 |
| 效果文件： | 庆祝元旦喜迎新年广告.psd/jpg |
| 视频文件： | 464 制作庆祝元旦广告背景效果.mp4 |

STEP 01　按【Ctrl+O】组合键，打开一幅素材图像，如图26-15所示。

STEP 02　按【Ctrl+O】组合键，打开"烟花"素材图像，将其拖动至"背景2"图像编辑窗口中的合适位置，如图26-16所示。

图26-15 打开素材图像

图26-16 置入素材图像

**STEP 03** 按【Ctrl+O】组合键,打开"礼品"素材图像,将其拖动至"背景2"图像编辑窗口中的合适位置,效果如图26-17所示。

**STEP 04** 按【Ctrl+O】组合键,打开"帷幕"素材图像,将其拖动至"背景2"图像编辑窗口中,效果如图26-18所示。

图26-17 置入素材图像

图26-18 置入素材图像

## 465 制作庆祝元旦广告主体效果

难度级别:★★★★★

| | |
|---|---|
| 实例解析: | 在制作庆祝元旦广告主体效果时,用户可以根据需要为广告添加主题元素。 |
| 素材文件: | 上一例效果 |
| 效果文件: | 无 |
| 视频文件: | 465 制作庆祝元旦广告主体效果.mp4 |

**STEP 01** 按【Ctrl+O】组合键,打开"金蛇"素材图像,并将该素材拖动至"背景2"图像编辑窗口中的合适位置,效果如图26-19所示。

**STEP 02** 选取工具箱中的椭圆选框工具,在图像编辑窗口中的合适位置创建一个椭圆选区,如图26-20所示。

图26-19 置入素材图像

图26-20 创建一个椭圆选区

STEP 03 新建"图层5"图层,设置前景色为黑色,按【Alt+Delete】组合键,为选区填充前景色,取消选区,设置"图层5"图层的"不透明度"为25%,将"图层5"图层移至"图层3"图层的下方,效果如图26-21所示。

STEP 04 双击"图层5"图层,在弹出的"图层样式"对话框中选中"外发光"复选框,单击"确定"按钮,添加"外发光"图层样式,用同样方法为"图层4"图层添加"投影"图层样式,效果如图26-22所示。

图26-21 调整图层顺序

图26-22 添加图层样式

## 制作庆祝元旦广告文字效果

**466**

难度级别:★★☆☆☆

| | |
|---|---|
| 实例解析: | 在制作庆祝元旦广告文字效果时,用户可以根据需要置入文字素材图像或者直接输入文字,为广告添加文字效果。 |
| 素材文件: | 上一例效果 |
| 效果文件: | 无 |
| 视频文件: | 466 制作庆祝元旦广告文字效果.mp4 |

STEP 01 按【Ctrl+O】组合键,打开"文字"素材图像,并将该素材拖动至"背景2"图像编辑窗口中的合适位置,效果如图26-23所示,在"图层"面板中双击"年"图层。

STEP 02 在弹出的"图层样式"对话框中选中"斜面和浮雕"复选框和"外发光"复选框,单击"确定"按钮,即可为图层添加图层样式,效果如图26-24所示。

图26-23 置入文字素材图像

图26-24 为图层添加图层样式

STEP 03 选取工具箱中的横排文字工具，在图像上单击，确定插入点，设置"字体"为"华康雅宋体"、"字体大小"为24点、"颜色"为深红色（RGB参数值分别为206、0、7），输入文字，按【Ctrl＋T】组合键，调出变换控制框，适当旋转文字至合适角度，效果如图26-25所示。

STEP 04 在"图层"面板中双击文字图层，在弹出的"图层样式"对话框中选中"投影"复选框和"描边"复选框，在"描边"选项卡中设置"颜色"为白色（RGB参数值均为255），单击"确定"按钮，即可为文字图层添加图层样式，最终效果如图26-26所示。

图26-25 旋转文字至合适角度

图26-26 为文字图层添加图层样式

# 26.3 卓越汽车广告

在喧哗的大街上，飞驰的汽车随处可见，随着汽车行业的飞速发展，汽车已走进千家万户。如何能够成功地吸引购买者的注意力，汽车的广告宣传是非常重要的一环。本节主要介绍制作卓越汽车广告的操作方法，效果如图 26-27 所示。

图26-27 卓越汽车广告效果

## 制作卓越汽车广告背景效果

# 467

难度级别：★★★☆☆

| 实例解析： | 本款卓越汽车广告的背景效果填充了七彩的线性渐变，通过进行自由变换，使其产生了不一样的视觉效果。 |
|---|---|
| 素材文件： | 背景3.psd、建筑.psd、光芒.psd、饰品3.psd、汽车.psd等 |
| 效果文件： | 卓越汽车广告.psd/jpg |
| 视频文件： | 467 制作卓越汽车广告背景效果.mp4 |

STEP 01 按【Ctrl+O】组合键，打开一幅素材图像，如图26-28所示。

STEP 02 按【Ctrl+O】组合键，打开"建筑"素材图像，将其拖动至"背景3"图像编辑窗口中的合适位置，如图26-29所示。

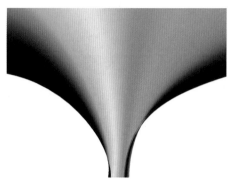

图26-28 打开素材图像

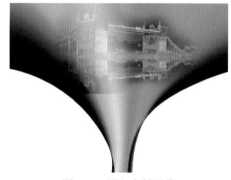

图26-29 置入素材图像

STEP 03 按【Ctrl+O】组合键，打开"光芒"素材图像，将其拖动至"背景3"图像编辑窗口中的合适位置，设置该图层的"不透明度"为20%，效果如图26-30所示。

STEP 04 按【Ctrl+O】组合键，打开"饰品3"素材图像，将其拖动至"背景3"图像编辑窗口中的合适位置，效果如图26-31所示。

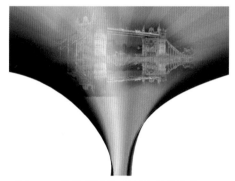

图26-30 设置图层的"不透明度"为20%

图26-31 置入素材图像

**468**

难度级别：★★★★★

## 制作卓越汽车广告主体效果

| | |
|---|---|
| 实例解析： | 在制作卓越汽车广告主体效果时，用户可以根据需要为广告添加素材图像，制作出广告的主体效果。 |
| 素材文件： | 上一例效果 |
| 效果文件： | 无 |
| 视频文件： | 468 制作卓越汽车广告主体效果.mp4 |

STEP 01 按【Ctrl+O】组合键，打开"汽车"素材图像，并将该素材拖动至"背景3"图像编辑窗口中的合适位置，如图26-32所示。

STEP 02 新建"图层2"图层，选取工具箱中的钢笔工具，在图像中创建路径，如图26-33所示。

图26-32 置入素材图像

图26-33 创建路径

STEP 03 按【Ctrl+Enter】组合键，将路径转换为选区，设置前景色为灰色（RGB参数值均为132），按【Alt+Delete】组合键，填充选区，并取消选区，效果如图26-34所示。

STEP 04 执行上述操作后，选取工具箱中的钢笔工具，在图像中创建路径，按【Ctrl+Enter】组合键，将路径转换为选区，效果如图26-35所示。

图26-34 填充选区

图26-35 将路径转换为选区

STEP 05 选取工具箱中的渐变工具，设置渐变颜色为浅灰色（RGB参数值均为228）、灰色（RGB参数值均为186）、白色（RGB参数值均为255），如图26-36所示。

STEP 06 单击"确定"按钮，新建"图层3"图层，在选区中从上至下单击并拖动，为选区填充渐变颜色，并取消选区，效果如图26-37所示。

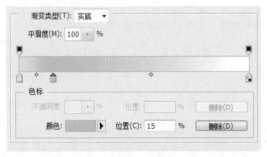

图26-36 设置渐变色

图26-37 填充渐变色

STEP 07 执行上述操作后，选取工具箱中的圆角矩形工具，在图像中创建一个路径，按【Ctrl+Enter】组合键，将路径转换为选区，效果如图26-38所示。

STEP 08 按【Ctrl+C】组合键，复制图像，按【Ctrl+V】组合键，粘贴复制的图像，选取工具箱中的移动工具，将图像移至合适位置，效果如图26-39所示。

图26-38 将路径转换为选区

图26-39 将图像移至合适位置

STEP 09 在"图层"面板中双击"图层4"图层，在弹出的"图层样式"对话框中选中"投影"复选框和"描边"复选框，在"描边"选项卡中，设置"颜色"为白色（RGB参数值均为255），单击"确定"按钮，即可为图层添加图层样式，效果如图26-40所示。

STEP 10 用同样方法创建一个路径，转换路径为选区，复制选区内的图像并粘贴选区内的图像，将图像移至合适位置，并为图层添加相应的图层样式，效果如图26-41所示。

图26-40 为图层添加图层样式

图26-41 为图层添加图层样式

STEP 11 执行上述操作后，按【Ctrl+O】组合键，打开"标识"素材图像，并将该素材拖动至"背景3"图像编辑窗口中的合适位置，效果如图26-42所示。

STEP 12 按【Ctrl+O】组合键，打开"标识1"素材图像，并将该素材拖动至"背景3"图像编辑窗口中的合适位置，效果如图26-43所示。

图26-42 置入素材图像

图26-43 置入素材图像

# 469

难度级别：★★★★★

## 制作卓越汽车广告文字效果

实例解析：在制作卓越汽车广告文字效果时，用户可以根据需要在图像上添加相应的文字信息。

素材文件：上一例效果

效果文件：无

视频文件：469 制作卓越汽车广告文字效果.mp4

**STEP 01** 选取工具箱中的横排文字工具，单击，确定插入点，设置"字体"为"方正大黑简体"、"字体大小"为18点、"颜色"为白色（RGB参数值均为255），输入文字，效果如图26-44所示。

**STEP 02** 在"图层"面板中双击文字图层，弹出的"图层样式"对话框中选中"描边"复选框和"投影"复选框，切换至"描边"选项卡，设置"颜色"为红色（RGB参数值分别为255、0、0），切换至"投影"选项卡，设置"距离"为21、"大小"为21，单击"确定"按钮，即可为图层添加图层样式，效果如图26-45所示。

图26-44 输入文字

图26-45 为图层添加图层样式

**STEP 03** 选取工具箱中的横排文字工具，单击，确定插入点，设置"字体"为"华康雅宋体"、"字体大小"为3点、"颜色"为黑色（RGB参数值均为0），输入文字，效果如图26-46所示。

**STEP 04** 用同样方法设置文字属性，输入文字，按【Ctrl+O】组合键，打开"文字1"素材图像，并将该素材拖动至"背景3"图像编辑窗口中的合适位置，最终效果如图26-47所示。

图26-46 输入文字

图26-47 最终效果